# 「循環型社会」を問う

## 生命・技術・経済

エントロピー学会 編
（責任編集＝井野博満・藤田祐幸）

藤原書店

「循環型社会」を問う

——目次

本書を読むためのキーワード　6

はじめに（井野博満）　8

## I　生命系と環境

1　循環と多様性——生命系の視座……柴谷篤弘（生物学）　15

▼個体としても種としても、生物の基本は循環する関係である。それを実現するためには、物質の循環とエントロピーの廃棄が必要になる。それを実例を挙げて述べ、またそのような考察の社会的・科学的位置づけに触れる。

2　遡河性回遊魚がになう海陸間の物質循環……室田　武（経済学）　34

▼遡河性回遊魚、特にサケは海の栄養分を陸に還元している。グアノの生産や水産業と比較しつつ、その量や広がりの定量化を試み、生物多様性に対するサケの貢献度を検討する。

3　生命にとって環境とは……勝木　渥（物理学）　48

▼エントロピー的見地から、生命と環境の関係を明示し、環境の多重構造の必然性、環境としての地球、生きるのに必要な低エントロピー源、それの再生過程としての光合成と水循環など、生命・環境論を展開する。

## II　技術と環境

4　環境とエントロピー——熱物理学から……白鳥紀一（物理学）　73

▼元に戻すためにどれだけのことをしなければならないか、という観点から

変化の不可逆性の定量的な指標であるエントロピーを定義し、それを用いて能動定常系と環境の関係を述べる。さらに、自然科学の持つ原理的な限界とエントロピー論との関係にも触れる。

5 技術——できること・できないこと……井野博満（金属材料学）94
▼使用済みの製品や廃物・廃ガスを元の原料や燃料に戻せる「逆工場」があれば環境問題は解決する。しかし、そういうエントロピー増大則の逆をゆく技術は存在し得ない。技術のできること・できないことを明らかにする。

6 環境とエネルギー——原子力の時代は終わった……藤田祐幸（物理学）120
▼大量生産・大量廃棄に支えられた「豊かな時代」は、環境から収奪した資源を廃棄物に転換し環境に捨てることで成立する「自滅の系」である。とりわけ原子力発電は、エネルギー転換効率の低い古典的蒸気機関であるだけでなく、必然的に製造される放射能を完璧に管理することは不可能である。脱原発への道筋を探る。

7 環境ホルモンと生命……松崎早苗（化学）139
▼環境ホルモンの化学を解説するものではない。生命を最優先しなければ、様々な思惑による力に翻弄されて問題があらぬ方向に行く。問題が提起されてから、それをめぐって激しく対立し激動してきた科学、政治、世論の動きを具体的にたどり、私たちの姿勢にとって何が重要かを考える。

III 経済と環境

8 広義の経済学——脱資本主義過程の環境問題……関根友彦（経済学）165
▼市場原理による環境問題の解決は、資本主義の特殊歴史的性格を無視しており間違っている。市場制度を相対化する広義の経済学の可能性と必要性を

明らかにする。

9 過剰な建設投資による財政的・環境的破綻 ……河宮信郎（環境経済学） 184

▼日本の建設・不動産・金融複合体は、需要・採算・環境を無視した公共・民間投資によってＧＮＰの四分の一を越える産業部門に急成長した。しかし、その投資の大きな部分は返済不能となり、その建造物は劣悪骨材の使用や手抜き施工によって崩壊にさらされている。経済・技術・環境にまたがる問題相関を明らかにする。

10 地域通貨――環境調和型経済を構築するために ……丸山真人（経済学） 199

▼物質循環と経済循環をつなぐためには、地域内資源循環を促進する経済システムが必要であるが、その道具立ての一つとして、いま地域通貨が注目されている。

IV 社会と環境

11 循環と多様から関係へ――女と男の火遊び ……中村尚司（経済学） 219

▼人類は他の動物とは異なり、火を使用して以来の社会的な関係性を基軸に生きる。この関係性が破壊的な暴力の温床であるとともに、相互依存と交流の源泉となる事情について論じる。

12 コモンズ論――沖縄で玉野井芳郎が見たもの ……多辺田政弘（環境経済学） 244

▼エントロピー学会発起人の経済学者玉野井芳郎が、最後の思索地となった沖縄で辿り着いた地域の環境と経済を結びつけるキーワード〈コモンズ〉の今日的意味を解読する。

索引 273／著者紹介 275

カバー・本文写真提供＝市毛　實

# 本書を読むためのキーワード

**●エントロピー** (entropy)　熱は高温から低温に移動し、その逆は、他に変化を及ぼさずには起らない。物質は濃度の高いところから低いところに拡散し、その逆は、他に変化を及ぼさずには起らない。これら熱と物質をひっくるめての拡散の度合を定量的に示す量がエントロピーである。拡散した熱や物質は元の状態に戻すには仕事が必要だから、エントロピーは劣化の度合を表す指標ともいうことができる。三ー五章にくわしい解説がある。

**●エントロピー増大の法則**　系を含む環境全体のエントロピーは必然的に増大してゆくという物理法則。熱力学第二法則ともいう。熱力学第一法則がエネルギーと物質の保存則を示すのに対し、これはエネルギーと物質が拡散し、劣化してゆくことを示す法則である。このことからボルツマンは、宇宙のすべての活動はやがて停止して熱的死を迎えると考えた。地球がこのような「熱的死」をまぬがれているのは、太陽から質の高いエネルギーである可視光を受け、物質循環を生起して宇宙空間に赤外線を捨てる「開かれた能動定常系」をなしているからである。

**●非平衡定常系・開かれた能動定常系**　外界（環境）と物質やエネルギーのやりとりをしながら一定の状態に留まっている系を非平衡定常系という。たとえば、乗客の乗り降りがありながらいつも乗客が同じだけ乗っているエスカレーターが例になる。非平衡定常系のうち、生物のように、エントロピーの減少する部分があって、能動的な活動が可能な系を（開かれた）能動定常系という。地球もその一例である。三章ー五章にくわしい解説がある。

**●環境ホルモン** (endocrine disrupter)　脳下垂体から生殖腺までの様々な内分泌腺から分泌される物質をホルモンといい、環境汚染物質のなかに本来のホルモンの働きを模倣し、阻害するものがあることから、命名された。正しくは内分泌攪乱化学物質という。阻害のメカニズム解明は進行中であり、その作用を持つ化学物質の選別試験法も確立してはいない。塩素化ダイオキシン類、DDT等の農薬、ビスフェノールAなどのプラスチック原料、界面活性剤に大別される。

**●広義の経済学**　狭義の経済学が資本主義的商品経済ないし市場経済を分析対象とするのに対し、広義の経済学は、市場経済だけでなく非市場的な社会関係の中に埋め込まれた経済をも分析対象として含む。エンゲルスは「人間社会が生産し交換し、それに応じて生産物を分配してきた諸条件と諸形態についての科学」として比較経済体制史的に広義の経済学を定義している。それに対し、玉野井芳郎は、社会経済関係の根底に生命系を位置づけ、自然と人間との物質代謝それ自体を生態系の一部として捉える理論の体系化をめざして、それを広義の経済学と呼んだ。玉野井によれば、広義の経済学においては、エントロピー、地域主義、ジェンダー概念を導入することによって、既存の自然像、社会像、人間像を問い直すことが可能になる。

**●脱資本主義過程**　資本は、一般に自己増殖する価値の運動体として捉えることができる。近代以前の社会においては、商品流通の領域を除いて、人間の経済の大部分は非市場的な社会関係の中に埋め込まれたままであった。資本主義的商品経済あるいは市場経済が成立するのは、労働力、土地、貨幣が商品として取引可能になり、資本が自己増殖の基盤を生産領域に移してからである。十九世紀資本主義は、そのような意味で、自動調節的市場機構を前提とした純粋資本主義の姿に近かった。ところが、一九二〇年代以降、労働力、土地、貨幣の商品化の限界が露呈するにつれて、市場は自己調整的機構を使い、市場の外部から制御しない限り資本の暴走を食い止めることができなくなった。このように、一九二〇年代以降の資本主義は、純粋資本主義モデルから次第に遠ざかる方向に進化してきており、これを脱資本主義過程と呼ぶ。

**●コモンズ**（commons）　地域の人々が自由に出入りして家畜を放牧したり薪を得るなど、生活の維持に必要な補助的手段を獲得することのできる場所およびその権利関係。共有地、地先の海、入会権など。コモンズの多くは、地域住民によって管理され、勝手な使用が抑制されているが、そうでない場合は「コモンズの悲劇」のような状況も生じる。多辺田政弘は『コモンズの経済学』の中で、コモンズを、「商品化という形で私的所有や私的管理に分割されない、また同時に、国や都道府県といった広域行政の公的管理に包括されない、地域住民の『共』的管理（自治）による地域空間とその利用関係（社会関係）」として定義している。

# はじめに

環境問題とは何なのでしょうか。生産などのさまざまな人間の活動によって、資源は廃物となり、使える熱エネルギーは廃熱になります。これは、熱力学の第二法則、つまりエントロピー増大則の論理的帰結です。もし、廃物や廃熱の捨て場がなければ、地球はいずれ廃物・廃熱の充満した死の世界となり、環境問題は解決不能ということになってしまうでしょう。しかし、幸いなことに地球は太陽から質の高いエネルギーを光として受けとり、廃熱を宇宙空間へ捨てています。その過程で地球上でさまざまな物質循環が起り、生命がはぐくまれています。このシステムが順調に働くかぎり地球は生命の活動する星として生き続けます。

環境問題は、そういう自然の物質循環に乗らない物質を地下から掘り出したり、人工的に作り出したりして利用することから生じています。また、生命の基盤である自然環境を人工的に改変することによっても生じています。二十世紀の後半に至って、環境破壊の規模は人類と地上の生命体の存続をおびやかすまでに大きくなっています。また、ダイオキシンや環境ホルモンなどの微量物質の作用が生命の根源をおびやかし、環境破壊の中身も深刻化しつつあります。

これら現代の環境問題は、二十世紀の人類が獲得するに至った科学的認識と巨大な技術力の結果として生じたものですが、同時に、人間の欲望を開発し続けることによって肥大化した資本主義経済システムによって引き起こされたともいうことができます。環境問題は、自然科学や技術の問題にとどまらず、経済や社会の問題と密接不可分な関係にあります。環境問題の解決には理系・文系にまたがる総合的な知が必要であることはいうまでもありません。「循環型社会」が政・官・財あげてのスローガンになっていますが、大量廃棄に直結する物づくりの考え方や、成長を前提としたグローバル経済システムをそのままにして、実現できるとは思えません。今こそ、「循環」の基本に立ちかえって考え直すことが求められています。

エントロピー学会は、今から十余年前の一九八三年、環境問題に関心のある物理学・経済学・哲学などの自然・人文・社会科学の研究者たちが市民とともに作った学会です。以来、生命系を重視する熱学的思考を軸に環境問題を根本から見据える活動をおこなってきました。

その十五周年を記念して、研究成果を広く市民と共有すべく、一九九八年五月から一年半にわたって十五回の連続講演会「二一世紀市民チャレンジのための環境セミナー」を開催しました。本書はその講義録をもとに内容を再編成して成書としたものです。講義録を抜本的に書き直した章もありますし、討論をも含め忠実に再現した章もあります。スタイルや語り口は章ごとに異なっていますが、生命系→技術→経済→社会と一貫した流れになっています。

本書は難しい用語はなるべく使わず、エントロピー論のエッセンスを伝えることに意をそそぎました。大学の環境関連の講義の教科書に、また、市民活動の勉強会のテキストにと活用していただければ、それに優る筆者らの喜びはありません。

本書はエントロピー学会の長年の活動の成果にもとづくものでありますが、環境セミナーの企画および本書の編集は主として、白鳥紀一、須藤正親、筆宝康之、藤田祐幸、丸山茂樹、丸山真人、井野博満の共同作業によるものです。また、記録のテープ起こしは、慶応大学藤田研究室の北川浩司・森禎行、法政大学井野研究室の磯部大介・中島謙一、その他多くの学生諸君に協力してもらいました。深く感謝します。

本書の出版を快諾された藤原書店社長藤原良雄氏並びに、編集の労をとられた山﨑優子氏に厚くお礼申し上げます。

二〇〇一年二月

企画編集委員を代表して

井野博満

# 「循環型社会」を問う

——生命・技術・経済

# I　生命系と環境

# 1 循環と多様性——生命系の視座

柴谷篤弘（生物学）

今日は、ダイオキシンとか環境ホルモンとか今盛んに言われている問題ではなく、もっと一般的な話をしたいと思います。

生物学では、循環には二通りの意味があります。地球が増大したエントロピーを水の循環によって宇宙に捨てるといった、実際に物質が回るという意味の循環と、生物のある状態が次々変化して、また最初の状態が戻ってくるという意味の循環です。たとえば、東京駅からある時間に新幹線が博多へ向かって走る。またあくる日にも走るわけですからそれは循環ですが、同じ列車が同じ乗務員を乗せて走るわけではない。必ずしも同じ物が回ってくるということではなく、状態が回っている。その両方の話をしようと思います。

## 1 状態の循環・関係の循環

まず、必ずしも同じ物が戻ってこなくとも関係は同じになっている、という話です。鶏が先か卵が先か。状態がぐるぐる回って、どちらが先だか分からない。それが基本です。なぜならば、もし循環しなければ、生物の場合、それは存在していないからです。鶏が先か卵が先かという問題は、どちらが先でもなくて、最初にあったのは循環である、と私は思います。つまり、鶏も卵もない状況で、まず循環があった。循環は状態あるいは関係性ですから、そのままでは目に見えません。目には見えないけれども規則性があって、節々でいろんな形が目に見えるようになっていて、一方には卵があり、他方には鶏がある。生物は進化するので、一番初めに循環ができたときには卵も鶏もなくて、別の形での循環があったわけです。

循環しない生物はない。我々が見ている生物は、すべて循環の結果今ここにある。ですから、循環を保証しなければ生物というものは存在しえない。それが生物を見るときの第一の視座です。物質や形や、そんなものは全部忘れてしまっても、循環だけはそこにある。

多様性の問題がその次に入ってきます。生物といってもいろいろあって、まず動物と植物があり、それから陸上にいるものと水の中にいるもの、水の中でも淡水にいるものもあれば塩水にいるものもある。

なぜ多様かという話は後でしますが、生物の世界は非常に多様です。多様なものがすべて循環をしている。種が多様であるだけでなく、循環のサイクルが種によって違います。サクラは春に咲きますが、キクは秋に咲く。おのおのの種の循環には、それぞれ個性があるわけです。これを全部保証することが問題です。

循環は、一年で一回りするのが多い。地球が太陽の周りを回るのが一年で、四季がありますから、それに合わせて循環します。その他に月の周期二八日に合わせて潮汐の様子が変わる。女性の生理もこれに合っているという話もあります。それから、夜と昼の周期に合わせていろいろな循環があります。基本的には一年の周期に合わせ、その何分の一か、何倍かということになります。

植物の場合、基本的に一年の決まったときに花が咲くようになっています。その植物を食べて生きている動物には、四季に一回りではなく何回も循環するものもあります。数が多くて一番目につくのは昆虫ですが、卵から成虫になるサイクルが年に数回起こるものから、数年あるいは十数年かかって一回りするものまで、それぞれの種によって決まったサイクルがあります。

昆虫の場合、卵から幼虫になってさなぎになって成虫になりますが、生活様式が非常に違います。幼虫の間、主に植物性のものを食べるものもあるけれども、動物性のものを食べるものもある。幼虫は水の中にいて、成虫になると空中に出てくるものも少なくない。カ（蚊）やブヨは、田んぼなど水の中に幼虫がいます。幼虫の場合はある植物あるいは動物を食べ、成虫になったらまた全然違うものを食べる。チョウやガの幼虫は木や草の葉を食べ、成虫になると全然違うところへ行って別の食物を食べます。

つまり、一回り回るためにはいろんな状況を経るわけで、必要とするものはその時期によって違う。いろんな状況が全部揃っていないと、循環が起こらない。基本的に四季に合わせて、そのときに決まった形で回らないと具合が悪いわけです。

たとえば、変わった花があって、特定の昆虫でなければ受粉できない、という場合を考えてみます。昆虫もいろんな関係を持っていますが、花が咲く時期と、その特定の昆虫が出てきて受粉をする時期が合ってなかったら、どちらも生活できないことになる。環境の多様性が必要であるということは、そういうことです。

## 2 人間の作用

人間が近代工業を起こして、特に石油エネルギーを基として自然に深く関与するようになる前は、人間の方も大体日月の運行に合わせて活動をしていましたから、生物と人間との共存は割合うまくいっていました。しかし、非常に多くのエネルギーを使って自然に関与し始めてから、状況はいっぺんに変わりました。その時期は一九六〇年ころだと思います。日本は明治以後工業化していろんな段階を経て来たわけですが、伝統的な土地や物質の利用法が大きく変わったのが六〇年代です。それまで利用していた雑木林を切らなくなったのとすっかりなくしてしまったのと、両方ですね。それによって、広い範囲で生物の周期と人間の周期とがずれてしまった。多量の石油の輸入が始まり、金属でいうとアルミニウムなどが大量に出るようになったわけです。もちろんそれまでもいろんな物質が排出されたけれども、局地的な多少の排出物には生物は適応していけます。適応できなくなったその時期が一九六〇年というのが、昆虫の研究から証拠があるんです。

　私は昆虫の自然保護運動にかなり関わってきましたが、このごろは大都市だけでなく、自然の中に入ってもきわめて数が減っていることが多い。農薬その他でつぶれるというだけでなく、そういうものを撒かないような山の中でも非常に数が少なくなって、多様性が減っているということがあります。きわめて大きな異変が起こっていることが、最近誰の目にも明らかになってきました。

　どうやら、循環が断ち切られたらしい。たとえば昆虫には、卵から幼虫になって成虫になるというそれぞれの時期に、それぞれの要求があります。その一つが欠けても回りません。要求は種によって全部違います。おのおのの種がここにいるということは、その生物が発生して進化して現在まで、その循環が保たれて来たということを意味しています。この固有の周期が一九六〇年頃からはもはや守られなくなって、循環がなくなって、それで生物がいなくなってきたらしい。

　循環を壊した主な責任は人間にあります。漁業・林業・農業などの「伝統的な土地利用」は生物の循環、特に動物の種の多様性の大きな部分を含んでいる昆虫の循環と、両立できました。生物の保護というとイヌワシ、トキ、クマ、シカなど大型の動物が考えられやすいのですが、大型の動物はあちこち移動しますので、あまり細かい変化は問題ではありません。けれども昆虫は小さくて、種も多い。きわめて微細な状況もたえず再現しなければならないので、昆虫の方が大型動物よりもはるかに微妙な違いを取り分けて、循環を成立させていたのです。そしてその循環が、一九六〇年頃までは、人間の生活と矛盾を生じずに両立していたに違いない。

　人間は、基本的には農業で食糧生産をします。もっと大きな循環としては林業がありまして、数十年、あるいは百年位のサイクルで森の大木をとっていたわけです。海の方も四季がありますから、一年の周期でいろいろなことがある。農業というのは毎年決まったやり方でやらなければお米一粒とれないわけですから、一年、つまり地球の公転の周期とあわせて営まれてきました。土地を利用する場合、石油エネルギーを使うようになる前は、「等身大」のエネルギー、自分自身のエネルギーや牛や馬のエネルギーを利用して土地を耕し、肥料をやりました。そしてさまざまな農業の伝統的なやり方、たとえば堆肥作りや草刈りなどで、自然と関わっていました。

また農業は地域によって異なります。まず気候が違う。降雨量、温度。それから地勢。山地、平原、いろいろ変わります。気候により、地勢によって一年周期の農業の営みがいろいろ違ったわけですが、等身大の土地利用をしている限りは年々同じことをします。これが地方の文化と結びつき、村ごとに決まった時に祭があるというような格好で、年々だいたい一定して、大きな変化というのはたまにしか起こらない。また、変化が起こったとしても部分的にしか、あるいはきわめてゆるやかにしか、起こらなかった。

そういう状況で人間は生物と共存していて、その生物は一年の周期をそのままに、あるいはそれをいくつかの部分に分けて循環の周期をとっている、たくさんの種類の昆虫が基本になっています。昆虫はそういう意味で、植物と大型の動物の間の中間段階になっています。

昆虫は二千万種いるといわれていますが、実際の量はどれ位でしょうか。私はもともと分子生物学で、生態学をやったことがなくて、正確なデータは知りません。でも、アリは目方にして全陸上動物の三分の一あるとか二分の一あるとか、聞いたことがあります。想像がつかないのですが、アリは地面の中にいて外からはあまり見えないので、そのくらいいるのかもしれません。よく分かりませんが。昆虫は植物を食べ、それがまた鳥などの餌になってゆく、というふうに食物連鎖があるわけですけれども、その中の昆虫の量はきわめて大きい。しかもそれは一定の循環の周期で行われていて、植物・動物はそういう格好で人間と共存をしていたわけです。

この共存が許されなくなったというのは、循環がなくなったことを意味しています。循環は、一回りの間に必要ないろいろな条件が全部は満たされずどこかが欠ければ、なくなります。人間が毎年同じ事をすると、ちょうどその農業の周期に合うような生物がその地域に存在します。人間の営みによって、昆虫の種も地方ごとに少しずつ違っていました。人間が昆虫を飼ってるわけでもないのになぜ人間の営みと合う昆虫しかいないのか、と思われるかもしれませんが、これは人間が農業を通じて自然に関与していたためです。

　では人間がいなかったらどうなるのか。これは二十年以上前に生態学や環境問題に熱心な人々がいっていた、植物の遷移の話になるのだろうと思います。荒れ地に一番初めに簡単な草木が生え、それによって物質循環が始まって、だんだんと生物が存在するようになり、大きい木が生える。最初は日向の植物がでてくるんですが、影のところに育つものもでてきます。最終的には、日本の南半分は照葉樹林、北半分はブナを中心にした落葉樹林として安定して、数十年・数百年かかって極相になります。動物・昆虫がそれを食べて、生態系を作っていくという話です。その時には、極相林はきわめて重要な自然の林で、それに手を加えないことが自然保護だということになっていました。

　伝統的な農業をやっていくと、極相林などはできません。人間が下草を刈ったりして自然に手を加えていれば、遷移は妨げられます。ところが、それで多様な自然ができました。古い林もあれば、切りたての場所もある。人間が下草刈りや野焼きをして、稲田や畑以外にも草原や落葉樹林がある。植林した部分もありますが、山の奥にいくと原生林もある、というふうに、一つの土地にいろいろな植物の茂りかたがありました。

　自然を大事にするためには木を切らず、手を加えずに放っておかなければならないという主張に対して、特にここ五、六年、里山ということが言われるようになりました。人間が自然に手を加えながら、なおかつ大変豊富な自然を作ってきた、その根本は里山ということであり、それが大事である。極相林ばかりが大事だというわけではない。人間が自然に手を加える時に毎年同じ事をしていたから、その循環と周期が一致している生物がそこに栄え、豊富な自然を作り、地方ごとに違った自然があった、というわけです。その中には、木を切るというのも普通のこととして入っていました。

　日本は世界中でもかなり特異な、非常に成功した例ですけれども、雑木林をたえず切っては使っていた。大体二十年、三十年ぐらいの周期で切っていたわけです。木を切るとまた植えなければいけないのが普通です。ヒノキやスギの針葉樹林は、切ったら再生しません。しかし、ドングリの木が一番基本になる雑木林は、切っても再生します。だから木を切っても木を殺すわけではありません。また生えるために二十年、三十年かかるではないか、だからそれは、その間は自然を壊したことになるのだから、今生えているままの方がいいんだ、というのがひところの理屈でした。しかし、里山で木を切るというのは一種の循環で、三十年くらいで循環して、そのいろんな段階のところでそれに合わせて生物がいた訳です。それによって自然が豊富になっていく。そういうことであったかと思われます。

人間がいないときには全部極相林になったかというと、そうでもありません。いわゆる天災、いちばん多いのは雨が降って水が出て、川の流れが変わってしまう。それから山火事や落雷で、天然に植物の生え方が変わる。そうするとまた一から遷移が行われる訳です。極相にまでいった森でもやがて木は死にますから、また生えなおすということがあって、自然というのはたえず更新していたのです。そういった自然災害による多様性の代わりに、人間の手を加えた多様性がありました。人間が手を加えて自然の流れを止めてしまったように見えますが、日本の場合なら稲を作るために山林に入っていろんなことをして、農林業の生産で自然に手を加えながら、多様な自然を保ってきました。

そういった、人間と自然とが共存した非常に良い例が徳川時代です。エセ左翼思想によって、封建時代は良くなかったという文化的な遺産があって、徳川時代は良くなかったと思いがちなんですけれども、循環から見れば非常にうまくいっていた面があって、これは世界でもまれな例なのです。二五〇年間にわたって戦争がなかったことも、自然と人間との共存の促進につながりました。もちろん生産量は低く、人々は「封建的」な暮らしを強いられたようにも見えます。

## 3　循環の速度・周期・ルート

一九六〇年以後、石油のエネルギーを使って人間が何をしたかというと、速度をあげた訳です。自然に対して手を加えて、速度を速めた。植民地活動は大きなファクターだったかも知れません。産業革命以来、最初は石炭、次に石油や電気や、エネルギーを使ってすべての速度を速めた。まず、鉄道をひいて移動が速くなりました。このごろはジェット機で飛び回る。それからエレクトロニクス。エレクトロニクス技術を使って通信をするのは、速度が非常に速い例でしょう。

特に、石油のエネルギーを土地の経営に使うようになって、様子がすっかり変わりました。ビニールハウスでトマトやナスが一年中できる。自然の周期ではありません。それ以前はトマトは夏に、スイカも夏に、ダイコンは冬にできるときまっていたわけですが、このごろはほとんどの野菜や果物が年中ある。これは速度だけではなくて、人間の「対自然」の循環の周期が乱れてきたということです。

大資本がエネルギーを投入し、速度を速め、遠隔地にいる土地所有者や企業の所有者が、企業あるいは人間社会の必要に応じて自然に介入する。徳川時代以来一九六〇年くらいまで保たれていた土地の文化の安定した周期はすっかり壊れてしまって、金もうけがいつできるかという資本の都合で自然に介入する。

このごろはいい環境をつくりましょうといって、花を植えたりします。花は大体決まった時期にできるのでその時に植えますが、土手の草刈りは、少し生えてきたからといって刈る訳です。以前は農業の営みと結びついていたために、決まった時期にしか行なわれなかった。草刈りをすると、草にくっついている昆虫はその時に死んでも、その時についていない虫は死なない。野焼きといって決まった時期に伸びすぎた草を焼いた訳ですが、そうするとそこにいた昆虫は全部死んでしまうかというとそうではなく、その次に新しい芽が出ますから、その新しい芽を必要とするような周期の昆虫はこれで出て来る。毎年自然を破壊するように見えながら、新しい環境を決まったリズムでつくることによって多くの昆虫と共存できた、ということがあるんです。

土手の草刈り一つにしても、今はいろんな時期にする。今年やる時期と来年やる時期とが同じでないとなると、その周期に依存した生物は全部そこで滅んでしまう。以前はいっぱい昆虫がいたのに、現在はきわめて少なくなったのはなぜだろう、ちゃんと必要な雑木があるのに、なぜいなくなるのだろうと考えますが、それはおそらく、昆虫の周期を無視して人間の都合だけで自然に介入することが原因だろうと思います。

ですから、環境における生物の保全ということを考える場合に、人間の都合だけで自然に関与しては相成らぬ、というのが基本です。毎年同じことを等身大の大きさで繰り返せば生物は共存できるけれど、勝手に毎年違うことをやる、あるいはやる時期を変えてしまう、ということになると、生物は共存できない。

大きな地域でそういう自然の周期を無視した関与をしてしまったら、後でもう一度やり直そうと思っても、昆虫が棲み直すことはできなくなります。そういう意味で現在、間に合うか間に合わないかわかりませんけれども、やり直すとしてもかなり時間がかかるような状況ができてしまっています。これが現在の、自然と人間の共存というか共生というか、そこにおける基本的な問題です。もちろんその他に、農薬を撒いて、あるいは人間にも悪い影響のある環境ホルモンというようなものによって、生物の周期を乱すということもあるかもしれません。しかし仮に人間が何にも悪いものを自然の中に放出しなくても、人間の自然に対する関与がかなり大規模であって、しかも毎年同じ周期でやらなかったら、生物と人間とは共存できなくなる。これが循環の観点です。

そういう意味で、徳川時代以来一九六〇年ぐらいまでに行なわれた方法ならば、自然と人間がうまく共存できるのですが、すべての速度が速くなる現在の状況でそれをどう実現するか。この問題に人間はようやく最近気がついたので、そのためのマニュアルなどはできていません。多少は努力がなされていて、主にイギリスあたり、あるいはヨーロッパでうまい方法もいわれているようですが、昔と比べるとすべての高速化が起こっているので、実現するのにはいろいろ難しい状況があると思います。

(持続可能な循環は基本的には太陽のエネルギーを植物が利用する過程にもとづくわけで、私達は自然の過程に従う伝統的な方法からできるだけ離れないようにしなければならないわけです。それについては、
〒六〇六―八二六七　京都市左京区北白川西町京都大学生態学研究センター京都分室・田端英雄が代表の里山研究会　や、
〒九二〇―〇〇〇〇　金沢市南郵便局私書箱三七号　里山トラストなどの活動があります。)

これが私ども生物学をやっている者の心配なのです。一般的にいうと「高速化」の問題で、人間の活動によって生

じるエントロピーが主として水の循環で廃棄できる量以上になってはいけない、というのがエントロピー学会の出発の時の論点でしたが、それ以内でも生物特有の速度と合わなければ生命系との共存はできない、ということをまず第一に申し上げなくてはならない。

もう一つ大事なことは、分断しないということです。地域的に一部が壊れても、よそからいろんな植物がやってきて住み着いて、周期が合えば続けられるわけです。そのためには、どこかからやってこなくてはならない。種によっても違うのですが、道路・鉄道・町その他で分断しては絶対にいけないので、幅は狭くともいいから緑のベルトが必要です。今度新しい大学が滋賀県にできました。自然の丘に遺跡があるようなのですが、それを全部キャンパスで囲って丘が孤立している。そういうのではだめなのです。道を通すなら所々橋を架けて、その下で緑が続いていなければならない。コンクリートで舗装するのが一番悪いのですが、緑になりうるところをつなげておけば、彼らなりのスピードで移動するので、元に戻れる。イギリスではそういう動きがあるようです。

日本では最近休耕田などにコスモスを一面に植えて、観光資源にすることが多いようです。自然の原野（特に高原地域）を「開いて」コスモスの「花園」にしているところもあります。長野県の黒姫はその例です。休耕田の場合は、耕地の保全にそれなりの意味がある、と聞いています。しかし問題は、コスモスがメキシコ原産の外来植物で、日本の生態系の中で諸生物との循環と切り離されていることです。一般にはコスモスが外来種であることが理解されていないようだし、また生態系の運行についても循環の意味についても、理解が広まっているとは思われません。北海道では、このごろラヴェンダーやポピーを一面に植えることが人気を呼んでいるようです。これにも全く同様の問題があります。

もちろん、外来種を単一栽培することは農業の常道で、ジャガイモ、サツマイモ、トマト、タバコなど害虫を発生させていますが、上の場合は農業生産には関係がない。花を都市の庭に植えて楽しむのとは話が違います。単植することは多様性を犠牲にすることです。一方、日本固有の植物でこのような草地に生えて生態系の一部をなすキキョウやフジバカマは絶滅の危険にさらされています。土着生態系の成員の場合、それらは循環に寄与しますが、外来種ではそれは期待できません。つまり、一面コスモス園にしたければ、そうすればいいが、それは自然ではありません。畑が自然ではないのと同じです。コスモス、ラヴェンダー、ポピーなどの密植は、自然破壊と見なすべきものです。しかし一般にはそれが全く理解されず、むしろ「良い自然を造るもの」と誤解されています。

伝統的な農業では、自然の生態系が必要だったんです。コメの栽培のためには、下草を刈り、田に鋤込んで肥料にしました。燃料は薪や炭だったので、森を一定期間をおいて切っていました。そういうのは全部農業の運営と一体化してやっていたので、多様性が保たれていたわけです。コメにしても、畦がありまして、モノカルチャーではないんです。そこに別の生態系がある。イギリスでも、畑の横の垣とかそういう部分があることがきわめて大事だ、ということになっています。

二酸化炭素のバーターの対象になって、パルプ会社などが外地で植林しているユーカリもそうです。ユーカリは成長がきわめて早いので、製紙・パルプ会社にとっては好ましい品種です。オーストラリアでは土着の植物ですから、土着の生態系ができます。製紙会社がやる場合は一種類のモノカルチャーでやるんだろうと思いますが、それでもオーストラリアならば土着の生態系になりやすいと思います。

ユーカリというのは一年毎に皮が剥げて落ちるんですが、オーストラリアでは皮をめくると虫が喰った面白い模様がいっぱいついています。虫とかそれを食べるクモとか、依存している生物が多いから。ところが、カリフォルニアのサンディエゴの近くで見たのは、何もありません。つく虫がいないのです。製紙会社は得をするかも知れないけれども、土地の生態系に対してはむしろマイナスになります。タイではそれが非常に悪かったという話を聞いています。

## 4　ものの循環

もう一つ、物質の循環の話をしなければいけません。槌田さんのエントロピーの議論の中心は水の循環でした。水の場合には太陽熱の介入でうまく循環するのですが、水以外の無機物は水に乗って低い方へ低い方へと集まってしまう。重力の問題です。生物の物質循環というのは、えさになるものが食われて、またその次が食われて、という風にして最後に死んで分解する。地面の上ではまあそれでいいのですが、川が流れて海へ行くと、海の中でもまた生物の循環があってぐるぐる回って、最終的には海の底にみんなたまってしまう。だから、栄養無機塩がいちばん豊富なのは海の底だ、ということになります。

海の表面では陽があたって、無機塩をもとにして植物プランクトンが光合成をし、それを動物が食べて生物が増える。結局そこにあった無機の栄養物が全部消費されます。ところが海の底、一、〇〇〇メートルあたりから下になると陽が射しませんので、栄養無機塩が蓄積される。窒素化合物、アンモニア、硝酸の類、それから燐が溜まりつづけます。栄養物の中で一番早くなくなるのは燐ではないか、という心配があります。山のものが水の流れで下へ下へといって、結局は海の底にたまってしまう。これを逆方向に動かすにはどういう方法があるか。

従来、陸上の物質は主に風によって循環するといわれていましたが、エントロピー学会を中心にして、鳥や魚や昆虫の働きもある、という議論が出ました。すべての動物は重力に抗して上の方へ行く。鳥は水平方向にも動く。渡り鳥です。魚も回遊して、サケ、マスのように重力に抗して上流へ行くものもあります。

海の底の非常に栄養塩類の豊富なところは密度が一番高い。真水だと密度がいちばん高くて重くなる水温は四度ですが、海の水は塩類が入っていますので、いちばん重いのは水温が〇度よりも少し下ぐらいです。

ところで、大洋には所々で「湧昇」という現象があります。南極・北極に近くなると、海面の温度が低くなって海の底の温度と同じになる。そのため北と南の海では下と上とが混ざり、それに伴って栄養塩類が非常にたくさん下から上がってきます。それで海の表面は栄養が豊富になって、北と南の海では非常にたくさんの光合成が行われる。我々の感覚では、北陸から北海道にかけて冬は雪が降って、北の海というのは暗い感じがしますが、実際にはそんなに暗いところではありません。シベリアからロシアにかけて、冬は非常に天気がよろしい。本当の北の海というのは、よく陽が当たって光合成の行われやすい環境なのです。

渡り鳥を見ても、ツバメのような小柄な鳥は南に行くけれども、ツルやガンやハクチョウのような大きな鳥は夏に北へ行って、そこで子供を育てるわけです。北は実際はきわめて生物が豊富なのです。それは、海の底から栄養物が湧いているからです。大きな哺乳類、ホッキョクグマ、オットセイ、ラッコ、クジラその他、大型の生物がたくさん増えられるぐらい、栄養が豊富なんです。

サケはそういうところで大きくなって、一年あるいは数年ごとに陸に上がって来ます。日本でも長野県や中国地方あたりまで、以前はサケが上ったということです。

海の底の栄養分が北の海で湧き出して、サケがそれを体の中に栄養として集め、川の上流部に運んでそこで死ぬ。それを鳥やクマが食べる。そういう風にしてサケや鳥は、海の底の栄養分を陸上に上げる役目をしているのではないか。サケの上るところは木がよく生えている、水のきれいな良い森林がサケが上がりやすい、ということがわかっています。

日本海の向かい側の沿海州には百本くらい川があって日本海に注いでいますが、その地域の大部分はロシアの植民地経営や戦争（一部は日本が起こした）で森林が破壊されたために、禿山になっています。土地が痩せてきて木が生えなくなると、サケが上がらなくなります。サケが栄養物を持って陸上に上がり、陸上の生物、動物も植物もそのサケのもって上がった栄養物を利用して栄える。木がよく生えればサケが上がり、サケがよく上れば、死体がそこに残るために山の栄養物が増えて陸の生物が栄える、という循環になっているようです。

ところが、人間のサケ漁によって天然の物質の移動が妨げられています。じっさい、サケが上がらないために森が枯れてしまうのではないか、という心配があります。サケが地球上の物質の流れをどのくらい支えているかということを研究する計画が、アメリカ合州国で進んでいます。ニシンについても少し研究があるようです。鳥類についての研究は、この観点からはまだ全く不十分です。

日本ではサケを山にのぼらせないで、河口で全部処理しています。このごろサケがとれるようになっているのは、人間が経営してサケを企業生産しているからです。サケが海へ行って、無機塩類のある北の海で大きくなって、持って帰ってくるその栄養物を、山へ返してはいません。

生物の多様性というのは、いろいろな生物がいて、お互いに食ったり食われたりする関係の中で、高いところに物質が戻る。実際にいろんな生物がたくさんいて、いろんなことをやっているからそれが確保されるのです。

サンクチュアリといって、地球上で生物の多様な部分だけを保護しましょうという話がありますが、そうではなく、あらゆる部分で生物がたくさんいないと、こういう物質の運搬ということが行われません。海のサケも、魚も昆虫もお互いに協力して物質の流れを地球上で配分して、うまく動かしているということがあるのではないか。どこまでできるか分かりませんが、アメリカでは実証的な研究が進んでいて、日本でもエントロピー論的なアイディアで地球全体の生態系を考えようという話が進んでいます。

## 5　自然科学の性格の問題

今まで話したようなことはすべて、自然科学の分野ではなかなか完全には認められない、ということがあります。エントロピー学会は普通の学会ではなく、市民と学者とがいっしょにやるという理念があります。普通の学会は、科学者の便宜のためのものです。科学者はどこかに雇われて、科学を研究する。雇う方がなぜ科学研究にお金を出すかというと、利益があがるからです。

科学者の仕事には自浄作用があって、いいかげんな事をやると困るから、科学的に信頼性のある確実な知識だけを増やす、というのが科学者の商売です。そうすると、問題を総合的にとらえようとするテーマ設定とイニシアチブは、「良い」科学を志向する自然科学のアカデミーからはでてこない。そういう問題は「確実」な答が出て来ないからです。資本主義社会における個々の科学者の競争の必要上、短期間に結果がでる主題を選ぶことが避けられないということもあります。今のような、サケがどのくらい地球の生態系のために寄与しているかといった問題は、確実なことがなかなかわからない。実験しようとすれば、実際サケを絶対にのぼらさないようにして、世界中で物質の分布を調べて、どのくらい循環が妨げられたかを確かめるしかない。そんなことは実際上できないわけです。

　これが一番典型的に現れているのが環境ホルモン、DDTとかダイオキシンでしょう。原子力発電で出てくる放射性物質についても、そうです。危険であると科学的にいうためには、確かに、この理由で、こうなっているから危険だということを証明しなければならない。それをちゃんとやらないと、科学的な研究としては認められない。ちゃんとやれば良い科学、それ以外は全部悪い科学、になるわけです。それで、環境が危ないということを科学者はなかなか認めたがらない。科学にお金を出している人たちも認めない。これは利益が上がるかどうかの問題ですが。

　遺伝子組み換え*でいうと、ある遺伝子が他の生物に感染する、というのは水平移動といって、自然でごく普通に起きることです。生態系は遺伝子のレベルでも個体のレベルでもたえず動いています。遺伝子を組み換えたものを野外に出せば動く、という前提でやらなければならない。ただし、いつどこでどう動くかをたとえば九五％の信頼度で証明することはできない。それで安全だということになっています。危険性は確実には証明できない。

　でも、地球の生態系を守るためには、不確かであっても危険な方向にはならないように、人間の社会を変えていかなければならない、ということがあります。安全性に関する大部分の問題は、それが実際に起こって証明できるようになった時にはもう手遅れです。だから、本質的に危険な情報は早めに見なければいけません。そうするともちろん、見込み違いということもありえます。たとえば、温暖化がどの程度に起こるか、炭酸ガスがどのように増えるかというのは、今の自然科学の基準で確実に認められるような形でやろうとすると、なかなか十分にいきません。だから、これは大丈夫だという話になる。なぜ大丈夫かというと、どのくらい危険であるかを科学的にいえないから、危険な情報がないということになるからです。

　今日私が話した、多様性の問題、生物の循環と人間の文

*遺伝子組み換え　遺伝子（DNA）の特定部位に他のDNAの断片を組み込んだり、一部を置き換えたりする技術。遺伝子組み換え食品の分野は、「殺虫剤を必要としない」「食糧問題を解決する」などの謳い文句で開発・生産が進められてきたが、害虫以外の生物にも影響を与え結果的に生態系のバランスを崩す危険性が出てきた他、生産性や安全性についても不透明の状況にある。

化との関係、あるいはサケなどによる物質の運搬・移動、というようなことについて、客観的な科学の方法でやるためにはいろいろ難しい問題がいっぱいあります。しかし、人間社会に関わる問題になりそうだという時には、早く意見を言わねばなりません。このギャップは、実は非常に大きいのです。

それを乗り越えるためにどうしたらいいかというと、そういう科学の手続きにとらわれない一般の人々との共通の仕事としてやればいい。ところがそうすると、科学者としては尊敬されないのです。

十五年前にエントロピー学会が始まったときには、そういう状況だったわけです。それから現在まで、環境の問題がこのようにいわれるようになったのは、科学者だけではなく一般の市民が大きな声をあげるようになったからです。

政治家は選挙されるわけですから、科学的に正しいか正しくないかは別にして、一般市民がいうことをちゃんと聞かなければなりません。そういう意味で、自然科学者と市民との協力というのは、自然科学体制の内部の基準とは全然違った仕事をしなければならない、ということが、われわれエントロピー学会の活動から見えているわけです。ですから、今日私がお話ししたことは厳密な意味における自然科学のやり方とはちょっとずれていると思いますが、そのずれを我々は自分自身にひきうけてやっていかなければならない。現在いわれている環境ホルモンの問題などもかなりそういう面が多く、今後も紆余曲折が多いのではないかと思います。いずれにしても、現代社会の速度の調節・循環の確保は各人が創造的に取り組むべき問題です。これは人間の生活法の選択で、問題はあくまでも人間社会の主体性にあります。当然、著しく政治的な問題です。

## 質疑応答

——生物の一種である人類が増えすぎたことも問題と思うのですが、地球の生態系からいえば人口はどれくらいが適当なのでしょうか。

**柴谷** 適正人口は地域によって違います。地球全体の幅広い交流を前提にすること自体に、すでに問題があります。日本では一九六〇年くらいの活動で限界だった、という経験的な知識はあります。地球全体では、西欧諸国の植民地化が始まる前の水準でいい場所がアフリカなどでは多かったようです。でも、歴史的には中国内陸・メソポタミア・メキシコなどで自然破壊の記録がありますから、資本主義以前の水準ならいい、というわけでもないようです。私はまだ見ていませんが、中村桂子『生命誌の窓から』(小学館、一九九八)が、ガーナにおける伝統農業と近代科学の知識の融合で農業も環境もうまくいった例を紹介しているようです。

——クローン生物はどう考えたらいいのでしょうか。

**柴谷** 一般的にいうならば、植物の世界では昔からいくらでもあることです。たとえばソメイヨシノというのは実がなりませんから、接木・挿木でやっていて全部クローンなんですね。だから桜前線なんてものがいえる。私は、全国に同じものを植えるのは生態学的に良くないと思っていきます。山桜とかいろいろ混ぜればいいと思いますが、商業的には同じ方がいいんでしょうね。

哺乳類の場合は話が別です。あれは一様な製品を多量に早く作ろうと工業的にやるので、同じ車種の車をいっぱい作るのと基本的には同じことです。種が一様なら農薬や肥料に対するレスポンスが一様になりますから、扱い易い。「緑の革命」もそうです。なるべく肥料がよく売れるような製品を作る。人工肥料でないとうまくいかないような品種を使えば、土地が悪くなって生態的には良くない結果が出るでしょう。小規模ならいいんですが。

——砂漠に木を植えるのは無駄なことでしょうか。

**柴谷** 砂漠というのは生物からは多様性があって、砂漠独特の生物がいっぱいいるんです。木を植えるのはその生態系をつぶすことでもあります。砂漠になる原因は水が足りないとか無機塩が足りないとか土地毎に事情が違うので、一様にやってもうまくいきません。オーストラリアの砂漠は水が足りないので、栄養物はあるようですね。ときどき雨が降ると野草がバァーっと生えて、水溜まりができてカニや魚がいっぺんに出てくる。どこから出てくるのかと思うんですが。そういう栄養のあるところもあるけれども、何も栄養のないようなところではいくら植えても駄目なんで、水だけでなく栄養物を入れる必要があります。槌田さんは、そこでは鳥を使えばいい、というんですね。

砂漠の緑化はいろいろな面があるから、一概にはいえません。

――中国のように、人間が砂漠にしてしまったところに元の木を植えるのはいい部類でしょうか。

**柴谷**　いい部類でしょうね。でも、絶滅したのには絶滅する理由があった訳ですから、その理由の方を放っておいてまたやっても、絶滅するだけでしょう。生態系の変化の理由を考えないと。

――足尾銅山の緑化作戦で、外国産の草の種を蒔いています。最近シカがものすごい勢いで増えていて、植えた植物が喰われてしまうので殺す計画です。生態系にとって駆除というのはどう考えたらいいのですか。

**柴谷**　シカが増えすぎるのは自然の生態系ではない。非常に偏ったものです。モノカルチャーのような状況なら、シカの牧場を作っているわけです。それなら食用になさったらどうですか。たいへん上等な、おいしいものです。

――自然保護団体からは、シカを殺すとはなんだ、という意見が出るわけですが。

**柴谷**　それはおかしいんじゃないですか。

――インドに二年間住んでいたのですが、インドの農村は伝統的な方法で農業をやっていて、地域によっては本当に貧しい。生産性の余り良くない品種を止めて、新しい品種を栽培したらどうか、という話があります。変えてしまうと、土着の昆虫や動植物が変わってしまうと思うんですが。人間の生活水準を優先するか、生物の多様性を尊重するか……。

**柴谷**　インドの場合をよく知らないのですが、日本の農業とインドの農業とはずいぶんと違っているようです。伝統的な農業としては、日本の方がずっとレベルが高かったように思います。外国の支配を受けなかった日本と、植民地にされたインドとの差があります。インドはその前にも回教が入ってきたり、民族的にも混じっていますから、そういう点でも比べられません。

第二に、日本は温帯にあって降雨量が非常に良くて、植物の成長にいいんです。伝統的な農業をやるのに適しています。インドの場合は、それほどは適していないようです。インドの水田、稲を作っている周りの自然がどの位破壊されずに残っているか、という点についてはあまり自信がありません。インドの空を飛ぶと、大部分は木が半分くらいしかない禿山のようなところが多いので、日本の山とは違います。肥料でも、日本のように下草を刈って入れることは伝統的にできなかったので、相対的に生産性が低いでしょう。

そこで資本主義的な意味で生産性を上げようというときに、生態学的に安全なやり方というのがどんなものか分かりませんが、でもそうするべきなのです。人工的な品種でモノカルチャーにするのは、一時は良くても長い目でみたら永続性がないでしょう。

その間をどうつなぐのだ、といわれたら、工業化国の援助でやるしかないんじゃないでしょうか。援助依存型になってしまって、本来の経営がなくなるからかえって害になる、という点もあるでしょうけれども。

# 2　遡河性回遊魚がになう海陸間の物質循環

室田　武（経済学）

## はじめに――陸からの視点、海からの視点

「木を植えてお魚を増やそう」という北海道指導漁連婦人部の海岸線での植林活動や、「森は海の恋人」と見なし、川の上流域に植樹をして気仙沼湾の環境を保全しようとする畠山重篤らの〝牡蠣《かき》の森を慕う会〟の活動がきっかけとなり、近年、魚つき保安林＊の意義が日本全体で改めて注目されています。魚つきと言うと魚だけの話と思われるかもしれませんが、陸の森林、特に広葉樹林は、牡蠣などをも含む海の生物の多くにとって大切であることが明らかにされつつあります。ところで、陸の森林が海を豊かにするということの「陸からの視点」や運動が重要なのは言うまでもありませんが、柴谷（一九九二）が提起した「海からの視点」、つまり魚類を介して海が陸を豊かにするという可能性の認識も大切でしょう。遡河性回遊魚は、それ自身として海の栄養分の陸上生態系への輸送者であり、そうした物質輸送を人為的に妨げないような河川管理や漁法のあり方が問われる時代になっているのです。

こうした海からの視点に関し、すでにアメリカやカナダでは、長年にわたる緻密な定量的実証研究の蓄積があり、日本においても、北海道の諸河川に遡上する魚類に即した

研究が、ようやく始まりつつあります。本稿では、それら国内外の先行研究の成果をふまえ、サケを主体とする遡河性回遊魚が陸上生態系に投げかける栄養分の影（nutrient shadow）について、その広がりや性質を、生物多様性の視点を中心に検討してみたいと思います。定量化の難しい事柄が多いのですが、できる限りの推計はしてみます。そして、日本の現状にかかわる結論として、遡河性回遊魚による海から陸への物質輸送を保証する住民・市民運動と、それを行政面でも支援する環境政策の展開がいま切実に求められていることを指摘します。

## 1 海の湧昇からのはじまり

万物に作用する重力の法則を単純に理解すれば、栄養分は山から川へ、川から海へ、そして深海へと落下するのみです。しかし、もしそれだけなら、山は禿山となり、深海は過栄養になり、総じて陸地は貧しくなり、そこに生物多様性などありえなかったはずです。実際はそうならなかった理由として、プレート・テクトニクス理論の次元に属するような超長期を要する造山運動や、それより短期的な火山活動による低地の物質の高地への移動が挙げられるのはもちろんですが、それらのみに理由を求めるのは無理だと思います。海の栄養分を陸地に運び上げている生物がいることに注目してみましょう。

南アメリカ大陸西岸を赤道に向かって北上するペルー海流（フンボルト海流）を見てみましょう。この寒流には大規模な湧昇**が発達しています。この湧昇に伴い、南極海の深層にあったはずの大量の栄養分が、チリ北部沖からペルー沖にかけて表層にもたらされ、そこに太陽光が射し込むと、光合成で無数の植物プランクトンが発生し、それが動物プランクトンを育て、それらのおかげで莫大な数の魚類が育

***魚つき保安林**　魚群を集める目的で設けられた海岸沿いの森林。栄養塩類や有機物を供給してプランクトンの繁殖を促し、また森林が海面に落とす影が、魚類の休息・産卵に適した環境をつくる。江戸時代以来そのように認知され、明治以降、森林法はその保全をうたっている。

****湧昇**　深層の海水が水面まで湧き上がってくる現象。陸地から海に運ばれた栄養分は海の底に達した後、深層海水の湧昇現象によって富んだ栄養分を表層にもたらすと同時に、冷水が湧き上がるため、湧昇流域の水温は周辺より低くなり好漁場となるとされている。南米西岸のペルー、エクアドルの沿岸沖が名高い。

ち、それを食べる海鳥類が島々に糞を落とします。それが、インカ帝国以前から農民たちに珍重されてきたグアノ＊という名の天然肥料です。しかし、高度な灌漑技術とグアノの活用とで農業生産力を大きくして繁栄したインカ帝国は、十六世紀、スペインによって滅ぼされてしまいます。そこでのスペイン人の関心は主として銀であり、グアノは注目されませんでした。

　グアノが再び注目されるようになったのは、ドイツの大博物学者で探検家のアレクサンダー・フォン・フンボルトが、十八世紀末から十九世紀初頭にかけて中南米各地を探検した際、ペルーで太平洋岸に出たのがきっかけでした。そこで彼はグアノを見て珍しく思い、サンプルを欧州に持ち帰りました。欧州の科学者たちの幾人かがそれを分析した結果、それは窒素、燐、カリウムを多量に含む素晴らしい物質であることがわかり、一八四〇年頃から、イギリスを始め欧州諸国はその大量輸入を始めます。以後約半世紀にわたって、ペルーは、毎年数十万トンものグアノを輸出していたほどで、それが欧州や部分的には北米の農地に最高品質の肥料として散布されていたのです（室田、一九九八）。

　以上は、南半球の低緯度の海に即した事例ですが、北半球ではどうでしょうか？　極寒の大気で冷やされて密度の大きくなった表層水が深層に沈み込むことにより、海水の対流がおこりやすい高緯度の海にも湧昇が発達します。このために、深海の栄養分は海の表層近くに上昇し、その後はペルー沖の場合と大筋では同じ経過をたどって多数の魚類が育つのです。そこに陸の河川で誕生した回遊魚がやってきて、小さな魚を捕食するなどして大きくなります。そして海の栄養分で成魚となり陸地をめざし、川を遡ります。太平洋サケ（*Oncorhyncus* spp.）、大西洋サケ（*Salmo salar*）、ある種のニシンなどがそれです。彼らは海の栄養分の塊なのです。それが大群をなして川を遡るとすれば、そのこと自体、グアノの生成と同じく、重力の法則の作用とは逆方向の、海から陸への栄養分の移動を意味するのではないでしょうか。

## 2　遡河性回遊魚はじっさい、川をどこまで遡るのか

はじめに、サケはいったいどれくらい内陸奥深くまで入

り込んでいるのか、あるいは歴史的にはどうだったのかを見ておきたいと思います。

　河口から産卵場所までの河川距離として世界最長はユーコン川のマスノスケの場合で約三、〇〇〇キロメートルです。ベーリング海のノートン湾にある河口から、アメリカ・アラスカ州の淡水域を遡上し始める彼らの一部は、やがてカナダのユーコン準州に達し、さらに泳ぎ続けて、ついにはブリティッシュ・コロンビア州との州境に近いカークロスの辺りまで達して産卵し、死を迎えます。このユーコン川の場合、以上とは別の支流であるニスツリン川に遡上する群れもいますが、その産卵場所も河口から約三、〇〇〇キロメートルです。マスノスケのスケとは親玉というような意味で、この太平洋サケの一種は、英語ではキング・サーモンとも言われます。王様の名にふさわしく、他のサケに比べて平均体重がぬきんでて大きいのですが、ただ大きいだけでなく、三、〇〇〇キロメートルという驚くべき遡上能力を持っているのです。

　確証はありませんが、標高として過去の世界最高は、コロンビア川のベニザケの場合かと思われます。いろいろ文献を調べてみたところ、かつて彼らの一部は、その水系の一部で、その名もずばりサーモン・リバーという川の標高約二、〇〇〇メートルの水域まで（河口からの距離約一、〇〇〇キロメートル）遡っていたことがわかりました。距離については、フレーザー川でも一、〇〇〇キロメートルを超えます。一九九八年のＮＨＫスペシャル「海――知られざる世界」第三回に登場したカナダの研究者、トム・ジョンストンの研究フィールドはヴァンクーヴァーの河口から一、〇五〇メートルも上流のタクラ・スチュワート湖水系です。それほど海から遠いところでもベニザケの遡上が見られ、淡水魚、水生昆虫、藻類などに海の栄養分を提供していることが、彼の研究で判明しています。

　大西洋サケの場合、河口がオランダに属するライン川を母川とするものについては、十九世紀までは約一、〇〇〇キロメートル遡上する群れがいて（ボーデン湖に近い瀑布の直前

**＊グアノ**（gusno）　海鳥の糞などが堆積して固まったもの。燐酸塩とアンモニアを多く含み、肥料として用いられる。南米・アフリカ・オーストラリアなどの海岸やペルー沖の表層にも魚類を育て、それを食べる海鳥が海岸や島に大量の糞を落とすのである。

まで）、ドイツのみならず、山岳国スイスでもサケ漁を生業の一部とする人々がいました。エルベ川、オーデル川などを通じて、今日のチェコやスロヴァキアにあたる地域にも、大西洋サケは遡上していたそうです。ニシンにも、北大西洋西岸の場合、内陸へ入りこんで産卵するもの（エールワイフ）があり、河口より四十～五十キロメートル遡上する群れがいて、やはり海の栄養分を内陸に運び上げています。

アジアを見ると、全長が四、〇〇〇キロメートルを超えるアムール川に関し、シロザケの中には二、〇〇〇キロメートル遡上するものがいたようです（今もいる？）。日本最長の信濃川（三五〇キロメートル）の場合、シロザケは三〇〇キロメートルぐらいまで遡上していました。一見すると海から遠いように思える松本盆地でさえ、かつてはサケ漁の場でした。

一九九九年、久しぶりに群来《くき》の見られた北海道のニシンについて言えば、川を遡上はしません。しかし、歴史的に見れば、そうしたニシンは北太平洋で大きくなって陸地に近づき、海岸の藻場に大量の卵と白子をもたらしていました。それらが、ある種の昆布などにとっては貴重な栄養源になっていたものと思われます。その昆布を人間が喜んで陸揚げしていたとすれば、それは、ニシンを介しての海の栄養分の陸上への輸送に他なりません。

## 3　海からの物質輸送者としての遡河性回遊魚

遡河性回遊魚の担う物質輸送の研究の歴史については、室田（一九九五）が文献展望を行っていますが、初期のもの（一九三〇年代、四〇年代）としては、ベニザケが海からもたらす燐を含めての湖の燐（P）の収支を計量したアメリカのアラスカ州と旧ソ連のカムチャッカ半島での先駆的研究があります。最近では、同位体生態学者として世界的に名高い和田英太郎らが開発した炭素（C）、窒素（N）の安定同位体$^{13}C$、$^{15}N$と通常の$^{12}C$、$^{14}N$との比率の変位を測定する分析法（Wada, et al., 1995）のサケの研究への応用が、流行現象といってよいほど盛んになってきました。というのも、この方法によると、遡河性のサケが陸上生態系の豊かさにどのように貢献しているかを、高い精度で定量的に知ることが可能になるからで、北米・太平洋側の多くの河川流域に関し研究が進んでいます。生きているサケ、繁殖行動後の死体（ホッチャレ）が多くの哺乳動物や鳥類の食物となり、落葉の分解を助長し、羽化前の昆虫の成育を促すなど、等々の多様な物質輸送径路が解明されつつあります。河川沿いの森林にもサケの貢献が認められ始めています。サケのおかげで成長した水生昆虫は、水面から上へ飛び立ったところで鳥の食物になりますが、その鳥が落とす糞が山地の森林保全に貢献している可能性もあるのではないでしょうか。

　ホッチャレは容易には海まで流下せず、むしろ死んだ地点近くにとどまります（Cederholm, et al., 1989）。アメリカ・ワシントン州では、かつて川床の倒木はサケの遡上を阻むとしてそれを除去しようという考えがあったそうですが、近年ではむしろ、ホッチャレの引き止め役として積極的な評価が与えられています。オレゴン州ポートランドではホッチャレを川床に置くことで生物多様性を回復しようという市民と行政一体の運動が数年前から始まっています。ホッチャレが放つ腐臭は、文明人にとっては確かに悪臭かもしれません。しかし、野生生物界においては「君たち、ここにいい食べものがあるよ」という呼びかけの表現である、という説もあります。近年のアメリカでは既存のダムがすでにいくつか撤去され、今後もこの動きが続くと思われますが、その根拠の一つは、それらが遡上魚類の自由通行を阻害している、というものです。

　大西洋サケによる物質輸送の研究はまだ少ないように見受けられますが、スコットランドのデー川流域では、サケがカワウソの成長に貢献していることなどが知られています。

## 4 遡上魚類が陸地に投げかける栄養分の影

　沢山の葉をつけた木が立っていて、それが晴れた日であれば、地面にその日影（shadow）ができます。植物学者は、そこからの連想で、seed shadow *という言葉によって植物の種子の広がる範囲を論じることがあります。ホウセンカが見やすい例ですが、花の季節が終わり、種子が熟してくると、殻がパチッとはじけてその勢いで中の種子が周囲に飛び散ります。そのようにして種子が広がる範囲、すなわち種子分散（seed dispersal）の範囲が、この場合のseed shadowです。動物が介在すると、seed shadowはよりいっそう拡大する可能性があります。なぜなら、鳥類や哺乳動物のあるものは、植物を食べているつもりで、堅い種子まで飲み込み、遠くまで飛んだり歩いたりして、排泄の際に未消化のままの種子を遠方に落とすからです。

　さて、南極のある地域のペンギン群集と植物群落との関係を明らかにした興味深い論文があります。気温や日照時間などの面から考えれば厳しい条件にさらされている地域に豊かな植生の発達しているところがあり、どうしてそうなのかを調べたLindebroom（1984）は、そこにアンモニアが高濃度に存在している事実に注目しました。そして、南極海で魚をたらふく食べるペンギンが陸地に落とす糞、すなわちペンギン・グアノに由来するアンモニアが、豊かな植生を育んでいることを明らかにしたのです。この結果彼は、そうした植生はammonia shadowの下にある、という表現ができると考えました。

　ところで、先述の安定同位体分析をサケの研究に応用した成果として、特に興味深いものにHilderbrand et al.（一九九六）があります。それは、アメリカ北西部において十九世紀後半から一九三〇年代初期までの期間に捕獲されるなり射殺されるなりしたクマについての研究であって、その地点が特定されているハイイログマの剥製標本に着目した研究です。そこでは、剥製標本になって全米各地の博物館に残されているハイイログマの毛や骨のコラーゲンを収集し、それらを安定同位体分析にかけることにより、奥深い内陸にまでサケを介して海の栄養分が及んでいることが明らかにされています。**図1**からそのことがよくわかります。安定同位体分析によって、サケが陸上に運び上げる海の栄養分は川の水中植物だけでなく、岸辺の植生の繁茂にもある程度貢献していることを明らかにした研究もあります。クマや鳥類は、川から遠く離れた地域に糞を落とすことがあるから、そういうところにも海の栄養分が及んでいる可能性が大きいものとみてよいでしょう。そのようにして海の栄養分が陸地に及ぶ範囲は、先述のseed shadowやammonia shadowという概念を延長する形で、栄養分の影（nutrient shadow）と呼んでいいでしょう。この概念を用いて言い換えると、Hilderbrand et al.（1996）が示した**図1**は、栄養分の影の

図１　1853-1931 年にアメリカ北西部に棲息していたハイイログマ（grizzly bear, *Ursus arctus horribilis*）の食事内容（サケ、陸地産の肉、植物）

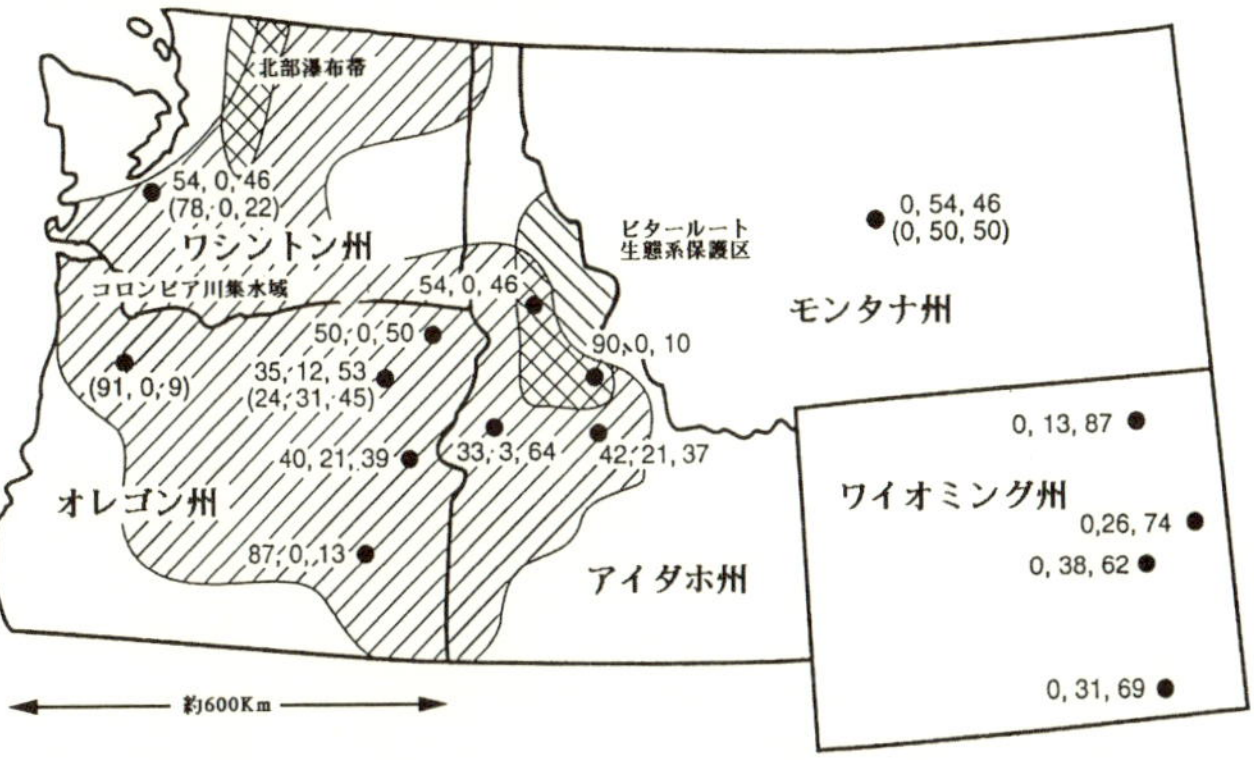


捕獲された場所と年が正確に分かっており、現在は博物館標本となっているものの骨のコラーゲン（蛋白質の一種で、細胞外基質の主体）に蓄えられた炭素（C）、窒素（N）の安定同位体分析の結果。ただし、（　）内の数値は毛の分析結果。
各黒丸は、捕獲場所の地理上の位置、その側の三つの数値の組み合わせ a, b, c は
a＝サケの貢献度（%），b＝陸上産の肉の貢献度（%），c＝植物の貢献度（%），を示す。
出　典　p. 2086, Hilderbrand, G. V., S. D. Farley, C. T. Robbins, T. A. Hanley, K. Titus, and C. Servheen. 1996. "Use of stable isotopes to determine diets of living and extinct bears." *Canadian Journal of Zoology* 74 : 2080-2088.

広がりの範囲だけでなく、その影の濃さまで物語っているもの、と見ることができます。

## 5　人間による海産物引き上げと回遊魚の天然遡上の相対比較

海の栄養分を陸域に引き上げる点で、現代世界における最大の生物は、なんといっても人間です。より正確に言えば人間そのものでなしに、石油の力で漁船を操って海へ出て行く人間です。極端な言い方をすれば、石油が魚をとって、人がそれを食べたり、家畜飼料にしたり、肥料にしたりして、海の栄養分を陸地に散布している、ということです。石油依存度の高い海の漁業は、一九九〇年代には年間約一億トンの海産物を陸揚げしています。栄養分の海から

＊**シードシャドウ**（seed shadow）　草木の葉陰の植物の種子が広がることを連想して使われている。狭義にはクリの実やホウセンカの種子などがはじけて地面に落ちた範囲をさすが、動物が介在するとその範囲はいっそう拡大することとなる。鳥類や哺乳類動物の食べた植物の中には、硬い種子のために未消化のまま種子が排泄されることが多くあり、当然それは動物の生活空間全域に広がることとなる。

陸への移動量を考える時、従来の研究と同様に、燐を指標とすると便利でしょう。そこで、世界食糧機構（ＦＡＯ）の統計で魚類、甲殻類、軟体動物、海藻類へと大別された海産物の各々について、食品栄養分析表等のデータによりその平均的な燐の含有量を知れば、あとは各々の漁獲データを使って、燐の陸揚げ量の推計ができます。私の概算(Murota, 1999)では、一九九五年に関し、それは四〇六、〇〇〇トンでした。

海鳥類が生みだすグアノという形での陸揚げ量についてはデータ不足ですが、一九〇九年から一九六二年までの約半世紀についてだけは、南アメリカ西岸のペルー海流の湧昇とアフリカ大陸西岸のベンゲラ海流の湧昇に伴うグアノの天然産出量を推計した論文があります（Schneider and Duffy, 1988）、そのデータから計算すると、その時期の年平均値として燐六一、〇〇〇トンという結果が得られます。

人間による捕獲を免れて内陸水域に年々入り込んでいる遡河性回遊魚がどれくらいの量なのか、ということになると、データの入手がきわめて困難です。しかし、カナダのブリティッシュ・コロンビア州については、五種類の太平洋サケに関する一九九〇年前後の数年の年平均値が知られています（Henderson and Gram, 1998）。これにより、ブリティッシュ・コロンビア州に限って言えば、**表1**に詳しい計算手続きを示したように、年平均の燐の陸揚げ量は二七三〜二九五トン程度と計算できます。これは、サケ以外の遡河性回遊魚の貢献も含めて、世界全体でどれだけかを推定する場合の一つの手がかりにはなるでしょう。私（Murota, 1999）は、アラスカやカムチャツカ半島にいまも多いサケの天然遡上を考慮し、世界全体としては、最小でブリティッシュ・コロンビア州のサケの貢献分の四倍、最大でその八倍とし、とりあえず年平均一、四〇〇トンから二、八〇〇トン程度ではないかと見ています。

以上は、正確さを欠くきわめて粗い考察ですが、石油文明下の人間の貢献に比べて二桁小さい程度、グアノより一桁小さい程度には、遡河性回遊魚が海の燐の陸上への引き上げに貢献しているのではないか、という目安だけはついたように思います。もしこの試算が桁数のレベルでは正しいとすると、人間に比べて遡河性回遊魚のしていることは微々たるもので、まともな考察に値しない、という意見が

**表１　カナダ・ブリティッシュコロンビア州（ＢＣ）における太平洋サケの天然遡上数（1990 年前後数年間の年平均値）とそれに伴う窒素と燐の陸揚げ量推計**

| 項目<br>単位<br>欄記号 | 年平均<br>天然遡上数<br>1,000 尾<br>A | 一尾当たりの<br>平均体重<br>kg<br>B | 種別の<br>重量計<br>t<br>C | 年平均<br>窒素(N)陸揚量<br>t<br>D | 年平均<br>燐(P)陸揚量<br>t<br>E |
|---|---|---|---|---|---|
| ベニザケ | 10,000 | 2.27 | 22,700 | 689 | 81.5 |
| カラフトマス | 20,000 | 1.82 | 36,400 | 1,105 | 130.6 |
| シロザケ | 1,500-2,500 | 5.45 | 8,200-13,600 | 249-413 | 29.4-48.5 |
| マスノスケ | 500 | 15.91 | 8,000 | 243 | 28.7 |
| ギンザケ | 200-300 | 4.55 | 900-1,400 | 27-43 | 3.2-5.0 |
| ＢＣ合計 | | | | 2,313-2,493 | 273-295 |

備考：A欄の数値は Henderson and Gram (1998) から採った。B、C欄の数値は Larkin and Slaney (1996) に依る。D、E欄の数値は、D＝0.03037 C、E＝0.00359 Cによって算出したが、ここでの係数（サケの単位体重当たりの窒素と燐の含有量）は Larkin and Slaney (1996) のものである。

出てくるかもしれません。しかし、栄養分の影の、〝濃さ〟ではなしに〝広がり〟、という面で見るとどうでしょうか。一年間に一億トンもの海産物を陸揚げする現代人の大半は都市に住んでそれを消費し、排泄物を下水道の管渠に流し込んでいます。あるいは、直接的には食べないで、フィッシュ・ミールにして家畜に食べさせ、その家畜の肉や加工品を食べるという形で消費しています。その結果は、また下水道行きです。つまり、石油大量消費に基づく人間の海からの漁獲は、都市近郊の下水処理場界隈の特定地域に、きわめて濃厚な栄養分の影を形成しますが、それ以外の地域の生物多様性を豊かにする方向にはあまり貢献していないのではないでしょうか。

これに対し、遡河性回遊魚は、多種多様な鳥類、哺乳動物、昆虫類、動植物プランクトンなどに、広く薄く海の栄養分を与えています。より正確な分析は将来の研究にまつしかありませんが、海が陸にもたらす生物多様性という面では、遡河性回遊魚の方が、石油を頼みの綱として大量に水産物を海から引き揚げている現代人より、ずっと大きな貢献をしているのではないでしょうか。**表２**は、以上の試

表２　海の燐(P)の年間陸揚げ量推計値、およびその陸上散布の特徴——人間による海の水産業、グアノの天然産出、遡河性のサケ　三者比較（Murota, 1999 より）

| | 年平均の燐（P）の陸揚げ量（時代）<br>陸上散布の形態・特徴 | データの出所 |
|---|---|---|
| 海の水産業 | 234,000 tP (1960)<br>406,000 tP (1995) | FAO (1966)、FAO (1997) の世界漁獲データを用い、食品分析表等記載の窒素、燐の含有量の数値から試算。 |
| | 人口密度の高い地域に集中する傾向 | |
| グアノの天然産出 | 9,000 tP（時代特定なし）<br>11,000 tP（時代特定なし）<br>61,000 tP（1909-1962） | Sandstorom (1982)<br>Pierrou (1979)<br>Schneider and Duffy (1988)<br>に基づいて計算。 |
| | 人間が取り除かない限り特定の海岸域に厚く堆積 | |
| サケの天然遡上 | 推定最小値 1,400 tP（1990 年前後）<br>推定最大値 2,800 tP（1990 年前後） | 表２のブリティッシュコロンビア州（ＢＣ）のデータを元にし、北半球全体として４倍を最小ケース、８倍を最大ケースとした。 |
| | 食物網の様々な径路を経て陸上生態系に薄いが広い栄養分の影を形成。生物多様性に貢献 | |

算や考察を一覧表にしたものです。ここでの諸数値は、二十世紀後半の世界を理解する上での第一近似値ですが、十九世紀前半ころにはどうだったのか、正確な数値は算出のしようがないとしても、今後の研究課題としておよそのところは知りたいものです。

グアノについて少しだけ補足しておくと、先述の論文(Schneider and Duffy, 1988) が一九〇九年から一九六二年までのみを扱っているのは、その著者たちが、ペルー沖でカタクチイワシなどの大量捕獲をめざす商業的漁業が本格化する以前のグアノ産出状況を知りたいという意図を持ち、その意図に沿うデータの収集を行ったためです。人間が大量に魚を陸揚げすれば、その分、海鳥に残される魚の量は減り、したがってグアノの産出量も減るはずです。ペルー沖では、魚を人間が獲るのか、海鳥が食べるのか、はっきりした競争があるようです。現状では前者の優勢が明らかであり、このため、グアノの形をとった燐の、近年における年間陸揚げ量は、彼らのデータに基づいて算出した六一、〇〇〇トンよりかなり小さい、という可能性があります。そして、もしそれが桁数として一、〇〇〇トン台であれば、サケの天然遡上による燐の量と桁が異ならない、ということになります。

## おわりに——どんな山奥でも海に近い日本列島

日本列島においては、太平洋側は利根川まで、日本海側は山口県の諸河川まで（若干は九州の遠賀川まで）、かつて太平洋サケの遡上が見られました。一挙にそうした状態を回復するのは無理でしょう。しかし、一つずつでもよいから回復に向かうことが重要ではないでしょうか。一つの例が次々と好例を産む可能性もあります。ユーコン川のマスノスケが約二ヶ月かけて最大三、〇〇〇キロメートルも遡上することに想いをはせるならば、日本列島、特に北海道は、大雪山のような高地を別とすれば大半が海岸のようなものです。東北地方も似たようなものです。海が、遡上魚類の形をとって人間を含む種々の陸上生物に恵もうとしているものを拒否、あるいは妨害するのではなく、素直に受け容れるならば、河川生態系のみならず陸上生態系の大半がサケの投げかける栄養分の影の下に収まってしまう可能性があります。

天然遡上の条件確保を目指す好例はアメリカやカナダだけにあるのではありません。北海道東部の標津町からオホーツク海に流下する忠類川の場合、かつて大型ダムを建造する計画がありました。しかし、これに反対する市民運動を前にして、賢明にも計画は大幅に縮少され、低落差の堰堤設置にとどまっています。このため、忠類川では今もシロザケやカラフトマスがかなり上流まで遡上するのを見ることができます。滝があるなどしてそれらがもはや遡上しないところでもオショロコマが元気に泳いでいます。

なお、真に適切な魚道の設置、あるいはダムそのものの撤去などにより、川にサケなどが自由に天然遡上できる条件だけできても、野生動物がその川に近づけないような人工的な構造物が川と森林の間にあると、彼らはせっかくの海の恩恵に浴することができません。そして、このことは、すでに脅かされている生物多様性のいっそうの減少につながります。河畔林の保全も含めて、流域全体の望ましい姿を総合的に検討することが大切です（柳井、一九九九）。

日本の場合、サケ・マス人工孵化放流事業が成功を収めたがゆえに、そうした魚類を海陸間の物質循環の担い手と見る視点が最近まで育ちませんでした。しかし、世界的に生物多様性の重要性の認識が広がる中で、遡河性回遊魚が陸域の生物多様性の保証に一役買っているのでは、という感触を抱く人々は日本でも増えてきています。柴谷（一九九二）はその先駆をなし、その英訳は、エントロピー学会英文誌に掲載され（Sibatani, 1996）、海外でも読まれています。柴谷に続く日本での研究としては、帰山（一九九八）、Murota (1999)、中島・伊藤（二〇〇〇）などがあります。日米研究者の共同論文（Cederholm, et al., 1999）も公刊されています。

　北海道の場合、経済の停滞が続く中で、従来どおりのサケ・マス人工孵化放流事業が採算割れになるなどして、それを中止する漁協が出現しているところもあります。そうなると、天然遡上するサケの数が増える可能性が出てきます。帰山（一九九八）は、道南（北海道南部）の八雲町を流れる遊楽部（ユーラップ）川に関し、「自然産卵するサケ親数が増加するにつれ、今まで分布が観察されなかったオオワシやオジロワシなどの大型猛禽類が飛来するようになった」（同上、五頁）と述べています。海外各地の場合と同じく、サケの天然遡上は、そこでも生物多様性を育んでいるようです。中島・伊藤（二〇〇〇）は、サケと水生昆虫との関係を定量的に明らかにすべく、千歳市内の内別川、森町の尾白内川、上記の遊楽部川などで、シロザケのホッチャレの投入実験を実施しました。その結果、トビケラ類、ヨコエビ類などが高密度でそれにコロナイズすることが確認できたそうです。つまりホッチャレがそうした水生動物にとって直接の餌資源になっていることが明らかになったのです。

　このように、地味ですがとても重要な研究が、いよいよ日本でも始まりました。経済不況は何らかの形で克服されねばならないとしても、サケが自由に遡上し、また降海できる川の数を増やす好機が、いままさに到来している、ということができるでしょう。

## 主要参考文献

Cederholm, C. J., D. B. Houston, D. L. Cole, andW. J. Scarlett "Fate of coho salmon (*Oncorhyncus kisutch*) carcasses in spawning streams", *Canadian Journal of Fisheries and Aquatic Sciences*, 46 (1989) 1347-1355.

Cederholm, C. J., M. D. Kunze, T. Murota, and A. Sibatani "Pacific salmon carcarses : essential contributions of nutrients and energy for aquatic and terrestrial ecosystems", *Fisheries*, 10 (1999) 6-15.

Henderson, M. A., and C. C. Graham "History and current status of Pacific salmon in British Columbia", *N. Pac. Anadr. Fish Comm. Bull.* 1 (1998) 13-22.

Hilderbrand, G. V., S. D. Farley, C. T. Robbins, T. A. Hanley, K. Titus, and C. Servheen "Use of stable isotopes to detemine diets of living and extinct bears",*Canadian Journal of Zoology*,74 (1996) 2040-2088.

帰山雅秀「遡河性回遊性サケ属魚類による海洋生態系から陸上生態系への物質輸送機能」、一九九七年度ソルト・サイエンス研究財団報告書、一九九八年、一－八頁。

Larkin, G. A., and P. A. Slaney "Trends in marine-derived nutrient sources to south coastal British Columbia streams : impending implications to salmonid production", *Watershed Restoration Management Report* No. 3, Ministry of Environment, Lands and Parks and Ministry of Forests, British Columbia (1996).

Lindebroom, H. J. "The nitrogen pathway in a penguin rookery", *Ecology*, 65 (1) (1984) 269-277.

室田武「遡河性回遊魚による海の栄養分の陸上生態系への輸送――文献　展望と環境政策上の含意」、『生物科学』47、一九九五年、一二四－一四〇頁。

室田武「豊かな海の恵みグアノ――人類はグアノとどうかかわってきたか」、『海――知られざる世界 ② めぐる生命の輪』、NHK出版、一九九八年、四八－五一頁。

Murota, T., "Nutirent shadow cast by anadromous fishes : perspectives in comparison with marine fishery and guano occurrence", an unpublished manuscript (1999).

中島美由紀・伊藤富子「サケ (*Oncorhynchus keta*) の産卵後死体(ホッチャレ)への水生動物のコロニゼーション」、『北海道立水産孵化場研究報告』54、二〇〇〇年、二三－三一頁。

Schneider, D., and D. C. Duffy "Historical variation in guano production from the Peruvian and Benguela upwelling ecosystems", *Climatic Change*, 13 (1988) 309-316.

柴谷篤弘「サケはなぜ川を遡上するのか」、『中央公論』四月号、一九九二年、二八六－二九五頁。

Sibatani, A. "Why do salmon ascend rivers? : another perspective on biodiversity and the global environment", *Selected Papers on Entropy Studies*, 3 (1996) 3-12.

Wada, E. et al. eds., *Stable Isotopes in the Biosphere*, Kyoto: Kyoto University Press (1995).

柳井清治「サケ科魚類の生息と水辺林の機能」、『森林科学』26、一九九九年、二四－三一頁。

# 3　生命にとって環境とは

勝木　渥（物理学）

## 1　環境学の現状

私の見るところ、環境学はまだ「科学」にはなっていません。環境破壊の諸現象を、諸分野の専門家が自分の専門分野の所でだけ記述するという環境現象学の域にとどまっています。生物学者は生態系を、気象学者は気象を、というような具合に。破壊の状況を詳しく記述すること自体は正当な危機意識に基いた当を得たことでありますが、学問の段階としては現象論の段階にとどまっています。

ある学問が科学になるためには、その鍵となる基軸概念が見いだされ、それを軸とした学問体系が構築されねばなりません。

環境（現象）学が環境科学になるために見いだされるべき基軸概念、それは、エントロピーと物質循環、あるいはエントロピー増大の法則と物質循環です。

## 2　エントロピー増大の法則

「エントロピー増大の法則」は「エネルギー・物質保存の法則」とともに、自然界を支配する二大法則の一つをなしています。

「何かが変化して何かになる」といえるためには、変化を通じて変わらない何か、変化の前と後とがイコールで結ばれるような何かがなくてはなりません。保存則はそのような内容を持つものです。前後を等号で結ぶから、変化の向きを表すことはできません。変化の向きを示すためには、不等式が必要です。エントロピー増大の法則は、変化の向きを示します。

「エントロピー増大の法則」と述べると、すぐ反射的に「エントロピーとは何か」と問い返されます。しかし、エントロピーとは何か、それが増大するとはどういうことか、と考えていったのでは、理解困難です。そういう順序ではなく、「エントロピー増大の法則」とはなにかをまず理解すべきなのです。

「エネルギー・物質保存の法則」は、エネルギーと物質とを結ぶいわば為替レート（$E=mc^2$）が桁違いに巨大なので、われわれの日常生活の中では、エネルギー保存則と物質保存則（物質不滅の法則）とがそれぞれ別個に成り立っていると考えてもよろしい。

さて、自然界の変化には一つの傾向があります。物質やエネルギーが拡散していこうとする傾向です。熱がひとりでに移っていくのは（エネルギーが密の）高温の所から（エネルギーが疎の）低温の所に向かってであることや、物質が拡散していくこと（水中に落とした一滴のインクが次第に広がっていくとか、ボンベの口を開けるとガスが噴出するとか、等々）を、われわれは日常よく経験しています。エネルギーにしろ、物質にしろ、自然界では拡散していく傾向があるということを述べたのが、エントロピー増大の法則なのです。

しかし、エネルギーの拡散と物質の拡散とを結ぶいわば為替レートが、われわれの日常経験の範囲で、エネルギーの拡散と物質の拡散とが互いに移行しあうようなものであるために、それらを別々にエネルギー拡散則とか物質拡散則といってしまっては自然現象を正しく表すことができません。エネルギーと物質とを込みにしたものが拡散するのです。「込みにしたものの拡散」を論ずるには、エネルギーと物質との間の（拡散に関する）為替レートを決める必要があります。そして、為替レートを正しく定めると、エネルギーと物質とを込みにしたものが拡散していくことになるのです。その「込みにしたものの拡散」が、エネルギーでもない・物質でもない・ある概念的な物理量（文字Ｓで表す）を導入すると、それ（Ｓ）の増大に対応している、そのような概念的な物理量（＝エントロピー）を、十九世紀の中頃に人類は発見しました。エントロピー増大の法則とは、エネルギー・物質拡散の法則のことです。

「物質拡散則とエネルギー拡散則とを、それぞれ別々の拡散則として把握したのではだめだ」ということを端的に示す現象は、結露です。大気中に広がっていた水蒸気が、ひとりでに集まってきて露になる。だから、自然界では常に物質拡散則が成立つとはいえません。では、結露をどう理解すべきであるか。物質（水）にだけ着目すれば、物質拡散則に反しています。他方、水蒸気が水になるときに気化熱を放出します。この気化熱が周りの大気全体に広がり伝わっていくので、エネルギーが拡散します。結露のさい、水蒸気が水滴になるという物質の凝集（拡散の逆）が起こり、物質の拡散の度合いは減少したが、その減り高を上回るエネルギーの拡散が（適当な為替レートで換算して）同時に起こっているのです。エネルギーと物質との「両方を込みにしたものの拡散」を考えれば、結露という現象は「エネルギー・物質拡散の法則」と合致します。「両者を込みにしたものの拡散」の度合いの増大が、エントロピーの増大として表現されるのです。

## 3　エントロピー増大則と生命

エントロピーの目で生物を見てやりましょう。生命は成長しますが、それは広い範囲にわたって存在していた種々の物を集めて、それを自分の身につけて、つまり、狭い領域に集中させることによって成長するのだから、単純に物にだけ着目すれば、エントロピーは減少しているといえます。だから生命は、エントロピー増大の法則に反しているように見えます。

では、生命とは何であろうか、ということが問題になります。

生命は物質の存在様式の一つですが、「生命とは、エントロピー増大則の存在にもかかわらず、その制約から免れるような物質の存在様式である。ここにこそ生命の本質がある」とする立場もありえましょう。

また、「生命がエントロピー増大則に反するように見えるのは、何かを見落としているからだ」とする立場もありえましょう。

私は後者の立場が「科学の立場」であると考えます。前者の立場は、生気論・神秘主義・オカルティズムに通じる立場です。私は科学の立場に立ちます。

科学の立場に立てば、見掛けの矛盾は何かが見落とされているからです。すると「何を見落としているのか」ということが、科学の立場からの問題となります。

見落としていたもの、それが環境です。

## 4　生命と環境

さて、科学の立場に立てば、自然界にはエントロピー増大の大法則があり、他方、生命系に着目すれば、生命活動の中で生命系のエントロピーは非増大ないし減少しています（アミノ酸からのタンパク質の合成・個体発生・個体維持・成長・繁殖等）。

この一見矛盾する二つの事象を両立させるのが（見落とされがちな）環境の存在です。

生命系でエントロピーが減少しているのだから、エントロピー増大則という制約が厳然としてある以上、どこかで、生命系で減ったエントロピーの減り高を上回るエントロピーの増大があるはずです。そのエントロピー増大の場所、それが環境です。

も少し具体的にいえば、「低エントロピーの物を生命に供給して高エントロピーの物を生命から受け取る」という機能を生命系に対して持った外界、これが環境です。

エントロピーという言葉が馴染みにくければ、生命と環境の関係を考える場合には、エントロピーを「汚れ」と言い換えても、当たらずといえども遠からず、差し支えありません。生命は、自分が生きていくとき、生きていく（＝いわば、自分が清浄（きれい）になる）こと以上に、もっと環境を汚すことによって、つまり、生命系でのエントロピー減少量を上回るエントロピーを環境に排出して、環境のエントロピーを増大させる（＝環境を汚す）ことによって、生きていくことができるのです。

これが、科学的な環境理論の出発点です。

## 5　環境の階層的多重構造の必然性

上に述べた生命と環境との基本的関係の認識から、直ちに、論理的に、環境は階層的多重構造を取らねばならないと結論されます。

生命が環境から清浄（きれい）な物を取り入れ、環境に汚れ物を棄てていくと、環境がだんだん汚れて、もはやこれ以上、生命に清浄な物を提供できず、汚れ物を引き受けられなくなり、環境は環境としての機能を果せなくなります。

環境が環境として機能しつづけうるためには、「環境の環境」が存在して、「環境の環境」が環境から汚れ物を引き取り、環境に清浄な物を提供するということが必要です。同様に「環境の環境」が「環境の環境」として機能しうるためには「環境の環境の環境」の存在が必要です。という具合に、無限に続くわけですね。

こういう訳で、「生命系ではエントロピーが減少している」という事実と「エントロピー増大則」とから出発すれば、必然的に、論理的に、「環境は階層的な多重構造を取らなければならない」ということが結論されます。

ここから二つの問題が出てきます。「一番外側の環境は何か」という問題と、「生命系が環境から取り入れる低エントロピー物質とは具体的には何か」という問題です。

## 6　地球の状況、太陽と宇宙空間、水循環

生命が存在する地球を、一個の生命体と見なすこともできましょう。すると、一個の生命体としての地球にとっての環境は何かということになります。それは宇宙空間です。宇宙空間から取り入れる清浄な物は太陽からの光のエネルギーです。地球から宇宙空間に棄てている汚れ物は、赤外放射＝熱です。光と熱と、エネルギーの量は同じですが、光の方が熱よりもエントロピーが低い。地球に入ってくる光のエントロピーの方が、出ていく熱のエントロピーよりも小さいのです。

すると「では宇宙のエントロピーは？」となりそうですが、宇宙のエントロピーのことは、宇宙論の課題ではあり

えても、環境論の課題ではありません。環境問題としてわれわれが問題にしているのは、地球上での環境問題です。問題とする時間の拡がりは、長くとっても、人類が生物的な種として存在する高々千万年程度であり、短く取れば、近代工業社会の新物質の開発・大量生産・大量消費が短期間に環境・生態系を修復不可能なほどに激変・破滅させつつある百年程度です。宇宙にとっては一瞬でさえもないような短い時間のことですから、宇宙のエントロピーのことは、環境問題の議論としては考える必要はありません。宇宙のことは、「地球の環境としての宇宙」ということでだけ、考慮にいれればよろしい。

そこで、地球の状況を考えてみましょう。

地球に太陽から光が入って来ますが、植物がその光を利用して光合成をします。

光合成で利用される赤い光の温度は、絶対温度で約一三〇〇度（一、三〇〇K）です。地上の生命のことを論ずるときには、この温度の光（エネルギー）が入って来ると考えてよろしい。エネルギーを外へ放出する時の温度は、地上だと二九〇K、上空だと二五〇K。ある温度のエネルギーが持っているエントロピーは、エネルギーをその絶対温度で割ったものだとみなせます。やってきた一、三〇〇KのエネルギーがEだとすると、入ってくるエントロピーはE／一三〇〇、放出されるエントロピーはE／二九〇ないしE／二五〇です。光合成に利用した光に関しては入射エントロピーの四倍ないし五倍のエントロピーを宇宙に放出しているのです。

そのエントロピー廃棄のメカニズムを考えてみましょう。地上で生物がいろいろ活動する中で、生命系のエントロピー減少を補償するために、低エントロピーのエネルギーを高エントロピーのエネルギー＝熱に変換します。こうして発生した熱を水が吸収して、水蒸気になって上空に昇っていき、それが上空で冷えて（放熱して）、雨や雪になって地上に戻ってくるという、地表と上空の間の水循環が存在します。この水循環こそが、地球だけにあって他の天体（月・火星・金星等）にはない、エントロピー廃棄のメカニズムです。水循環の存在、ここに、地球上にだけ生命が存在しえた鍵があります。

そのことをもう少し詳しく論じてみましょう。

太陽から出た光は、地球までとても遠いので、その進行方向はほとんど平行になっていますから、やってきたエネルギーを地球はその直断面で吸収すると考えて、エネルギー吸収量が計算できます。宇宙へ熱として放出するときは、地球の球面の全表面、すなわち直断面の四倍の面積から放出します。［吸収エネルギー量］＝［放出エネルギー量］と置いて、宇宙から見たときの地球表面の温度を算出することができます。

地球の表面は、雲や氷やその他が入射太陽光の三〇％程度を反射していて、吸収するのは約七〇％ということが分かっていますから、入射エネルギーの七〇％を直断面で吸収して、それを全表面から放出するとして計算すると、宇宙から見たときの地球の外表（宇宙側の表面＝上空）の温度が、絶対温度で約二五〇度、セ氏零下約二十度と求まります。そういう温度の所から、地球は宇宙へ熱を放出しているのです。零下二十度という温度は、われわれが生きている地表の温度よりずっと低く、水が凍ってしまうような温度です。

地表と上空の間には大気があって、大気が布団か毛布のような役割をしています。真冬に布団も掛けずに裸で寝ていると、冷えて風邪を引いてしまいますが、布団を掛けると、人間の体から放出した熱をいったん布団が吸収して、それを一部は外側に、一部は内側に向けて放出します。布団の外面の温度は外気の温度と同じですけれども、内側は人体から出た熱を布団が吸収してその一部をもう一度内に放熱するということがあって、外面の温度より高くなっています。地球はいわば大気の布団をかぶっていて、大気中の温暖化ガスによる温室効果の結果、実際の地上の温度は平均的にはセ氏十五度か二十度ぐらい、絶対温度で二九〇度ぐらいになっています。これは、水が液体で存在できる温度です。

地球はこういう状況にあります。地球と太陽の関係と、地表での大気という温暖化ガスの存在とが、この状況を決めていますが、特に「地上は温度が二九〇Ｋ＝セ氏十七度で水が液体で存在できる。上空へ行ったら零下二十度である」ということに注目して下さい。こういう状況になっているから、地表で液体で存在していた水が、熱を受け取って水蒸気になって上昇し、上空の冷えた所に行きつくと、今度はそこで放熱して水になって戻ってくるという、水循環が可能なのです。

この水循環のさい、地表で水が水蒸気になって、上昇していきますが、もし、地球の重さがもっと軽かったら、引力が弱く、水蒸気になった水の分子を地球に引き留めておくことができません。水蒸気になった水は地球の外に逃げて行ってしまい、地球から水がなくなります。月に水がないのは、月が軽すぎて、水蒸気を月に引き留めて置く力が弱すぎたからです。地球は地表で水蒸気になった水分子を地球から逃がさない程度には重いのです。つまり、軽すぎないのです。では、水を逃がさないように、地球がうんと重くて、引力がとても強かったらどうでしょうか。水蒸気になった水分子が上空に上がって行こうとしても、地球の引力が強いとほんの少ししか上がれません。ほんの少し上がっただけではまだ温度が十分低くないので水蒸気は水に戻ることができません。そうすると、気体になって上昇して液体になって戻ってくるという「水循環」ができなくなります。だから、重すぎても困ります。地球は水蒸気の水分子が、十分の高み（そこでは温度が十分低い）に昇ることを妨げない程度には軽いのです。つまり、重すぎないのです。

だからエントロピー廃棄の地球固有のメカニズムである水循環が成り立つ上で、地球の重さは、軽すぎもせず、重すぎもしない、ちょうど適当な重さなのです。

## 8　水の特性

ここで水循環で活躍する水のことを考えてみましょう。

水の特性の第一は気化熱が大きいことです。エントロピーを棄てることは熱を棄てることでもありますが、物としては少しの量でたくさんの熱ないしエントロピーを担って上空に昇って、宇宙にぽいと棄てて戻ってくれれば、熱ないしエントロピーを棄てる能率がいいわけです。少しの物を運び上げて大量のエントロピーを棄てる。この見地からすると、気化熱の大きな水はもってこいの物質です。水の気化熱は非常に大きく、セ氏二五度の水をセ氏二五度の水蒸気にするときに必要な熱（気化熱）は、〇度の水を一〇〇度の熱湯にするのに必要な熱量の五倍以上です。

第二の顕著な特性は「氷が水に浮く」ことです。地表で液体の水がじゃぼじゃぼ存在するのは、氷が水に浮くからです。氷の方が水より重かったら、ある時、寒く冷えて、水が凍って下に沈む。暖かくなって、太陽が照らしても、底の氷は融かさないで、表面から水を蒸発させるだけです。また冷えて、表面が凍って氷が底に沈む。こういうことを繰り返して、長い地球の歴史の中で、もし氷が水より重かったら、冷たい氷の鉱脈が形成されこそすれ、液体の水がじゃぼじゃぼ存在する海などは、存在しえなかったでしょう。自然界で、固体が液体よりも軽い物質は、水くらいしかありません。

第三の特性は、水が特異な電気的性質をもつことです。そのために、タンパク質などの高分子の、ある部分(親水基)はできるだけ水に接したがり、別の部分(疎水基)は水と接したがらない、ということが生じます。このようなタンパク質が水に溶けると、疎水基は内側へ隠れ込み、親水基が表面に出て来て、ある種の立体構造を取ります。そして、表面に出て来た場所が、化学変化の触媒として働いて、そこで生化学反応が活発に起こります。このような化学的に活性な構造を、水の中でタンパク質が取ることができるのは、水の特異な電気的性質によります。

第四の特性は、水がいろいろな物をよく溶かすということです。タンパク質の水と接する化学的に活性な場所で生化学反応が起きるとき、反応に必要ないろいろな物質が水に溶けて運ばれてきます。

水の働きを水の特性を念頭に置きながら、見てみましょう。水は気化熱が大きくて、水循環によるエントロピー廃棄に具合がよいし、氷が水に浮くから、液体の水がじゃぼじゃぼ地表に存在しうるし、特異な電気的性質と物をよく溶かすということから、高分子による多様な生化学反応が水溶液の中で起こりえます。まことに至れり尽くせりの状況ですが、そうでありえた秘密は、水分子 $H_2O$ の水素H・酸素O・水素Hの並びが直線ではなく少し曲がっていて、H－O－Hの角度が一〇五度ぐらいの「く」の字形になっているところにあります。水素が少しプラスの電気を持ち、酸素が少しマイナスの電気を持ち、電気の総量は全体としてプラス・マイナス打ち消しあっていますが、プラスの電気の中心の位置とマイナスの電気の中心の位置が少し食い違っていて、「電気の磁石」みたいなもの(電気双極子)になっています。

水の分子が「く」の字形になっているので、分子が集まって氷の結晶を作るとき、すき間の多い構造になります。氷が融けて水になると、そのすき間がごちゃごちゃになってつぶれます。氷の方が水よりすき間が多いので、氷が水に浮くのです。

水分子$H_2O$が「電気の磁石」になっているから、液体の水の中で水の分子がごちゃごちゃいて、蒸発して分子が水中から空中に出ていこうとすると、「分子の磁石」同士がお互いに引っ張りあって、水の中に引っ張り込もうとするから、これを振り切って出ていくためには、高いエネルギーが必要です。つまり、水の気化熱は、他の物質に比べてはるかに高くなります。

また、分子が「電気の磁石」になっていますから、タンパク質の高分子の中に電気を帯びた部分があると、「電気の磁石」がそれを引っ張って、表面に引っ張り出す。それが親水基。物をよく溶かすのは、いろんな物を、電気を持っている物を、「電気の磁石」で引っ張って、水の中へ溶かし込むからです。


このような水の特性の由来は、$H_2O$というとても簡単な組成の分子なのに、その形が「く」の字型だということにあります。

こういう目でもう一度地球上での生命の存在を見直してみましょう。水というとても奇妙な物質があって、それが地表では液体で存在し、気化して上昇することができるが、地球から逃げ出せない程度に地球が重く、高く昇れる程度に地球が軽く、こうして水循環が成り立っている。

地球の天文学的・地球物理学的状況と水の特異な物理的性質との奇蹟的な和合が地上に生命が存在することを可能にしたのである、といえましょう。

水の存在が生命の発生・存続のための必要条件だということは、最近はかなり認識されてきているようですが、水の存在だけでは不十分で、水循環の存在が必要だということの認識は、まだ社会的な一般常識には、残念ながら、なっていません。

## 8 生命にとっての、二種類の低エントロピー源

次の問題、環境が生命に提供する低エントロピー源（清浄な物）とは、具体的には何か、そして、環境が引き取る高エントロピー物質＝廃物・汚れ物とは具体的には何か、いう問題を論じましょう。

低エントロピー源の物質は、基本的に、二種類あります。低エネルギーの低エントロピー物質である清浄な液体の水と、高エネルギーの低エントロピー物質である炭水化物です。

清浄な液体の水が低エントロピー源として機能しうるのは、それが高エントロピー状態になって排出されるから、つまり、水蒸気や老廃物を溶かした汚水になって体外に排出されるからです。

炭水化物が低エントロピー源として機能しうるのは、酸化して、高エントロピーのエネルギー（熱）や物（二酸化炭素）となって体外に放出・排出されるからです。

水は熱を吸って水蒸気になるのだから、水の状態の方が水蒸気の状態よりエネルギーが低く、水は低エネルギーの低エントロピー物質であると位置づけることができます。

炭水化物は酸化して熱を出すから、酸化する前の方が酸化した後に比べてエネルギーが高く、炭水化物は、高エネルギーの低エントロピー物質であると位置づけることができます。

また、水の気化は負のフィードバック機構をもち、炭水化物の酸化は正のフィードバック機構をもちます。

炭水化物の酸化の正のフィードバック機構は生命系の急速な成長を可能にします。

炭水化物の酸化のさいのエントロピー増大の枠内でのみ、生命系の当該部分のエントロピーの減少が可能なのですから、生命系の急速な成長＝急速なエントロピー減少のためには、それを上回るペースでの炭水化物の酸化が不可欠です。

一般に炭水化物の酸化は温度が高いほど速やかです。発生・孵化など、急速な成長にはある程度の高温が必要です。冷え過ぎて、炭水化物の酸化のペースが落ちると、発生・孵化の過程が中断します。親鳥が卵を温めるのは、加熱のためではなく、冷え過ぎの防止のためです。

他方、炭水化物の酸化による発熱は温度上昇をもたらし、温度上昇は酸化・発熱のペースを早めるという正のフィードバック機構を持ちますから、歯止めがないと暴走して、温度が上がり過ぎて、生命体を焼き焦がし、活発な生命力のために自分自身を焼き滅ぼしてしまうということが起こりかねません。それをさせない歯止めが水です。水で冷すのです。

この二種類の低エントロピー物質があるから、その両方があいまって、われわれは生きていけるのです。生きていくことは、ほんとに綱渡りみたいなもので、微妙な調整をしながら、生きています。ちょっと狂うと病気になるし、もっと狂えば死んでしまう。死んだら元には戻らない。ほんとに綱渡りみたいにして生きているのだけれども、その綱渡りができるのは、こういう二種類の低エントロピー物質があるからです。体温を上げたいと思ったら、炭水化物を酸化させる。上がり過ぎたら水で冷やす。こういうことをやって生きているのです。

しかし、一般にはそのようには理解されていなくて、生きていくのに必要なエネルギーという形でだけ理解されています。そういう間違った理解が科学者の世界に全面的に行きわたっています。

たとえば、学生向けの基本的な講義用テキストだと思われるある本(川口昭彦『生命と時間』東京大学出版会、一九九八)には「酸素を利用することによってエネルギー獲得効率が飛躍的に向上した。それまで有機物を吸収して無酸素状態でそれを分解してエネルギーを得ていた生物が、酸素を利用して吸収した有機物を有効に利用することが可能になった」と書かれていますが、これは生きていくのにエネルギーが必要だという立場、有機物を分解したり酸化させたりするのは、エネルギー獲得のためであって、エントロピーを増大させるためではないとする立場からの記述です。

それに対して、われわれは、それを高エネルギーの低エントロピー物質として把握します。「生きていくのに必要なエネルギー」という間違った概念で把握されていることを、「そうではない。それは高エネルギーの低エントロピー物質なのである。それの物としてのエネルギー(化学エネルギー)が、酸化によって熱(エントロピーを持ったエネルギー)に変わる、その時のエントロピー増大の枠の中で、生きていくこと（エントロピー非増大ないしエントロピー減少）が可能となる、そのような低エントロピー物質なのである」と把握します。

　このように理解すると、生きていくためには大量の発熱が必要だということが分かります。炭水化物を酸化して発熱させ、その熱を棄てることによって生きていけるのです。どれほど大量に発熱・放熱しなければならないか、太陽の発熱量と人間の発熱量を、一キログラム当りで比べてみましょう。同じ重さ当りで比べてみると、人間が太陽のほぼ一万倍です。こういうと「えっ、そうなのか。さすがは生物、発熱効率がいいんだなあ。こんな小さな体で太陽の一万倍も発熱する、いい効率だなあ」と思うかもしれませんが、それは浅慮の早とちりです。そうではなくて、大量の炭水化物を酸化させ、大量に発熱、すなわち、エントロピーを増大させなければ、生きていけないのだ、生きていくためには、これだけ大量の発熱が必要なのだ、という具合に理解すべきなのです。

　生命が生きていくのに必要な低エントロピー源である水と炭水化物は、生命の生存の中で消費され、高エントロピー状態になって廃棄されますから、生命の存続のためには、これらの物質の再生・補給が必要です。低エントロピーの水の再生過程が、さきに述べた、地表と上空の間の水循環、降雨・降雪であり、炭水化物の再生過程が光合成です。

## 9　光合成

このようなものとして、光合成を考えてみましょう。光合成の化学式は次のようなものです。

$$6CO_2 + 6H_2O \xrightarrow{\text{光}} C_6H_{12}O_6 + 6O_2$$

光合成についての普通の理解は、太陽の光を受けて植物が、根から吸った液体の水と大気中の二酸化炭素とから、光のエネルギーを蓄えたブドウ糖を作る、というものです。光合成でブドウ糖を生産するので、食物連鎖の概念の中で、植物は生産者として位置づけられています。

　いろいろな物質のエントロピーについてはすでによく調

べられていて、この化学式の両辺の物質のエントロピーのデータから、光合成のさいのエントロピー変化を算出することができます。計算してみたら、左辺より右辺の方が、ブドウ糖生成一モル当り、七〇・五Rだけエントロピーが低いという結果が出ました。このエントロピーの減少高は、水四モル弱の蒸発で打ち消すことができます。Rは気体定数です。

いま高校生は、光合成を化学ではなくて生物で習いますが、そこで出てくる光合成の式は、

$$6CO_2 + 12H_2O \rightarrow C_6H_{12}O_6 + 6O_2 + 6H_2O$$

というものです。両辺に$6H_2O$がダブっています。

これをめぐって、化学の先生と生物の先生がやりあっていました。化学の人は「理由がどうであれ、化学式の両辺に同じ物が出てきたら、それを消去しておくのが化学式の精神だ。だから両辺の$6H_2O$は消すべきだ」というのです。生物の人は「光合成の実験で放射性の酸素同位体を用いて酸素に目印を付けて実験したら、右辺の$6O_2$の酸素がみんな水から来ていることが分かった。十二個の酸素原子がみんな水から来ているのだから、左辺の水は$12H_2O$でなくてはならず、化学式の両辺のつじつま合わせのために、右辺に$6H_2O$を加えておくのだ」といいます。

化学の人は「そんなことが仮にあっても、同じものが出てきたら消しておけ」というわけで、チャンチャンバラバラ。そこで物理屋のぼくがしゃしゃり出て「化学屋好みの式では、右辺のエントロピーが左辺のそれより低い。その減り高は水四モルの気化で補償される。生物屋好みの式では、左辺の$12H_2O$が液体で、右辺の$6H_2O$が気体なら、余分の$6H_2O$の部分で六モルが気化しているので、その分だけエントロピーが増える。四モルを上回る水が気化しているから、差引き右辺の方がエントロピーが高くなり、左辺から右辺へ光合成の反応が進行しうる。物質としては同じ水でも、液体と気体という状態の違いがある時には、消去しないで、区別があるとして、書いておくことにすれば、化学屋と生物屋とのこの喧嘩は収まるのではないか」と述べたら、「なるほど、それはもっともだ」ということになりました。ただし、それで物理屋の株が少しは上がったかというと、必ずしもそうではない。

このように、いま高校で習う光合成の化学式には、水六

モルの蒸発があらわに含まれていますが、さらに量子収量*という概念があって、量子収量のデータから、光合成でブドウ糖一分子を作るのに、光の粒が何粒いるかが分かります。六〇粒ないし四八粒という結果が得られています。光合成では主として赤い光が使われるので、赤い光で考えることにします。光合成でのブドウ糖一分子のエネルギーの増え高は赤い光十六粒分です。残りの四四ないし三二粒分は、光合成の進行の役には立ったのですが、結局は熱になります。この熱で自分自身を焼き焦がさないためには水で冷さなくてはなりません。

熱を棄てるのに、二通りの棄て方があります。放射で棄てる棄て方と、物を温めてその物を棄ててしまうという棄て方です。後者で一番いいのは水です。温めると温度が上がりますが、水を水蒸気にするときは、熱は、水の温度を変えずに、液体を気体に変えます。そうすると、温度を上げずに熱を棄てることができます。

放射の放熱で熱を棄てようとすれば、大量に棄てようとすれば、それに見合って温度が上昇しなければなりません。けれども水を使って熱を棄てようとすれば、大量の水を流すことによって、温度を上げないで大量の熱を棄てることができます。光合成のさいやっているのは、水の蒸発による冷却＝放熱です。

どれだけの水が蒸発しているかを、量子収量に基づいて計算すると、一モルのブドウ糖を作るためには、百数十モルの水が蒸発しなければならないということが分かります。

さらに、太陽からやって来る光のうち、光合成に役立つのは、その一部、赤い光と青い光だけで、大ざっぱに見積もると、太陽光の全エネルギーの二〇%ぐらいです。あとの八〇%は役立たずのもので、それによる無駄な温めを冷ますためにも、水が使われます。

「一株のトウモロコシは、その個体が成育や結実のために一ガロンの水を使う場合、推定一〇〇ガロンの水を発散しているという」と書かれている本『バイオスフィアの実験生活』A・アリング、M・ネルソン、平田明隆訳、講談社、一九九六年）を私はみつけましたが、それを信用すれば、一モルのブドウ糖ができるとき、その中に入った六モルの水が上の一ガロンに対応するので、蒸散する水一〇〇ガロンは六〇〇モルに相当します。ブドウ糖一モルの生成のさい、量子収量だけを考えれば水の蒸発は百数十モルになりましたが、無駄な光による無駄な温めを冷すことを含めると、数百モルの水の蒸発が必要だということになります。

一九九三年四～五月の東大の公開講座が本になった『地球』（吉川弘之、東京大学出版会、一九九四年）の「水と森林」の章（執筆者、太田猛彦農学部教授・林学）の中に「光合成と蒸散作用はほとんど同時に進行する。もちろん違う場合もある。その辺の違いについては、いままさに研究中であるが、第一近似としては蒸散作用と光合成は同時に進行していると考えてよい」と書かれています。この文章を読むかぎり、東大の林学の教授である執筆者は、蒸散作用と光合成とが緊密に関わりながら起こっているという相関の事実を経験的には把握しているが、その相関が必然的であるとの認識には到達しえていない、ということが分かります。

さきに述べたエントロピー的な解析が明らかにしたように、光合成が行われてしかもそれが自分自身を焼き焦がしてしまわないためには、発生する熱を処理するために大量の水を蒸発させなければならないのだから、光合成と蒸散の相関は、エントロピー的見地からは、必然的です。

エントロピー的見地から光合成について簡潔に述べれば、「光合成とは、太陽光と大量の水とが、互いに相手を生かすように関わり合って、二酸化炭素と水とから、高エネルギー・低エントロピーの炭水化物を作り出す反応である。このとき、炭水化物を高エネルギーにしたのは日光であり、低エントロピーにしたのは水である」ということになりましょう。

## 10 土壌と消化管——生態系

つぎに植物や動物が体内に低エントロピー物質を取り入れる場所として、土壌や消化管のこと、さらには生態系のことを考えてみましょう。

生きていくとき生命系ではエントロピーが減りますが、それは食べた物と排泄物とのエントロピー差で補償されて

**＊光合成の量子収量**　光合成で、光子（光をエネルギーの粒と考えたときの一つ一つの粒々）一個が固定する二酸化炭素分子の数で、光合成で主に使われる赤い光の場合、〇・一―〇・一二五である。ブドウ糖一分子の生成には、二酸化炭素六分子を固定しなければならないから、六〇―四八個の光子が必要である。

いると思われがちです。そして、排泄物として主として思い浮かべるのは、固形の排泄物です。でも、ふと気付きました。消化するとき、食べたご飯・肉という段階から、だんだんこなれていって、分子としては小さくなっていく、だから、消化の過程では、食べた物のエントロピーは増えている。エントロピー的な見地に立てば不経済な、こんなプロセスをなぜ経るのか。そのままタンパク質を使えばいいものを、なぜいったんエントロピーを増大させて、その上で、もう一回タンパク質に作り直すのか、という疑問に思い及びました。

植物の場合は、土壌の中で、屍体や枯葉を小動物が食べて糞にしたり、微生物が分解したりして、やがて植物が吸収できるものになっていく。動物の場合は、食べて消化して、吸収できるものは吸収して、吸収できなかったものは外に出す。ですから、われわれの固形排泄物は、実は食べた物の中で、われわれの生命維持とは基本的に無関係だった物が出ていっただけだ。溜まっていたら後の物が入れないから、役に立たなかった要らない物は捨ててしまおう、それで出てきたのが固形排泄物で、食べた物と固形排泄物とのエントロピー差で生きているわけではない。

じっさい、タンパク質は、消化してアミノ酸にして吸収する。デンプンや多糖類は、ブドウ糖などの単糖類にまで消化して吸収する。脂肪は脂肪酸にまで消化して吸収する。消化管の中で、消化酵素がやっている働きと、土壌の中で小動物や微生物が行っている働きは全く同じではないか、こういう具合に思い及んだわけです。

さらに微生物の立場になって考えてみました。微生物の周りに、微生物にとっての高エネルギー・低エントロピーの物質がある。それを微生物が、生きていくために、分解し発熱させる。分解者だとされている微生物のその働きと、腸の中で消化酵素がやっている働きとは同じではないか。高エネルギー・低エントロピー物質を分解すると発熱するから、それでエントロピーが増大する。その発熱で微生物が焼き殺されないためには、水が水蒸気になって蒸発して、その熱を取り去る。分解によって、当初の高エネルギー・低エントロピー物質は、この微生物にとっては、高エントロピー低エネルギーの廃物に変わる。こんな営みを一つの微生物はやっている。

そして、生態系とは何か、ということが見えてきました。たとえばデンプンをコウジカビが分解して糖に変える。この糖はコウジカビにとっては排泄物だが、その糖は酵母にとっては高エネルギー・低エントロピー物質で、酵母は糖を分解して、アルコールに変える。そのアルコールは酵母にとっては排泄物だけれども、それを有難がって飲むのがいる。これは微生物でない奴もいるし、微生物だと、酢酸菌がその酒を喜んで分解して、酢酸に変えて生きていく。酵母の生産物、人間から見れば生産物だけれども、酵母から見れば排泄物、その酵母の排泄物を、酢酸菌と人間とが奪い合って、酢酸菌に先を越されると、人間が「しまった！　酢になっちゃった」と嘆くわけです。このように「一連の高エネルギー・低エントロピーの物質の利用の連鎖で循環的につながった広汎な共生の体系が生態系である」といえます。ただ、これは柴谷さんの話を聞くまでは、そう表現すればよいと思っていたのですが「広汎な共生の体系」という言葉の前に「時間的同調によってうまく結ばれた」とでもいう言葉を付け加えれば、もっと正確になると思います。生態系とは「高エネルギー・低エントロピーの物質の利用の連鎖によって、時間的な同調をともなって、循環的に連なった、広汎な共生の体系」である。

先ほど「生命と環境」のところで、エントロピーを「汚れ」と言い換えても差し支えないといいましたが、そうすると、水蒸気や二酸化炭素や熱が「汚れ」の最たるものになってしまって、われわれの常識・実感とかなり食い違います。われわれが「汚れ」「汚物」として思い浮かべるもの・汚いと感じるものは、生態系の中での物質循環の分解過程が中断された物ではないだろうか。ヘドロとか、糞尿とか、酒を飲み過ぎて吐いた嘔吐物（へど）とか。他方、分解されてしまったもの、エントロピーの増大しきったもの（水蒸気や二酸化炭素や熱）をわれわれは汚いとは感じません。

嘔吐物（へど）が胃袋の中にあるときは、循環過程で消化されて吸収されるものになっていけば、栄養物でありうるわけですね。一般には資源でありうるわけです。それが、そういう循環が途中で断ち切られるようなことになって、へどを吐いてしまうと、吐かれたへどを「汚い」と感じるわけです。ですから、「汚物」は、物質循環の連鎖に乗っけるような方策が考えられれば、資源になりえます。他方、汚染は、「元々生態系の物質循環には組み込まれていなかった物質が、大気や水や土壌の中に拡散してしまったもの」です。これが汚染であって、これはもう箸にも棒にもかかりません。

そもそも、生物は、有機物の存在の安定性・細胞核の安定性・原子核の安定性という三つの安定性の条件下で、長い進化の歴史を経てきました。「有機物の存在の安定性」という言葉で表現したいと思ったことは、「有機物を作り出せたのは生物だけだったから、生物が接する有機物は、自分の作り出した物か、周りの生物が作り出した物か、ともかくある限られた種類の物であった」ということです。合成有機化学・遺伝子工学・原爆水爆と原子力発電がこの三つの基本条件を打ち壊しました。汚染問題の根源はここにあります。

さて、次に植物と比べながら、動物のことを考えてみましょう。植物は大地にしっかり根を下ろして、そこから養分を摂ります。その養分は、土壌の中の微生物が、もっとエントロピーの低い有機物を何段階にもわたって分解し続けてきた成れの果ての、微生物にとっての最終の排泄物です。土壌のこのような機能を体の中に取り込んだのが動物です。土壌に相当するのは消化管、土壌中の微生物は消化酵素、ついでにいえば、血液は太古の海に相当します。つまり、動物は体の中に環境の一部（低エントロピー源供給機構）を取り込んだ。その結果、直接大地に依存しなくてもよくなった。大地への束縛を脱して自由に動き回ることができるようになった。ここに動物の特徴があります。

動物にはこのような特徴があるのに、食物連鎖の概念の中での動物の位置づけは消費者です。植物は生産者で、微生物は分解者。植物と微生物には積極的な役割を割り振っておきながら、動物は消費者だと。だからこれ「髪結いの亭主」みたいなものですね、人を働かせて食っているような。そんな役割を与えているので、これは動物としての一員であるぼくとしてはいただけない、「おれはこんな存在か」と。食物連鎖ということではなく、物質循環という目で見直してやって、植物は生産者、動物は運搬者、これは柴谷さんの話でも槌田さんの話でも動物の運搬者としての役割がクローズアップされていますが、鳥だとかサケの遡上だとかミツバチの受粉の媒介だとか、そういうことで、動物に積極的な運搬者という役割を与えたいと思います。

動物に運搬者としての役割を与える、ということは、人間に、人間だって動物の一員であり、社会は人間という動物がつくった一つの世界ですから、われわれは運搬者としての役割で、社会的生活・社会的営為を通じて、自然の物質循環をより豊かにするような形で、自然界の物質循環に介入することが可能であるし、そのような仕方で介入すべきなのだ、という役割を与えます。

いま、何となく良心を売り物にするような考え方「人類は地球の癌（がん）のような存在（だから、滅びるべき）である」といった類の反語的・みせかけ自虐的な命題が振り回されたりもしますが、本当はそうではないはずです。人類の振る舞いが地球にとって癌のようだったのは、今の社会がそのような振る舞いに誘導するようなシステムになっているからであって、人類の存在自体が本来地球の癌だといったものではないはずだ、問題の解決は社会的システムの変革に求めるべきであって、人類の消滅に求めるべきではない、というのが私の考えです。

## 11 水の重要性

生きていく上で水が大事なのはなぜかの理論的認識が欠けています。よくその説明として、そのことは「生物の体の七〇％だか九〇％だかが水でできていることからも明らかである」などといわれますが、これは事実の記述ではあっても、理由の説明にはなっていません。も少し説明らしいものとして、水溶液の中で生化学反応が起こるという説明はありますが、なぜこれほどにも大量に水が必要なのかの説明はほとんどありません。水は、冷やすために必要なのです。このことをはっきり認識すべきです。

酸素・炭水化物（食べ物）・水の重要性に対するわれわれの実感を比べてみましょう。酸素は体の中で蓄積できなくて、十分ほど窒息すれば死んでしまうから、その重要性がひしひしと痛切に実感できる。食べ物は、断食を十日や一ヶ月しても死なないけれども、餓えの苦しみと食べる楽しみの対比、さらに、食べ物の入手にはお金が必要だということもあって、その大切さが実感として分かる。

水は体内での蓄積という点では酸素と食べ物の中間にあ

る。数日の水絶ちは確実に死を招くが、酸素の場合ほど、時間的に激烈ではないこと、食べ物と違い、ほとんど無料で手に入ることから、水の重要性をあまり実感しません。でも、このことは逆に、水が、水の重要性を実感することがないほどに手軽に手に入らなければならないくらい、重要だということを意味しているのです。

水の役割を、物理屋としていうと、熱力学の一番の基礎の所にカルノー・サイクル*というのがありますが、カルノー**は、火から動力を取り出すには冷たさが必要だ、火(高温熱源)だけではだめで、低温熱溜が必要だ、と言っています。つまり、熱を仕事に変えるときに放熱が大事だと言っているのです。このカルノーの目で見てやると、水は、生命体にとって、カルノー・サイクルの低温熱溜の役割を果たしていることが分ります。カルノー・サイクルは思考上の機構であって、熱溜については、その熱容量が無限大であって熱をもらっても温度が上がらないと想定して、温度一定の低温熱溜を考えていますが、現実の水は、自分が蒸発することによって温度を一定に保っています。だから、水がなくならないように、水を常時補給しなければならないのです。のどが乾いて、水が飲みたくなるのは、低温熱溜の水を補給せよとのサインです。

## おわりに

最後に一つ言いたいことは、「知見の増大は必ずしも認識の深化をもたらすとは限らない。認識の深化のためには、適切な階層的段階を設定することが必要である」ということです。

今、地球の上で生命が存在しえているのは、太陽光としてやってきたエネルギーを赤外放射で棄てているからだと。このことは科学者の共通認識になっているといえます。他方、分子生物学的・生化学的反応に関する個々の知見は、研究の進展によって大いに増えています。でも、認識の深化のためには、中間段階の設定が必要なのに、そのことはなされていません。

地表のことを考える段階で、地表と上空の間の水循環の存在を認識する。その中で、もう一段内側の生命系に着目して、生命系はその環境から水と炭水化物を受け入れて、高エントロピーにして棄てているのだと認識する。そして、さらにその内側の次の段階へと考察を進める。

こういう具合に認識を進めていってこそ、認識は深まっていくのだろうと思うのですけれども、この途中の、中間段階を設定しての思考・考察はスキップして、細胞レベル・分子生物学レベルでの、ＡＤＰだのＡＴＰだの、そこでのミクロな生化学反応とかは非常によく研究されていて、知見はたくさん蓄積されている。

知見は蓄積されているが、階層的・構造的な理解には達していない。じっくりと外側のほうから、段階を設定して考察を進めることが、認識の深化のためには必要だと思います。

環境セミナーでの講義内容を含む、勝木の思索の集大成が単行本になって発行されている――『物理学に基づく環境の基礎理論』（海鳴社、一九九九）

**＊カルノー・サイクル**　仮想的に損失のない熱機関の運転サイクル。熱エネルギーを力学的エネルギーに変換する際の最大効率を求めるためにS・カルノーが行った思考実験で導入されたので、この名前がある。損失なしで熱エネルギーを移動させるために無限の時間がかかるので、能率はゼロである。

**＊＊カルノー**　熱力学の先駆的開拓者（Nicolas Céonard Sadi Carnot 一七九六―一八三二）。理想気体熱機関の行うある理想的な循環過程（カルノー・サイクル）を想定・考察・解析して、熱力学の基礎を築いた。この解析には熱素説的な用語・表現が用いられたが、カルノーの熱概念は、エントロピー概念を先取りしたものとも見なされうる。かれは「（火から）動力を得るためには熱を作りだすだけでは不十分で、冷たさをも供給しなければならない。冷たさなしには熱は役に立たない」とも喝破した。

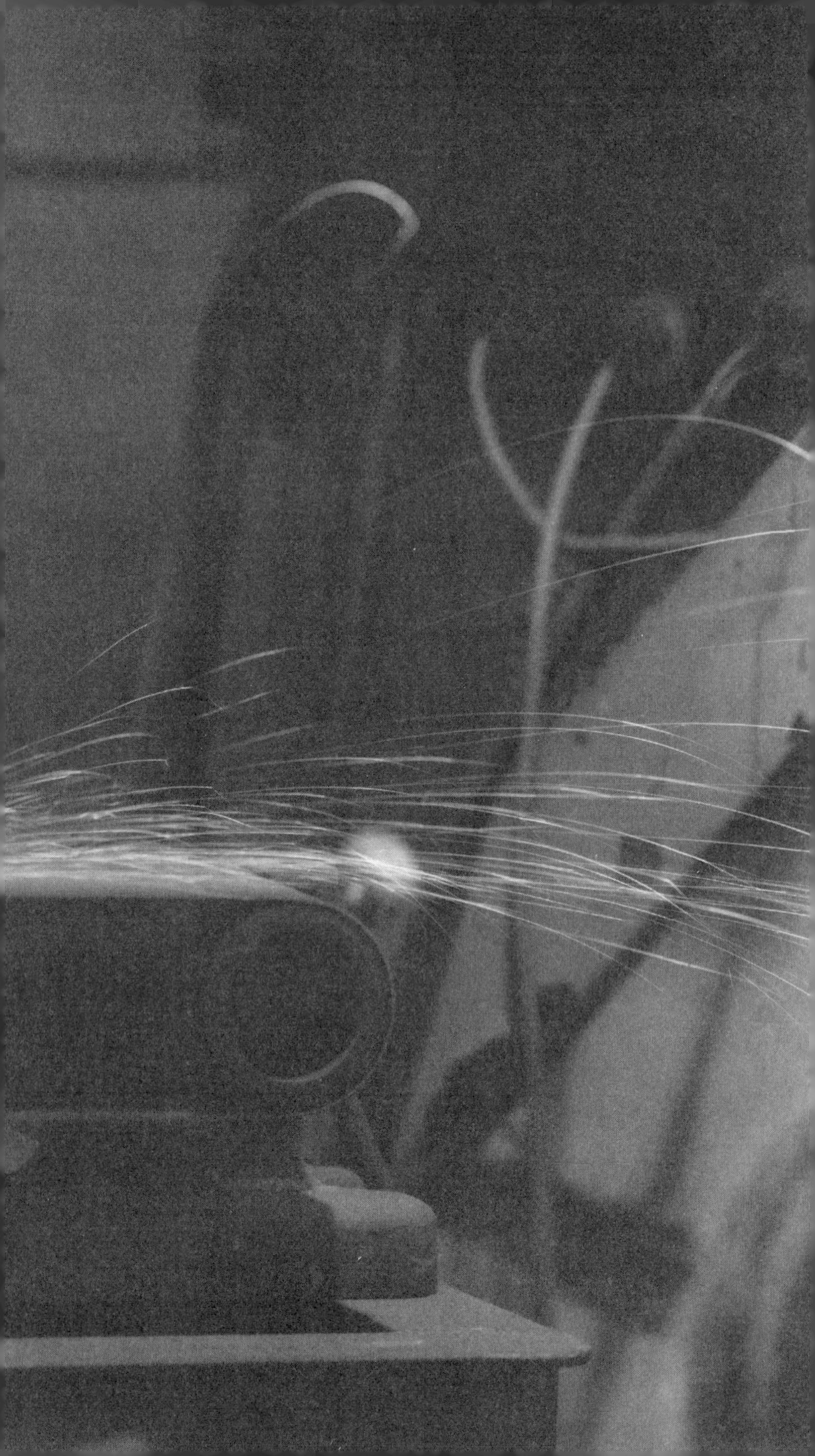

# II 技術と環境

# 4　環境とエントロピー――熱物理学から

白鳥紀一（物理学）

## はじめに

エントロピーという概念を基礎として環境問題あるいは資源環境問題を論ずることは、槌田敦氏*に始まります。もう二十年になります。エントロピーというのは物理学・自然科学ではきちんと定義された概念で、その意味で曖昧さはありません。その一方、エントロピーは解りにくいものの代名詞にもなるくらい、難解だということになっています。一つの言葉をそれぞれが勝手に使い始めると、何がなんだか解らなくなってしまいます。そこでまず初めに、なるべく数式を使わないでエントロピーを定義し、それをキーワードとして資源環境問題を見るとどういうことが解るか、という話をします。

こういうと、資源環境問題がまるで物理学の一分野、あ

*槌田敦（一九三三―）　東京都立大理学部化学科卒、東大大学院物理学専攻修了。物性物理学の研究に携わる傍ら社会問題に強い関心を持ち、積極的にかかわった。核融合に対する資源論的な批判を皮切りにエントロピーをキー概念とする資源物理学の構想を明らかにして、人文・社会科学から市民運動にいたる広い人びとの強い関心を呼び起こし、エントロピー学会発足の契機となった。理化学研究所宮島龍興理事長は所員槌田氏のこの研究や諸活動を妨害・弾圧したが、理研労組の反対と内外の広い槌田支持によってこの弾圧は失敗した。現在、名城大学教授。「資源物理学入門」他著書多数。

るいはそこまで言わなくても物理の応用、というイメージになります。特に物理屋はそう思いたがるようです。しかし私の理解する所では、環境問題を考えるのにエントロピーという概念を利用することをエントロピー論というならば、それは普通の意味の科学ではありません。「科学」からはみ出さないと環境問題というのは扱えないだろうと思っています。それでエントロピー論、つまりエントロピー学会の立っている場所についての私の理解を後半で話したいと思います。

## 1 「エントロピー」をキーワードとして環境問題を考える

### エネルギーと物質の保存と変換

エントロピーに対応して我々がよく使う概念に、エネルギーや物質（もの）があります。これらは日常的に使うので、違和感もなく受け取られるでしょうが、エネルギーの消費、資源の消費と普通にいいます。ところが科学者は、物質についてもエネルギーについても、保存則が成立する、といいます。炭を燃やしてもそれはなくなってしまったのではなく、二酸化炭素になって周りに散っている。それをすべて掻き集めてくれれば炭素原子の数は全く変わりません。だからこそ、たくさん石油を燃やすと大気中の二酸化炭素が多くなって、地球が暖かくなって困る。燃やしたら何もなくなってしまうのならば、二酸化炭素の問題など起きません。

厳密な事をいえば、有名な$E=mc^2$というアインシュタインの式に従って、ものの質量とエネルギーとは両方まとめて考える必要があります。あるいは、原子炉の中で原子核が変わってしまう事もあります。しかしその場合でも、原子核を作っている核子の数は変わりません。保存則は、基本的に成り立っています。

科学的な実証というのは実験的にする訳で、あらゆる場合を尽くすことは有りえません。この場合について、これだけの精度で証明した、ということになります。その意味で、保存則が成り立たない可能性を厳密に排除する事はできません。しかしエネルギーや物質の保存則が成立しないということは、まず一〇〇%ありえません。エネルギーが保存しないように見える現象が見つかったとき、それまで知られていない形のエネルギーがあるんじゃないか、と思って調べるといつも見つかった、という歴史があります。エネルギーの保存・物質の保存は、ほとんど疑う余地がありません。

　ところが普通には、そのなくならないものを消費するといいます。消費するというのは何かを使うとそれがなくなるということだから、エネルギーは必ずしも保存しないと思っているということになります。

### エネルギーと物質の変換、元に戻る変化と戻らない変化
### ——熱力学第二法則

　そこで考え直してみると、ことさらに保存則を持ち出すのは、物質にしてもエネルギーにしても、形が変わるときです。エネルギーにもさまざまな形態があります。たとえば力学的なエネルギーがあって、高い所から物を落とすと仕事ができます。動く自動車は力学的エネルギーを持っていますが、それはエンジンが熱を使って仕事をするからで、その熱エネルギーは、燃焼することでガソリンの化学的エネルギーが変換されたものです。

　保存則は形態を問題にしないところで成立します。関わっているあらゆる形のエネルギーをすべて足し合わせることで、成り立つのです。形が変わっても、エネルギーの量も物質の量も保存します。しかし、その変化の仕方には法則があります。非常にしばしば、変化は逆には進みません。

　エネルギーの形態変化で我々が一番よく使うのは熱エネルギーの力学的エネルギーへの変換で、その装置が熱機関*です。今の我々の生活に欠くべからざるものとなっています。もう一つ基本的に重要なのは、力学的エネルギーの電気的エネルギーへの変換で、そこでは発電機が働きます。この二つを組み合わせたのが火力発電所や原子力発電所で、それぞれ化学的エネルギーや原子核のエネルギーから熱エネルギーをつくっています。

　熱機関と逆の、力学的エネルギーから熱エネルギーへの形態変化もあります。たとえばブレーキは、走っている車の力学的エネルギーを摩擦で熱にして、車を止める仕掛けです。ところで、力学的エネルギーや電気的エネルギーは一〇〇%熱になるけれども、熱エネルギーを一〇〇%力学

**＊熱機関**　熱エネルギーを継続的に力学的エネルギーに変換する装置。蒸気機関・内燃機関・蒸気タービン・ガスタービンなど。変換効率の上限の考察から「エントロピー」という概念が生まれた。

的エネルギーにすることはできないことがわかっています。大勢の人達が一所懸命、長いあいだ努力しても見つからなかったのです。

それぞれのエネルギーの中にもいろいろ種類がありますが、熱エネルギーについては特に顕著な特徴があります。それは「温度」という性質を持つからです。ブレーキが摩擦で熱くなっても、ほうっておくと冷えます。逆に冷たいものを置いておくと温まってしまいます。温度は必ず、ほうっておくと周りと同じになります。温度の差がなくなるように、熱エネルギーが移動してしまうからです。逆に、自然に温度差が広がることはありません。

力学的なエネルギーではどうでしょう。力学的エネルギーの中には、温度に対応する区別はありません。それは、温度でいうと無限大に対応するので、区別ができないのです。電気的なエネルギーも同じです。

別のいい方をすると、温度というのはエネルギーの集中度です。たとえば、水をやかんに入れて火にかける。そうするとだんだん温度が上がります。それは、水に熱エネルギーがたまってくるからです。熱エネルギーが集中すると温度が高くなって、分散すると温度が低くなります。温度の高い方から低い方へ熱が動くというのは、熱エネルギーの集中度が下がろう下がろうとする、ということです。もし周りに比べて温度が低い所があると、周りからそこへ熱が流れ込んでいって、均してしまう。つまり、いつも平準化の方向に熱エネルギーが動く。

それは熱エネルギーだけのことではありません。温度無限大といった力学的な運動には、摩擦が必ずつきまといます。摩擦がゼロということは実際にありえない。運動のエネルギーは動いている物体が持っているし、位置のエネルギーは高いところにあるものが持っている、という意味で力学的エネルギーは集中していますが、熱になるとどこへでも伝わっていってしまう。だから、摩擦というのはエネルギーの平準化の過程です。物理屋は「散逸」という言葉を使いますが、エネルギーは、ほうっとくとどんどん散逸する。散らばって、一様になろうとします。

力学的エネルギーだけではありません。身体の中の細胞の活動は基本的にはＡＴＰという分子の化学的エネルギーを使っていますが、その活動も熱になります。身体を動かすと熱くなる。あるいは、病原菌などが入ってくると人体の細胞が撲滅にいって、その活動の結果が熱エネルギーになって、どうしても温度が少し上がります。われわれは病気になると熱を測りますが、あれは「熱」ではなくて温度を測っている。一度上がると大変だというのは、地球の温暖化と同じです。

　ものについても、同じようなことがあります。水の中に水溶性のインクをぽたっと一滴垂らしたとすると、それは薄くなって消えてしまいます。消えてしまったって、物質は保存しているわけですから、インクの化学分子というのは必ずあるわけです。見えないのは、分子はあるけれど薄くて見えないということになります。濃いのは必ず薄くなる。見えないぐらい薄くなってしまったインクがひとりでに寄ってきて、濃い色が見えるようになる、ということはない。温度の場合と同じように、平準化とか散逸とかいうのはものについてもある。

　匂いもそうです。匂いというのは、物質がそれぞれの分子を出して、それが鼻に入ると鼻のなかの神経細胞をそれぞれ特有な仕方で刺激をする。そうするとその匂いを感じるわけです。その分子は鼻をめがけてやってくるわけではなくて、かたまっていたものが散らばって拡がるだけです。匂いの分子も、拡がることはあってもひとりでにかたまることはありません。

　黒板拭きを落とすと音がして、力学的な位置のエネルギーが熱のエネルギーに変わりますが、宇宙の年齢ぐらい待っていても黒板拭きは戻ってきません。そういう意味で、変化は不可逆である。それを物理学者は「熱力学の第二法則」といいます。第二があれば第一があるわけで、先ほどいった保存則を第一法則といいます。保存則というのはある過程があったときに、最初から最後まで形は変わっても全体としては物が変わらない、つまり、エネルギーや物の量が変わらないという。第二法則は、エネルギーの形が変わる、物がどのくらい散らばっているかという物の存在形態が変わる、その変わりかたには向きがあって元には戻らないというものです。それで、エントロピーというのは、変化の不可逆さの度合をあらわす量です。

## 「エントロピー」の定義――「熱エネルギーの温度」と「ものの拡がり」

　不可逆さの度合というのは、ちょっと考えるとおかしいのですが、そこだけ見れば変化は元に戻らないわけではありません。落とした黒板拭きは、拾い上げれば元のところに戻ります。でもそれは私が戻したのですから、私の筋肉が働いたわけです。何回もやったら、きっと私は倒れてしまうでしょう。つまり、黒板拭きが下に落っこって起きた変化を元に戻したときには、今度は私の筋肉の方にその変化が残っている。筋肉の疲れは、黒板拭きを持ち上げる高さに比例する、と考えるのが自然ですから、黒板拭きが落ちたことで生じた変化の不可逆さの度合は、その高さ、正確にいうとエネルギー差に比例すると考えることができます。数学的な定義はさぼりますが、これをエントロピーと名付けます。時間的に後の状態の方がエントロピーが大きくて、前と後の状態のエントロピーの差が変化の不可逆さの度合いを表す。

熱エネルギーについても、たとえばクーラーを使えば温度の低いところから高いところに動かしてやることができます。あるいはガソリンエンジンのような熱機関を使えば、ある温度の熱エネルギーを（温度無限大の）力学的エネルギーにする事ができます。その代わり、クーラーは電気を使って、その分仕事をしている。電気的なエネルギーが部屋の中を冷やす過程で熱になっています。熱機関はちょっと面倒なのですが、温度の低い排熱が出ることでエネルギーの変換が可能になっています。この場合は、不可逆さの度合い＝エントロピーの増加高は温度の差ではなくて、温度の逆数の差に比例するのですが。

ものの存在する場所の拡がりの方も考えてみましょう。さっき匂いの話をしましたが、冷蔵庫の中の臭い消しの薬剤というのがあります。冷蔵庫の中に入れておくと、中のいろいろなものが出す臭いをとってくれる。あれは、散らばってきた臭いの分子を捕まえる薬剤です。臭いの分子は拡散しますから、その薬のところにも必ずくる。そこを捕まえてしまう。なぜ捕まるかというと、その方がエネルギーが低いからです。その意味では、床に落ちた黒板拭きと同じです。あの場合、低い床の上にある方が私の手の中の高いところにあるよりもエネルギーが低いから、落ちる。落ちるとそのエネルギー差が熱になるので、元に戻らない。臭いの分子も空中を飛び回っているより薬剤にくっついている方がエネルギーが低いからくっついて、その差のエネルギーが熱になる。それで、元に戻って飛び回らないので、人間の鼻には届かない。だから、その熱の分だけ冷蔵庫の効率は少し下がるはずです。トイレの消臭剤というのは違います。あれはもっと強い匂いを出して、鼻をごまかすだけです。

これはつまり、物質を濃縮する過程です。濃縮というのはたいへん重要なことで、早い話が植物は空気中の炭酸ガスを捕まえてグルコースをつくる。これが地球上に生物が存在する基礎です。この場合、炭素原子を考えてみればすぐわかるように、ものすごい濃縮が行われています。炭酸ガスだけ見ているとそれは確かに濃縮されていますが、ただでは濃縮できない。その過程を詳しく見てやると、ものであるかエネルギーであるかは別として必ず散逸の過程を含んでいて、全部をひっくるめて考えると散逸のほうが必ず大きくなっています。だからそういう意味で、不可逆なんですね。地上の植物の光合成の場合、ここで水の蒸散が大切だ、という話は次回に勝木さんが詳しくなさるでしょう（第3章）。

歴史的に言うと、蒸気機関というものが発明されて、それが社会的に大きな影響を及ぼすようになったときに、特にヨーロッパ大陸の物理学者たちが、熱機関というのはいったいどのくらいのことができるのか、いくらでもできるのかそれともそうではないのか、というようなことを考えて、エントロピーという概念を考え出したというわけです。

## 「生きている」事を物理屋が見ると
### ──「開かれた能動定常系」という概念

そうなると、変化というのは不可逆で、世の中は変わってしまうわけです。実際子供は大人になって、いつか死ぬ。だけど、大人でいる時間というのもけっこう長い。数十年、うっかりすると百年ぐらい生きてます。あるいは人間が作ったものでいうと、たとえば自動車のエンジンというのがあります。ガソリンと空気を取り込んで爆発させて、ピストンをシリンダーの中で行ったり来たりさせる。その回数はよく分かりませんけれど、十万キロ走ると一億回くらいでしょうか。変化は不可逆だといいながら、でもそのくらいもつ。

これはたとえば、爆弾と比べるとよくわかります。エンジンも爆弾も、化学的なエネルギーを熱エネルギーにして力学的エネルギーに変換していますが、爆弾は一回でおしまい。こっちの方がずっと楽に作れます。じっさい、原子力発電よりは原子爆弾の方がずっと早く実用になった。まあそれはとにかく、考えてみるとエンジンの寿命というのは一回一回の動作とは一応別のことです。機構が摩耗しなければ、いつまでも動ける。そういう意味では、これは変化しない、定常だ、といえましょう。我々成人もそうです。いろいろな出来事を考えると、十分長く生きています。

別の種類の定常もあります。そのままで本当に何にも変化しないというものも考えられる。世の中で一番安定な化合物は多分ダイヤモンドですが、ダイヤモンドを置いておくと、非常に安定で変化しない。論理的に考えると、ある量の物質を持ってきて、あるエネルギーを与えて、その外側とはいっさい関係がないようにしておくと、こういうのを物理屋は孤立系といいますが、それは定常になるはずです。だって、その系で何か変化がある度にエントロピーが増えていって、最大値になったらそれ以上増えられないから、変化しなくなってしまう。じっさい、物理学や化学で「熱力学」というのは、こういう動きの止った系の性質を調べる学問です。でも、明らかにこんな系は生きていない。

動いているエンジンや、生きている人間とは違います。その意味で、こういった状態を「熱的死」ということがあります。生きている大人があまり変わらない、というのは全然意味が違う。

それではどう違うか。さっきもいったように、変化は不可逆でも、よそに移すことができます。黒板拭きを落とす例でいうと、拾い上げればいい。落ちたときの音や振動は結局熱になりますが、それは外気に伝わってゆきます。拾い上げた私の筋肉の疲れだって、食べ物を食べて休めば、抜けます。そうなれば、部屋の中だけ見ると元に戻っています。要するに、変化分を自分のところから外に放り出しちゃえば、自分は定常でいられる。

変化分を具体的に考えると、捨て方は場合場合で実にさまざまでしょう。人間の場合なら、基本的には排泄がその役目をはたしています。おしっこを出したり、汗をかいたり。でもこれまでの話からいって、エントロピーという概念を使えば全部をまとめて定量的にいうことができます。変化の性質は落ちてしまいますが。系の変化の量がエントロピーの増加で表現されるのですから、それだけのエントロピーを捨てなければならない。捨てることで我々は生きている。生物は皆そうですし、生態系も地球全体も、小さいものでいえば細胞も一つ一つ全部そうです。生きてはいませんが、熱機関（エンジン）もそうです。

繰り返すと、定常な系（システム）といっても、全く意味の違うものが二種類ある。そのうち我々生物のような、外の世界と交渉を持つことで定常を保っている系の特徴を少し抽象的に考えると、エントロピーを捨てる機能を持った系、といい表すことができる。そういう系に槌田さんは最初、「定常開放系」という名前をつけたんですが、開放系という言葉づかいが物理学の既成の述語と抵触するところがあります。中山正敏さんが「開かれた能動定常系」といい直したので、ここではそれを使うことにします。

### つけをどう回すか――エントロピーの変換とやりとり

エントロピーを外に移せば我々は生きていけるわけですが、そこで一つ注意することがあります。定義からわかるように、エントロピーというのは物質やエネルギーの状態に関わる量ですから、エントロピーを移すには物質かエネルギーを移さなければいけない。つまり、排熱・廃棄物です。そうすると物質やエネルギーが減ってしまいますから、それをまたよそから貰ってこないと我々は定常ではいられない。貰ってくるのが資源ですね。活動をするためのエネルギーというのもありますが、こう考えると廃棄の方が先で、そのために資源が必要だということになります。ところで、我々の活動でもエントロピーは増えますから、資源のエントロピーは廃棄物のエントロピーより小さくなければならない。だから資源と廃棄物は、食べ物と排泄物は違うのです。

資源を貰ってくる先、廃棄物を捨てる先が「環境」ですが、環境との具体的なやりとりは系によって千差万別です。それを物理屋流に整理して、能動定常系の例をいくつか図で示してみましょう。

**図1**は熱機関の原理図です。高温の熱を取り込んで、その一部分で仕事をする。自動車のエンジンのような内燃機関ではエネルギーのほかに物質も出入りしますが、物質の方は省略しています。ただ、熱エネルギーだけではなくて力学的なエネルギーも必要になります。自動車は電池を積んでセルモーターをまわしてやらないと、エンジンがかか

らない訳です。一回エンジンが動き出すと、それで出てきた力の一部を戻してやれば、回り続ける。

　この場合、高温の熱エネルギーが全部仕事になる訳ではない、ということが熱力学の第二法則でいえます。エントロピーで言うと、高温の熱もエントロピーを持ってる。ところが仕事、力学的なエネルギーはエントロピーを持たない。だから持ち込まれたエントロピーを別に捨てなければ

**図１　熱機関の模式図**

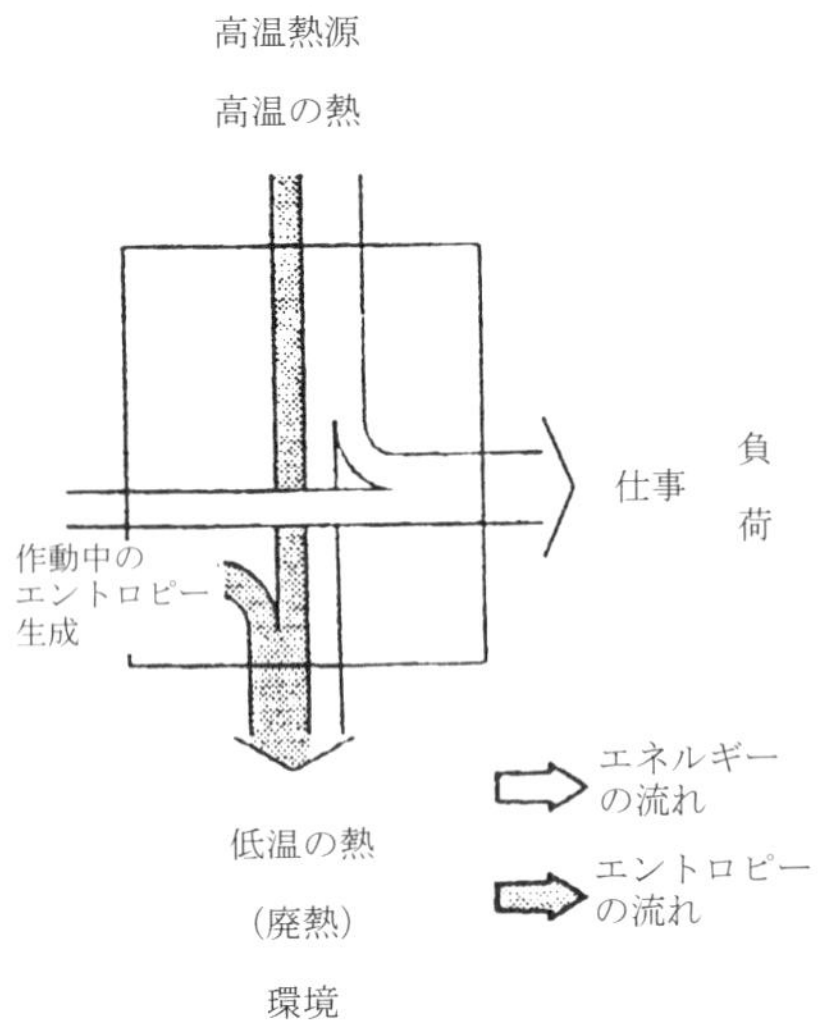


（白鳥紀一・中山正敏著『環境理解のための熱物理学』朝倉書店、1995年、より）

ならない。幸い低温の熱エネルギーはエネルギー当りにすればエントロピーが大きいから、それに乗っけて捨てれば良い。どうしても排熱が必要です。摩擦があれば捨てるエントロピーはもっと増える。

　**図2**が光合成の原理図です。**図1**と違って物質の変化が入っています。

　上からやってくるのは太陽光です。太陽の表面温度は五、五〇〇度くらいで、それが地表に届くまでに吸収されたり散乱されたりして変わりますけれど、地表の温度に比べれば十分に高い。エネルギーはこれで供給される。物質は水と、空気中から炭酸ガスを吸い込みます。それはブドウ糖と酸素と水になって出てきます。それと一緒に低温の、地表ですから三〇〇Ｋの熱エネルギーを出してエントロピーを捨てて、光合成というものが成り立つ。詳しいことは勝木さんに任せて、やめておきます。

　生物の個体を模式化すると、**図3**のようになるでしょう。大事なことは、ここに構造の形成・更新というのがありますが、これが熱機関なんかと生物とを区別するところです。熱機関は自分で自分を直しません。人間の場合は怪我をし

ても独りでに直りますね、大したことのない時は。それから生物は必ず死にますけれど、死ぬ前に自分のコピーを作ります。だから種は個体よりずっと長い間継続します。

今までのところをまとめますと、我々が生きていくには資源を貰ってきて、廃棄物を引き受けて貰う必要がある。二種類の環境が必要だ、といってもいい。資源はエントロピーが小さくて高いエネルギーを持っているもの。排泄する方はエントロピーが大きくて、温度でいえば低い。だから、資源環境問題は一続きだ、というわけです。

もう一ついっておくことがあります。それは、考える系によって環境が変わるということです。身体の中の細胞にとっては血液は環境ですし、一人の人間にとっては周りの水や空気は環境ですし、人類にとっては地球の表面、地球全体にとっては太陽や宇宙空間が環境です。そして、内側

**図2　光合成の模式図**

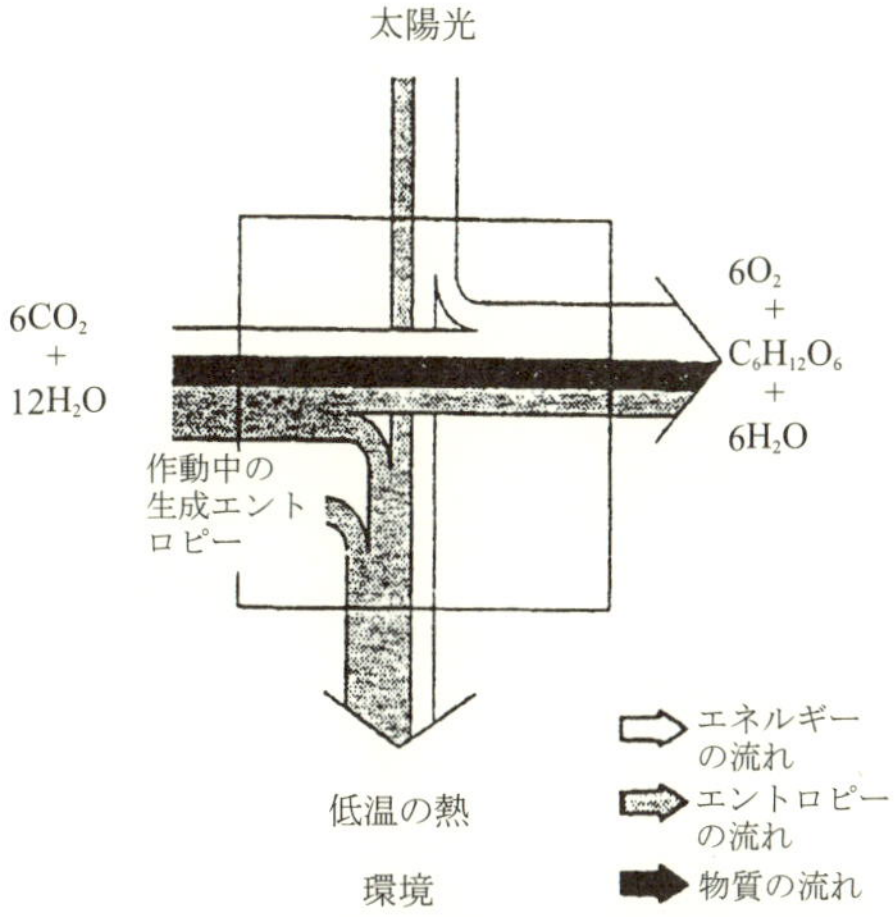


（白鳥紀一・中山正敏著『環境理解のための熱物理学』朝倉書店、1995年、より）

**図3　生物個体の模式図**

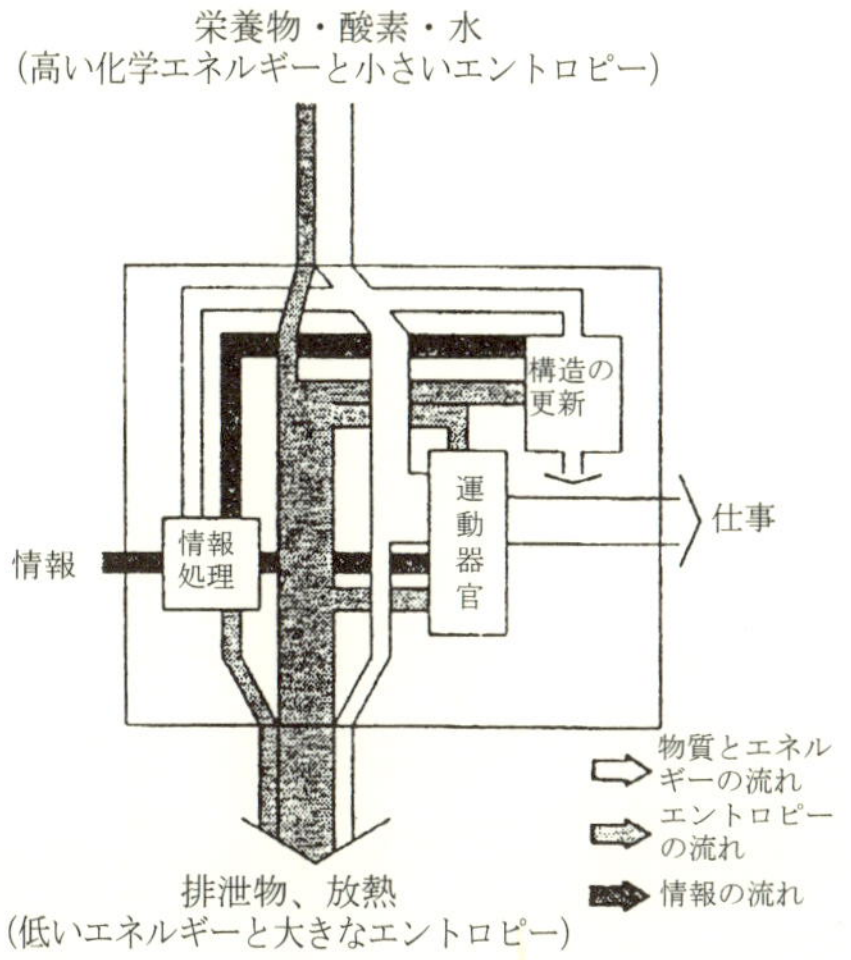


（白鳥紀一・中山正敏著『環境理解のための熱物理学』朝倉書店、1995年、より）

の能動系がエントロピーを環境に引き取って貰うときに、もしもその環境が変わってしまうと定常に引き取っては貰えません。そうすると内側の系は定常でいられなくなります。今の環境問題というのは、まさにそういうことです。

## 地球を月にしないために
### ——「環境負荷」の評価に向けて

動物にとっての資源は物質です。何かを食べなければ生きられない。つきつめるとそれは、植物が太陽光のエネルギーを使って作ったものです。ところが地球全体をひっくるめると、重力のおかげで物質は出入りがありませんから、保存しています。資源と廃棄物を全部合わせると物質としては一定で、しかもはっきりした境界はなくてお互いに移り変わっている。その意味ではわれわれの環境は一つしかありません。

エネルギーの方は事情が違います。太陽は五、五〇〇度で地球は大体二十度ですからその温度差でエネルギーが流れて来ますし、また星のない宇宙の空間は三K、零下二七〇度ですから地球のエネルギーが流れていきます。実は、太陽から入ってくるエネルギーがちょうど出ていくように地球のいちばん外側の温度が決まっています。ただしこれは、われわれの生きている地表、固体の地球の表面ではありません。これが二酸化炭素の温室効果の問題で、すぐあとでもう一度触れます。要するに、光というのは重さがないから自由に地球を出入りします。それでエントロピーが捨てられる。前に冷蔵庫の消臭剤の話をしましたが、もののエントロピーは熱エネルギーのエントロピーに変換できますから、結局地球は、全体として余り変わらずに、定常系でいられます。

でもそれは、地球全体の話です。その上にいるちっぽけな我々のことではありません。我々にとっての環境から宇宙空間までは遠いので、それがどうなるかによって人間が生存できるかどうかが決まります。早い話が、月は地球と同じくらいの密度で太陽のエネルギーを貰って、そのエネルギーを同じ宇宙空間に放り出していますが、月には生物はいない。人間は高温の太陽から低温の宇宙へのエネルギーの流れを前提にして、その中に上手いからくりを作って生きているのですから、人間にとっての環境問題というのは、そのからくりをどう保持して行くか、ということです。

地球の歴史の中では最初に植物が出てきて、そのときの地球の大気はメタンとかアンモニアとかがいっぱいで、酸素がほとんどなかったと思われています。ですからその時には、光合成の原料である二酸化炭素はいっぱいあって、植物はそれをどんどん取り込んで繁栄して、酸素を捨てていた。そうでなければ光合成生物はできなかったでしょう。

ところがそのうちに、茂りすぎたもので植物にとっての自然環境が悪くなった。資源である二酸化炭素が減って、廃棄物である酸素がやたらと増えてきた訳です。今では二酸化炭素は一万分の四以下で、酸素の方は二十%ぐらいありますから、植物からいえば、資源がそれだけ減って廃棄物がやたらと多い。

植物が作った酸素は、最初はそこいら中を酸化して回ったようで、岩石ができたり鉄鉱石ができたりしたようです。しかしそれでも植物が生きている限り大気中の酸素は増える。そのままいったら植物は死んで、地球はもう一遍能動定常系の存在しない、月みたいになっちゃったんだと思うんですが、そこで動物というやつが出てきた。動物は植物を食べて、酸素を吸って炭酸ガスを出します。それで、植物から見ると廃棄物が資源に戻って、また生きていけるようになった訳ですね。

ですから、人類を中心にいえば、**図4**の様な定常系が欲しい。我々の廃棄物を我々にとっての資源にしてくれる能動定常系がふんだんに存在して、太陽から宇宙空間へのエネルギーの流れがそれを保障してくれるような系です。地球が定常系である限り、その上の活動はすべて、このエネルギーの流れによるエントロピー廃棄の枠の中で行われますから、この図の中央の人類の活動が大きくなりすぎると全体系がつぶれて、人間も生きていけなくなる。

今人間が石油なんかを燃やして使っているエネルギーは、太陽からやってくるエネルギーの二%位といわれます。二%なら大したことはないかというと、そうではない。それだけのエネルギーを物質の化学エネルギーから引き出すと、その物質が大気に入ってその成分が変わります。そうするとエネルギーの流れの様子が変わってしまう。それが温室効果です。大して変わるわけではないのですが、温度が一%変われば三度ですから、人間にとっては大変です。あるいは、化石燃料の燃焼にともなって付随的に生じるNO$_x$やSO$_x$の酸性雨の問題もあります。人間の活動がその位まで

図４　地球環境の模式図

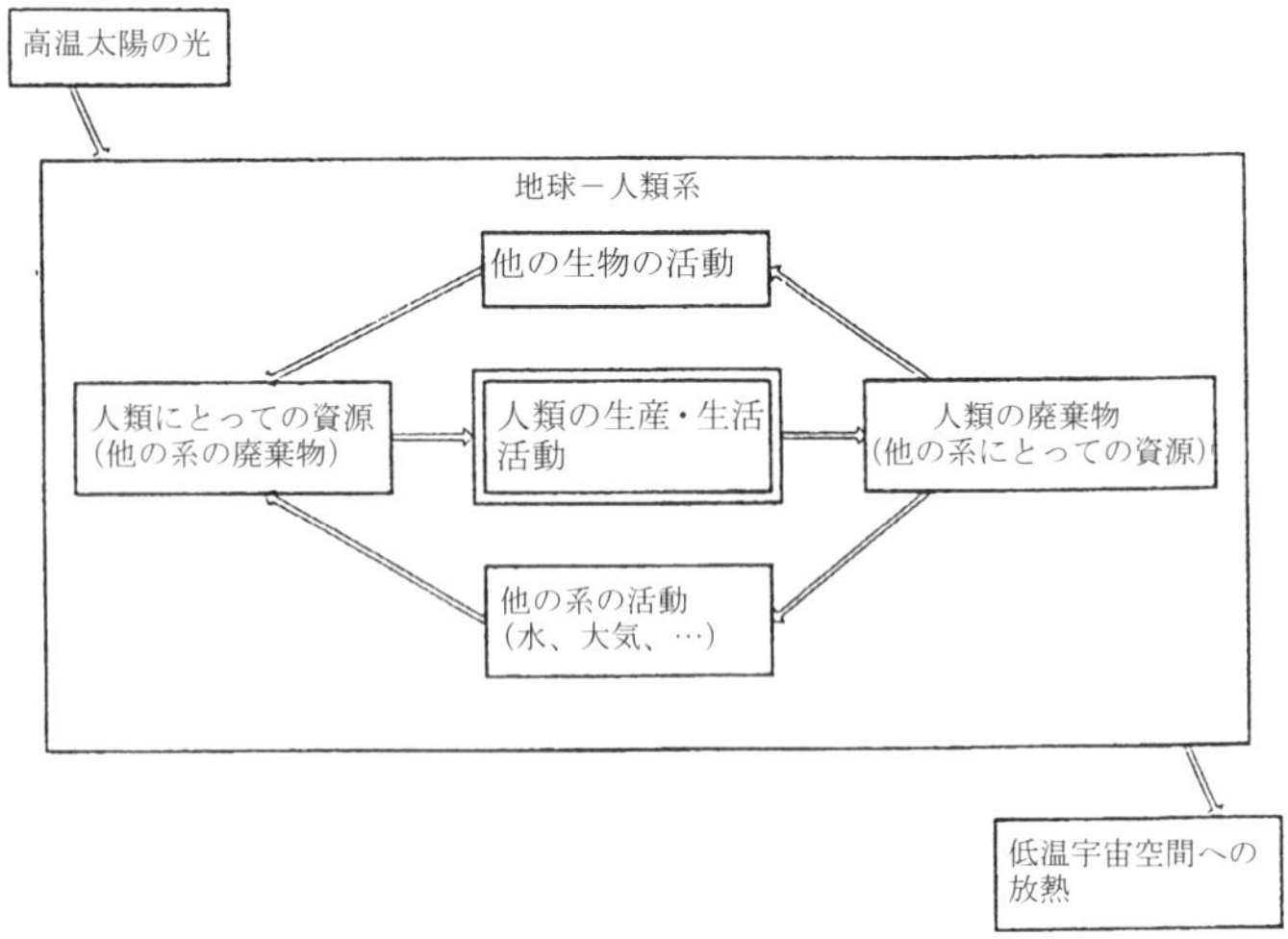


（白鳥紀一・中山正敏著『環境理解のための熱物理学』朝倉書店、1995年、より）

大きくなったからなので、こういった地球全体の大きな問題に限らず、身の周りの環境問題もみんなそうです。

そうすると、どのくらいならいいのか、という問題が出てきます。そういうことの大きさの評価にエントロピーが使えないか、というのは、エントロピー学会の発足の時からの物理屋の夢なんですね。亡くなった福井正雄さんが発足前に問題を出しておられた。このごろＬＣＡなどでかなり恣意的にされている環境負荷の評価を、多少とも数字的に厳密にできないものかと考えています。

## ２　エントロピー論と「科学」

### エントロピー論の手法とその限界・科学の手法とその限界

今のような大摑みな話は、定性的に物事の流れを理解するにはいいのですが、その先にはなかなかいきません。たとえば固体物理学者はある系についてエントロピーを計算して、それが最大になる、という条件からその系の性質を出してみせたりします。ここで話したエントロピーという物理量の使い方は、それとは全く違っています。計算をして、数値的に予測をして、それを実測と比べる、といった普通の科学の手法ではありません。その点をとらえて吉岡斉さんは十数年前に、エントロピー論の批判をおやりになった。単なる解釈の図式であって、科学ではないし、科学と比べられるようなものではない、と。

地球のシステムを定常に保っておくために水の循環が如何に大事であるか、というのは勝木さんの話にあるでしょう。水が地表で蒸発して、上空へ行って液体になって、重力で戻ってくる。その過程で地表の熱エネルギーが捨てられて、地表の温度が下がる。それじゃ何度くらい下がっているるか。それはエントロピー論では何もいえない。あるいは、$CO_2$が何%増えたら平均気温は何度上がるかといったことについて、答を出せない。それに対してふつうの科学のやり方では、大気の循環の方程式を立てて、水の循環をいれた場合といれない場合、$CO_2$の濃度をいろいろ変えた場合について、大型のコンピュータでその方程式を解く。数字が出ます。出てきた数字に基づいて議論が進む。影響の大きさが具体的にわからなければ、対策が必要かどうかもわからないではないか、というわけです。

それじゃあ科学でうまくいくかというと、そうはいかない。ちょうどそれに対応することを宇井純さんが、一九八〇年に物理学会で講演したことがあります。地球全体の環境問題というより、ある地域の公害が問題になっていた時代です。宇井さんはその時、公害を解決するのに科学は役に立たない、とおっしゃった。現場に行っていろいろ調べて、被害を受けている人のいうことをきちんと聞くと、原因は大抵わかる。しかしわかっても、それを科学的に証明するのはたいへん難しい。考えられる他の原因を全部つぶさなければいけない。チッソ水俣などでいうと、原因についてほとんど荒唐無稽な説を、おそらくは会社の意を受けて、いいだす学者が次々と現れました。あるいは、疫学的・統計的な理由では足りなくて、過程を決定論的に跡づけることが要求されます。それが済むまで手がつけられないと、被害者は増えるばかりで、公害は解決しない。地球環境問題、と問題が大きくなると、科学についてのこの状況は、ますますはっきりしてきます。

このお二人の批判は、どちらも正しいのだと思います。

科学についていえば、最近でいえばＨＩＶにからむ血液製剤に現れたような科学（者）の腐敗とか、解明に時間がかかるという問題の他にも、資源環境問題で科学に頼ることの危うさ、というのはほとんど明らかだと思うんです。たとえば、地球の平均気温は人間の活動のおかげで上がっているのか、その主な原因は二酸化炭素か、というのも突き詰めれば確定したことではありません。ミクロな過程を考えると二酸化炭素が地表の温度を上げるのは確かですし、金星の温室効果の例もありますが、今現在の地球のこととしては、実証されたとはいえないでしょう。火山が噴火すると炭酸ガスがたくさん出るから暖かくなるはずだという議論があります。宮沢賢治が「グスコーブドリの伝記」の最後で使った話です。本当に火山を噴火させたら冷害が防げるかというと、それはなかなかわからない。なぜかというと、火山が噴火したとき出てくるのが炭酸ガスだけではないからです。出てきた炭酸ガスはおそらく地球を暖かくする。しかし、同時に出てきた塵は太陽から来た光をそのまま反射してしまいますから、地球は冷える。「核の冬」といわれたことです。で、どうなるかわからない。これは分析的な今の科学の本質に基づく制約です。

またこれは原子力発電所に関係してホットな環境問題ですが、低レベル放射能の生物への影響、という問題があります。今一般的に受け入れられている想定では、ある程度以下のレベルの放射線を受けると、影響の程度ではなくて、影響を受ける（たとえば、がんになる）人の割合がレベルに比例する。がんになった人にとってみれば、ひどい影響です。この想定も、放射線の効果のミクロな過程を考えるともっともなんです。

ところがこれは、ある程度以上低いレベルでは科学的には実証できないんですね。原理的には可能です。実験動物を同じ状態にしておいて、低レベルの放射線を当てた個体群と当てない個体群を比較してやればよい。方法論としてはそれでよろしい。しかし、レベルに比例して効果の現れる割合が小さいということは、レベルが低い実験はものすごくたくさんの実験動物を扱わなければいけない、ということです。千人に一人の割合で出てくることを確かめるためには、千人見ても駄目なんですね。もっと桁違いに多くの人を見ないと。で、百万匹の実験動物を、放射線の影響以外はすべて同じであるような状態で飼育するということは、実際上できない。そのせいかどうかこのごろは、放射線に少し当たった方が健康にいいなんていう人もいます。

こういう、原理的には科学で扱えるけれども実際にはできない領域を、超科学と名付けた人がいます。アメリカのオークリッジという原子力関係の大きな研究所の所長をしていたワインバーグという人です。Super-ではなくて、Trans-science といった。これを柴谷篤弘さんが超科学と訳しました。一九七三年に出た『反科学論』に出ています。

それでは、科学はいらないか？ これもありそうもないですね。宇井さんが「公害の原因はわかる」とおっしゃるときに、いつでもどこでも誰でもすぐわかる、というのではないのだと思います。そこにはノウハウ、といっては安っぽいですが、昔の剣道の達人とそうでない人の違いがある。全体を見通せる人と見通せない人というのが必ずいるわけです。でも、わかる人とわからない人がいては、この際はまずい。科学というのは、建て前としては、論理を追えば誰にでもわかることになっています。実際は、コンピューター一つとってみても扱える人と扱えない人がいて、それが腐敗の一つの原因ですけれど。科学が信用される原因の一つは、そこにあるんだと思います。

そこまでいわなくとも、今までやってきた熱力学第二法則とか、エネルギーとか、エントロピーというものはみんな、科学の中から出てきたもので、それを使って環境問題を眺めると、新しくわかることもある、という話をしてきたわけです。あるいは、先端技術を駆使してフロンがオゾンをへらすといった人がいます。私はちゃんと勉強したわけではないんですけれども、いろいろ他の影響が有りうる中で、フロンをオゾンの減少に結び付けたというのは、ものすごいジャンプだったに違いない。私は、それは科学ではなかったろうと思うんですね。悪口ではなくて尊敬の念を込めていうのですが。それはオゾンホールで実証されたことになっていますが、詳細はいろいろまだわかっていないのだと思います。科学がなければオゾンホールは見つからない。オゾンホールが見つかったときに、科学の枠の中にいては何もできない。単にフロン対策というんではなくて、こういうことが有りうるということを具体的現象として指摘することで、いろんなところに非常に大きな影響を及ぼしたんだと思うんです。

だから科学を捨てれば環境問題が解決するわけではないですけれども、科学をやっていたら環境問題が解決するわけでもない。科学の手法を勉強して、科学の外に出たり中に入ったりして努力していかないと、我々は多分生きてゆけなくなるのではないか、と思っています。

## 質疑応答

――リサイクルを今の話に基づいてどう整理したらいいのか。また最近ゼロエミッションという言葉を聞くのですが、それはどのようにお考えですか。

**白鳥**　ゼロエミッションという意味は場合によって違うんじゃないかと思うのですが、狭い意味では原理的にはありえない。たとえばオシッコをしないで生きられるかといったら、生きられないわけです。外へ出すからこそ生きられる。ただそれが、人間以外のいろんな系の活動の結果もう一度人間の資源になるような形になっているということなら、それはそれでよろしい。

安部公房に『方舟さくら丸』という小説がありまして、これにユープケッチャという生物が出てくる。これは幼虫のときに、ゴロンと寝ていて、いつも頭を太陽に向けている。ケッチャというのは時計だそうです。それで、何か食べて尻から排泄する。太陽と一緒に回って半日経つと、自分の排泄物を食べなきゃいけないはずです。だけど大変うまくできていて、暑い夏はあるバクテリアがいて、半日経つと、バクテリアの活動でこれが食べ物になっている。ぐるぐる回っていて、そのうち季節が変わってそのバクテリアがいなくなると、羽化して飛んでいって、交尾して卵を産んで死ぬ。そういう生物の話が出てくるんですよ。これはゼロエミッションじゃないけれど、限りなくそれに近い。でも、系としてエミッションがないということはありえない。

食べて捨てなきゃシステムとして成り立たない。だけど、それが全体の循環を通して、自分のところに戻ってきたときに資源になっていればいい。あるいは、そういう風になっている周りを壊さなければいいわけですね。

リサイクル、リユースとわけると、リサイクルは大抵あまりよろしくないと思っています。エントロピーで考えて環境負荷が高いと思うからです。社会的に、こういうゴミはリサイクルになるからいい、と思ってどんどん捨てるようになるともっと悪い。

ただその具体的な評価は大変難しいと思うんです。実際にＬＣＡでも、結論がしばしば異なる。メーカーがやると、ペットボトルのほうが環境負荷が小さいなんて結果がすぐ出てくる。全体をちゃんと考えるということが難しいからでしょう。しかもその過程は透明でないですよね。計算をすれば結論は出るわけです。出るわけですけれども、どのくらい信用できるかということを判定する能力は、我々ほとんど持っていない。たとえば、これはリサイクルではないけれども、環境負荷を原子力発電と火力発電で比べて、$CO_2$を出すから火力発電の方が高いなんてよくいわれるわけですね。だから、$CO_2$を減らすために原発を十基作らなきゃいけないと日本政府はいう。これもＬＣＡに対応する二酸化炭素の排出量の計算が一応あって、この頃では産業関連表を使ってその前後の活動まで取り込んでやるわけですけれど、その経過がとても複雑で、多分どっかで数字をちょっと変えるだけで結論が変わる。慶応大学の人がそういう結論を出して、原子力産業の人がそれは原子力に甘すぎるんじゃないかといったり、そういうような話です。結論だけを見て安心するわけには全然いかない。数学的に式の体系の安定性を考える必要があるんじゃないかとか、いろいろ難しい。「科学」的にはあまり簡単に結論が出せない、大変だというのが正直なところです。

——エントロピーという言葉を使わないで、有効エネルギーの無効エネルギー化、有効エネルギーの利用条件の悪化、とか表現すると分かりやすいと思うのですが、なぜエントロピーといわなくてはならないのですか。

**白鳥**　エントロピーというのはきちんと定義された量ですから、たとえば熱機関の効率を定量的に評価する、といったことができます。有効か無効かといった定性的な話で済む場合は必ずしも必要がないのですが、概念としての可能性を初めから捨ててしまうことはないし、私としてはそれを生かしてみたい、と思っています。科学と反科学の間を行ったり来たり、というのはそういう意味です。

——定量性ということでいうと、プロセスについてエントロピーの増加量は、原理的には計算できると思うが、そううまくはいかない。そういう意味では定量化は難しい。環境ホルモンの数値、サケのかわのぼりは、定量化することができない。これは、科学というのが定量化できない超科学の側面を持っているといえる。私は、エントロピー論は科学でないのではなく、科学の一つとして定量化には限界があると思っている。

**松崎早苗**　『ラジカルエコロジー』を読んだら、エネルギーだけでやっているのでとても苦労していた。エントロピーという概念を使えばいいのにと思いました。

——江戸時代はわりとリサイクルがうまくいっていた時代といわれますが、現代は江戸時代に学ぶことがあるのかどうか……。

**白鳥**　ものを使いっぱなしで垂れ流しにしない、という点では、学ぶべきところがあると思います。もちろんそのための技術は全然違いますが、技術というのは目的を与えられて進むものですから。一番違うのは社会体制でしょう。競争を主軸にする社会が、抑圧‐被抑圧、差別‐被差別の関係抜きに、物質の使い捨てでなく循環を基調にした生活をできるかどうか、なかなか難しいことです。

——都会はコンクリートやビルなどで熱を吸収する術をあま

り持ってないように思うのですが、改善策で考えられるものは何でしょうか？

**白鳥**　たとえばP・K・ディックが『アンドロイドは電気羊の夢を見るか』で描いてみせたような、人間以外の生物がほとんどいない世界というのは、実はエントロピー論的に考えて成立しないでしょう。水と土をもっと身近に、そちらを一つながりにしてコンクリートの方を切って、暮らさないといけないと思います。そのあたりは第一回で柴谷先生が明快にいっておられますね（第1章）。

——エントロピーを分かりやすい言葉で表現すると「不可逆さの度合いを表している」といわれましたが、系にQ／Tのエントロピーが流入した場合、どう不可逆性が増すことに結びつくのか、教えて下さい。

**白鳥**　ある系の温度が$T_1$だとして、ほんのちょっぴり（その系の温度の変化が無視できるくらい）、Qだけ熱エネルギーが増えると、その系のエントロピーはQ／$T_1$だけ増えます。ところで不可逆性の議論は、一部分でなく全部を考えないといけないので、そのエネルギーがどこから来たかを考えましょう。エネルギーQが温度$T_2$の系から供給されたとすると、そっちの系ではエントロピーがQ／$T_2$だけ減っていて、差引全体では、$\Delta S=Q/T_1-Q/T_2$だけエントロピーが増えています。$\Delta S$は$T_2>T_1$なら正で、温度差が大きいほど大きい。つまり熱の移動は不可逆です。もしも温度が等しければ、エントロピーの変化はゼロです。これは例外的に可逆で、カルノー・サイクルで出てくる過程ですが、実際には起こらない。熱の移動は温度の差で起こりますから。低温から高温には熱は（自然には）移動しませんから、$T_1>T_2$ということは有りえません。こういう訳で、エントロピーは変化の不可逆さの度合を表します。

　肝心なことは、そこに出てくるエネルギーや物質が関わる系をすべて考えることです。

# 5 技術――できること・できないこと

井野博満（金属材料学）

## 1 エントロピーになぜ着目するのか

皆さんこんにちは。「技術――できること・できないこと」という題でお話しします。

まず、十九世紀の時代、それから二十世紀の時代ということについて、ざっと私の理解している像をお話ししたいと思います（**表1**）。

十九世紀というのは古典物理学の完成期と言える時期です。解析力学、電磁気学、熱力学と表にあげましたが、この熱力学の研究でカルノーが熱の本質――熱というものを使ってどれだけ動力を取り出せるのか――を明らかにしたわけです。それからジュールが熱力学の第一法則――仕事がすべて熱になる、熱と仕事は等価である――ということを言った。ところが仕事は全部熱になるのだけれど、熱は全部仕事にすることはできない、というのがカルノーの定理です。逆はなぜならないのだろうか、戻らないのかということを追求したのがトムソンで、それを解決したのがクラウジウスです。エントロピーという概念を作って熱力学の第二法則――つまりエントロピー増大という熱や物質の劣化則ですね――それを明らかにしたわけです。

表1　19世紀に確立されたエントロピーの概念に今更なぜ着目し、学会など作ったのか？

◆19世紀という時代

古典物理学の完成期

| | |
|---|---|
| 解析力学 | ラグランジュ、ハミルトン |
| 電磁気学 | ファラデー、マックスウェル |
| 熱力学 | カルノー、ジュール、トムソン、クラウジウス、ギブス |

工業化の時代

| | |
|---|---|
| 鉄鋼業 | ベッセマー（転炉） |
| アルミ製錬 | ホールとエルー |
| 化学工業 | ソルベー（アンモニア・ソーダ法） |
| 機械工業 | |

植民地化の時代

| | |
|---|---|
| 地球科学、博物学 | ウォーレス、ダーウィン（進化論） |

◆20世紀という時代

現代物理学の展開

| | |
|---|---|
| 相対性理論 | アインシュタイン |
| 量子力学 | プランク、ボーア、ハイゼンベルグ、シュレディンガー |
| 核物理学 | |
| 非平衡熱力学と複雑系科学 | プリゴジン |

電気と石油とコンピュータの時代

電力・電燈・電信電話、原子力と原爆
石油化学工業とモータリゼーション
半導体工業とコンピュータ、生命科学

破滅的世界システム化の時代

地球規模での資源制約・環境制約・人口制約
ＡＢＣ兵器

その後、統計力学的に熱を分子運動に帰着させたボルツマン等の仕事があります。化学反応とか材料とか、不均質系、相が二つあるような系ですね——そういう場合の熱力学をきちんとやったのがギブスでその名前も入れておきました。

さて、十九世紀は工業化の時代でもあります。ベッセマー転炉*が発明されて、今までの加工できない鋳鉄の代りに、鋼という鍛造や圧延ができる鉄ができ、非常に機械工業が発展したわけですね。それからホールとエルーのアルミ製錬**。それまではアルミというのは非常に高価で「貴金属」だったのですが、沢山ボーキサイトから電気を使って

***ベッセマー転炉**　ベッセマーが一八五六年に発明した鋼を作る炉。高炉から取り出した炭素の多い銑鉄に空気を吹き込んで脱炭し、高品質の鋼を大量に生産できるようになり、十九世紀後半から二十世紀は鋼の時代になった。

****ホール・エルー法**　氷晶石を加えてアルミナの融点を下げ、炭素を電極として電気分解し金属アルミニウムを作る溶融塩電解製錬法である。一八八六年、アメリカのホールとフランスのエルーが同時に発明し、電力を使うことによって初めて活性な金属の大量生産を可能にした。なお、ボーキサイトから不純物を除去してアルミナを作るバイヤー法が一八八八年に考案された。

作れることになりました。一八八六年のことです。アルミは今アルツハイマーとの関連が問題になっていますが、結局百年ちょっとしか歴史がなくてそれでアルツハイマーが五十年も発症までかかるということですから、なかなかその因果関係というのは難しい。新しく使われ出した物質は気をつけないといけないのです。

次の化学工業。ソルベーのアンモニア・ソーダ法*。これはソーダを作る方法です。現在はソーダは食塩の電気分解で作るので、ナトリウム(=ソーダ)と塩素ができてくる。その塩素が塩ビに使われる、それでダイオキシンにつながるということになります。このアンモニア・ソーダ法だと塩素は塩化カルシウムになるので、そういう問題がない。塩ビの問題はどうするのか、そういう化学物質の問題というのはやはりこの時代ぐらいからの歴史を辿りながら考えていかなきゃならない。

それから最後に植民地化の時代。地球科学、博物学と書きましたけれども、カルノーは単に熱の効率というような問題だけじゃなくて、火山の活動とか地球全体のいろんな運動とかも視野にあった人です。この時代は植民地化で世界各地に軍艦が派遣され、それに科学者が乗って、視野が地球規模に広がったわけですね。そういう中からダーウィンとかウォーレスとかいう人が各地の生物相を見て進化論をつくっていく。進化論というのはキリスト教と矛盾するのでダーウィンは発表を躊躇したらしいんですが、若いウォーレスが進化論の論文を手紙でダーウィンに送って、ダーウィンがそれを見て自分も一緒に発表しようということになったという歴史があるようです。『ダーウィンに消された男』という本があって、ウォーレスのことです。ウォーレスは社会主義者だったので、全然進化論には抵抗がなかった。「ウォーレス線」に名前が残っています。インドネシアのバリ島とロンボク島の間で植物相・生物相が違うその境界線です。ウォーレスが調査してみつけた。

二十世紀になって現代物理学の展開、それから電気と石油とコンピュータの時代と書きましたけれども、非常に巨大な生産力が誕生し、それが同時に巨大な破壊力になった。そういう巨大な生産力を上手く制御できない。それで地球規模での資源制約・環境制約、そういう問題が起こってます。なぜ今エントロピーの概念に着目するのか。資源制約・

**表2　エネルギーと物質の保存則・劣化則**

| | エネルギー | | 物質 |
|---|---|---|---|
| **保存則** | 熱力学第1法則 | $E = Mc^2$ ⟺ 原子核反応 | 物質不滅則 |
| **劣化則**（拡散則） | 熱エントロピー増大 | ⟺ 相互転化 | 物質のエントロピー増大 |
| | 熱力学第2法則（エントロピー増大則） | | |

環境制約というのはまさにエントロピーの問題で、エントロピーという考え方を物理学の一部・熱力学としてだけ捉えるんじゃなくてもっと広い環境問題について考えていこうというのがエントロピー学会の出発点でした。

## 2　エネルギーと物質の保存則・劣化則

それで、学校で習う熱物理学では基本的に平衡系を扱いますので環境問題、物質の劣化・汚染とか、そういうものは入ってこないわけですね。環境の問題を考えるにはそういう平衡系を扱う熱力学とか統計力学でなく、非平衡系を扱う必要があります。非平衡系というのは、白鳥さん・勝木さんの話にありましたけれども、それが持続し、能動的な活動が生じれば生きた系ということになります。そういう生きた系を扱う熱力学ではエントロピーという概念の意味を新しい形で

**＊アンモニア・ソーダ法**　食塩水にアンモニアと炭酸ガスを吹き込んで重曹（重炭酸ナトリウム）を作り、これからカセイソーダと塩化アンモニウムを得る方法。一八六二年にソルベーが考案したのでソルベー法ともいう。現在ではカセイソーダは、食塩の電気分解で作られていて、このとき塩素が副生する。

考え直さなければいけないということになります。

それで**表2**は保存則と劣化則の復習です。

エネルギーには保存則がある。これが熱力学第一法則である。それから物質にも物質不滅の法則がある。これも物質の保存則である。両者はそれぞれ別なんですが、$E=mc^2$ というアインシュタインの関係で結ばれていて、核分裂や核融合で巨大なエネルギーがでる。Eは生成エネルギー、mは質量（の欠損）、cは光の速度です。不滅であった物質は少し減るのですが、その分はエネルギーが増えるとそういう関係になっている。この両者をあわせれば保存則が成り立っている。それから劣化則というのは拡散則ともいえます。熱が拡散すれば熱エントロピーが必ず増大していく。元には戻らない。物質が拡散すればそのエントロピーが増大する。これが熱力学第二法則で、熱と物質のエントロピーは相互転化できる。

図1　熱のエントロピーと物質のエントロピーの相互転換

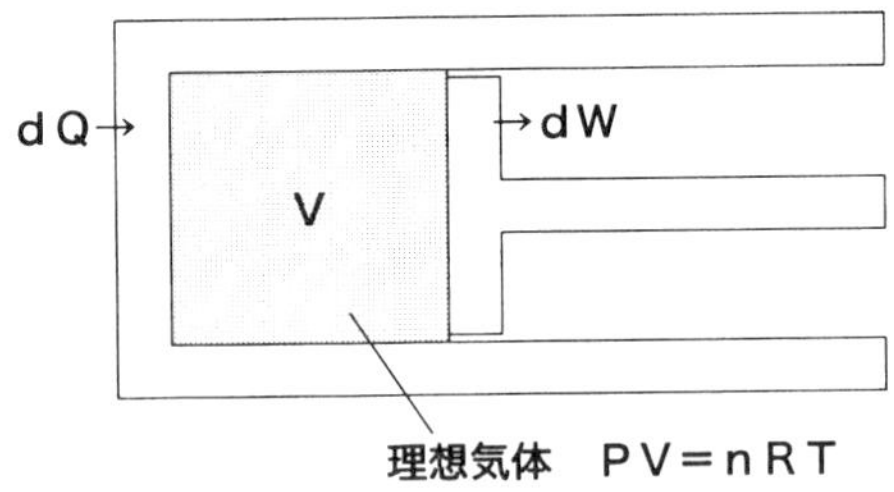


そのことについてちょっと説明します。**図1**のように理想気体を閉じ込めた容器がある。一定の温度で熱を入れ仕切り板を動かし、仕事をさせる。このときこの仕切り板は重さを持たないで滑らかに動くとします。高校の物理だとか入試問題などでそう仮定しないと問題が解けない。そうしますと系に dQ の熱――d というのは「小さい」という意味ですね――dQ という小さい熱が入っていくときの熱のエントロピー dS は絶対温度 T で割って $dS = dQ / T$ である。その時に気体がする仕事 dW は圧力 P に体積変化 dV をかけて $dW = PdV$ である。それで理想気体の状態方程式 $PV=nRT$ の関係を代入すると $dW=nRT/V \cdot dV$ になる。で、dQ の熱が dW の仕事と dV の体積膨張を生んだ。その時に熱が全部仕事になる。さっき、熱は全部仕事にならないといったのは何の変化も及ぼさずに全部仕事にはならないという意味で、この場合は体積膨張という変化を残すので矛

盾はありません。そうすると $dW=dQ=TdS$ ですから、$dS=nR/V \cdot dV$ になる。これだけのエントロピーが物質に移行するわけです。ですからこの $dQ/T$ という熱エントロピーが物質のエントロピーに転化する。それからまた仕切り板を逆に押してやれば、元に戻ってエントロピーは外に出る、熱に変化して。こういうふうにエントロピーは、熱と物質の相互の移動ができます。こういう式は慣れている人と慣れてない人とあるんで、慣れてない人はこんなもんかと思っておいて下さい。

**図2　2種類の定常系**

(a) 熱力学的平衡状態
(b) エネルギーと物質の流れのある非平衡定常系
　（生きている系）

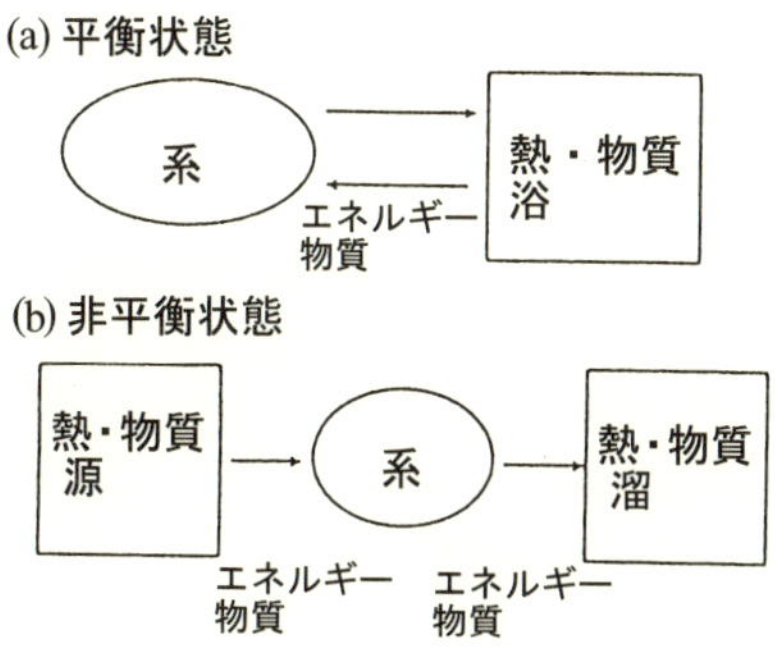


## 3　流れのある非平衡定常系

大事なことは、物理学で習う平衡状態は死んだ系だということです。系が周りの環境に埋まっていてエネルギーと物質のやりとりをしている。やりとりはあるけれどもこれはもう生きてないといいますか、周りに同化してその一部みたいなものになっている、そういう状態です。それに対して**図2**(b)の非平衡状態では、熱・物質源からエネルギーや物質を貰って、その系を通ってまたエネルギーや物質が流れ出ていく。つまり、系を貫く流れのある非平衡状態です。こういうエントロピーの流れといいますか、物質とエネルギーの流れがある。そのことによって系が生きている、活性化する。こういう系はあまり物理学の教科書では扱わないんですね。こういう流れがありますと系内ではいろんな秩序が生まれるし、人間の活動とか、そういうことが起こる。プリゴジンの散逸構造の形成はその一つです。今の複雑系の物理学の流れにもつながります。

## 4　地球システムのエントロピー論的把握

それで、そういうことを背景に地球システムを考える。地球システムのエントロピー論的把握というのは槌田敦さんの提起されたことで、それからエントロピー学会が始まったと言えます。一九七六年に「核融合発電の限界と資源物理学」という論文を日本物理学会誌に槌田敦さんが出された。核融合礼賛だったのですね、当時の物理学会は。だけども一体核融合の材料はどうするかとか、核融合で無限のエネルギーができるなどと言うのはおかしいのではないか、そういう問題を提起した。それをきちんと展開したのが「資源物理学の試み」1－3という岩波『科学』に載った論文です。

それで後に私が読んだ、というか気づいた本にMooreの“Environmental Chemistry”があります。――これは一九七六年の出版でちょうど槌田さんと同年にアメリカでこういう本が出た。訳が『環境理解のための基礎化学』という題名で東京化学同人から一九八〇年に出ております。このムーアと言う人は物理化学の方で有名な人らしいんですが、そういう人の概説書です。その中に、エントロピー概念を用いて地球上の物質循環のことが書かれています。これは非常に名著だと僕は思っていて、この時期にフロンの問題も書いてあったりします。

それで地球システムのエントロピー論的把握というのはどういうことか、図式にしてみますと**図3**のようになります。太陽からエネルギーを貰う。地球というシステムにそれが入って、宇宙空間に捨てる。太陽光と言う非常に質の高いエネルギーを貰い、赤外線と言う質の低いエネルギーを捨てる。こういうエネルギーの流れに沿って地球の中に物質循環ができて生きた系になります。先ほどの**図2**は一般的なことでして、生きて活動している系、流れのある非平衡系というのは人間であってもいいし、エンジンみたいな熱機関でもいい。地球についても、こういう風に把握してみる。

価値の高いエネルギーを貰って価値の低いエネルギーを捨てるとなぜ地球の中に活動が生じうるかを考えてみます。エントロピーは入ってくる熱を温度で割ったものです。それで出てゆく熱は出てゆくときの温度で割る。今、地球は毎年同じ状態を保つとすると、入ってくる熱量と出て行く

図3　地球システムのエントロピー論的把握

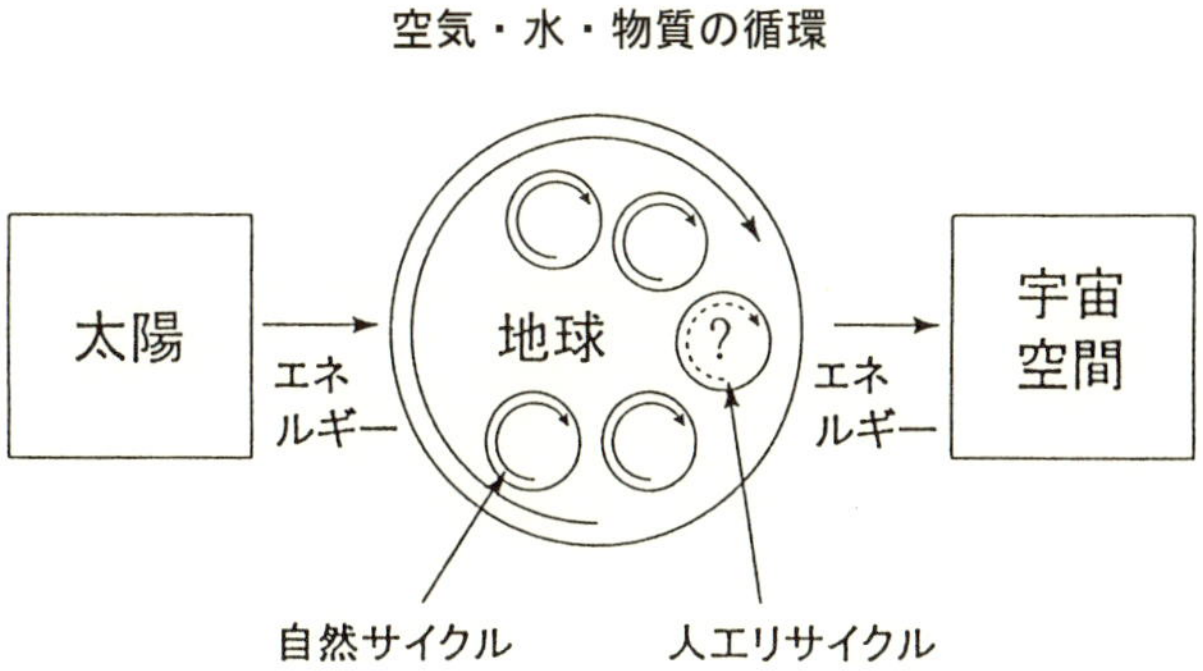


熱量は同じである。そうしますと、可視光で熱が入ってきて、それは太陽の表面温度五、五〇〇℃、約六、〇〇〇Kですね、そういう温度に対応しているのでエントロピーは小さい。この小さいエントロピーで光が入ってくる。それに対して地球の上空の温度が二五〇Kと低いので、この小さい温度で割りますからエントロピーが非常にでかくなる。

大きいエントロピーを捨てるので引き算するとマイナスになる。つまり、熱の流入・流出にともなうエントロピー輸送はマイナスになる。それに対し、地球で活動が起るとエントロピーを生成する、そういうもので埋め合わせてゼロにする。それで定常状態になる。逆に言うと、エントロピー輸送がマイナスであるがために地球上の諸活動が可能になる。だから活動の源として太陽光の低エントロピーのエネルギーがある。もちろん太陽光が入ってくるだけではだめで、それを上手く活用できるシステム、それが水循環をはじめとする地球をめぐっての物質循環というのが必要である。それのなかでまたローカルな循環がいろいろあって、全体が上手く回っていくわけです。そのローカルな循環の代表的なものは植物・動物・微生物の循環で、植物が光合成によって成長し、実を実らせてそれを動物が食べる。それで動物の排泄物や死がいは、また微生物によって分解され植物に吸収されていく、こういうローカルな循環がある。一方、技術の問題は、人工的に作ったシステムが、リサイクルなんて言っているけれども、そういう自然の循環に上手く乗っていくのか、それが問題なわけです。

**図4**は、物質循環とエネルギーの流れの関係を、非常に簡単に表したもので、ムーアの『環境理解のための基礎化学』にも説明があります。たとえばA、B、C、という三つの状態があったとして、エネルギーが供給されないとそれぞれの高さ（自由エネルギーの大きさ）に応じて存在量がバランスしています。つまり、何の循環も起こらないわけですけれども、たとえば光がAにあたって、そこにある物質が励起されるとします。そうすると、Aの物質がBに移動し、BからC、でCからまたAに移る。で、Aでまた物質が励起されますから、循環するわけですね。それで、結局、光を当てると物質の循環が起る。こういうことが一般的に言える。入射した光は循環を起した後、熱になって系から外へ出てゆく。ムーアが書いていますが、いわゆる生物地球科学的サイクルは、すべてこの単純化した例と全く同様にして行われる、と。たとえば光合成における炭素循環。これは前回勝木さんの講義でくわしく説明がありました（第3章）。

**図4　エネルギーの流れによって物質循環が起こることの説明**

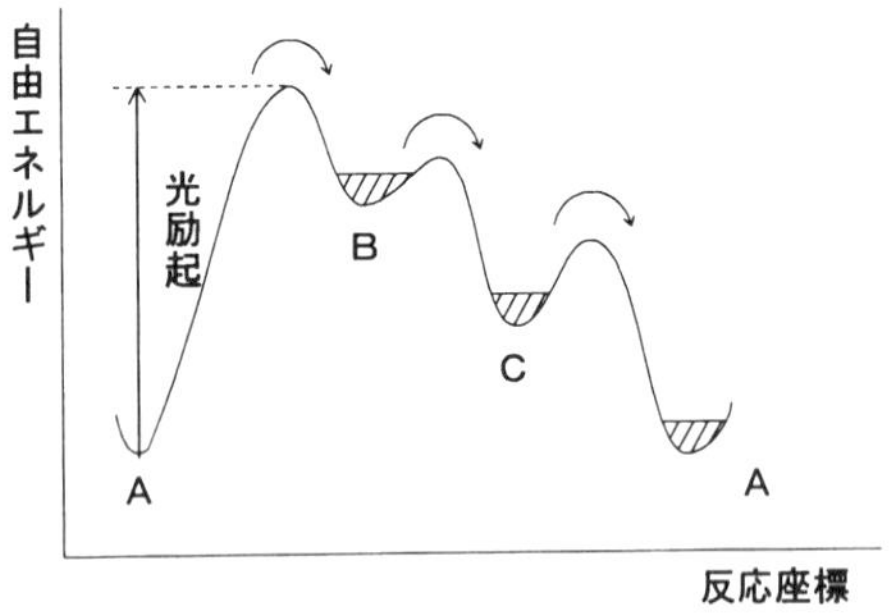


## 5　究極のリサイクル――ゼロ・エミッション？　逆工場？

さてそれで技術の問題に移ります。素材を使って工場で

図５　「閉ループ工業」は動力源が
（a）太陽光のような放射である場合は成り立つが、
（b）物質起源のエネルギー源では成り立たない

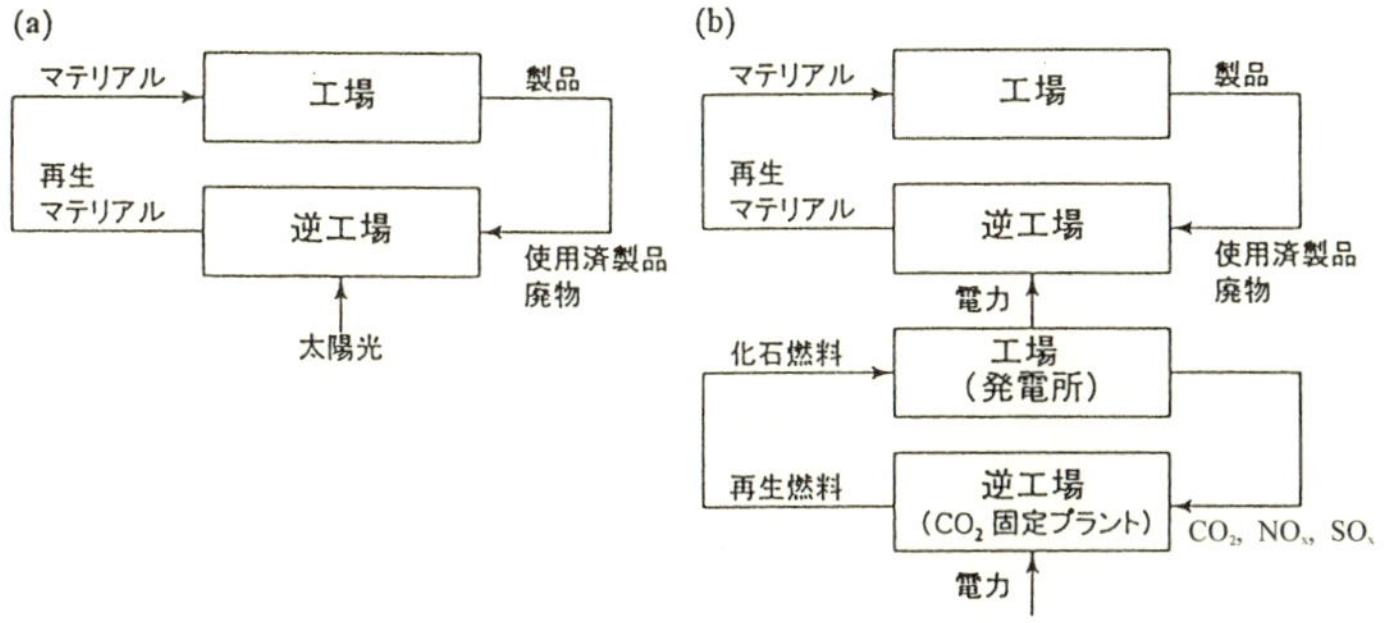


製品を作る。すべてのそういう活動は、エントロピーを生成するプロセスなんですね。エントロピーを作り出しちゃう。作りだしたエントロピーはさっきの地球システムではうまく捨ててくれるわけです、宇宙空間に。ところが工場では、たとえば鉄は鉄鉱石（鉄の酸化物）を素材に化石エネルギーを使って作る。その時エントロピーを生成する。製品の鉄は使用後捨てられてごみになる。それからまた、生産するときの廃棄物が出るでしょう。みんなエントロピー生成プロセスです。

ところでそういうものをですね、全部まとめて、逆工場*というのに放り込む。それで再生素材を作って、戻せばいい。そういうコンセプトを考えた人がいる（**図5**(a)）。全部、クローズドになって物が外に出ない、クローズドループ・イ

**＊逆工場**　インバース・マニュファクチュアリングともいう。製造工場の排出物や使用済の製品を使って原料に戻す役割をする仮想的工場をいう。太陽起原のエネルギーを動力としないかぎりエントロピーの法則に反し、実現はごく限定されたものとなる。

**＊＊ゼロ・エミッション**　国連大学が一九九四年に提唱した考え方。廃棄物、排出物を産業間で相互利用して、それらを環境に一切出さないことをめざす。しかし、その厳密な実現は、エントロピーの法則に反し不可能である。

ンダストリー、ゼロ・エミッション**でゼロ・ウェイストということになるんです。これは、日本では吉川弘之氏が言い出した。これ、エントロピー論から見ればばかばかしい話なんですけど、結構この「逆工場」という言葉ははやっているんですね。それから、ゼロ・エミッションというのも国連が使った（Zero is Goal）ので結構はやっている。それで、じゃこれ、うそかと言いますと、逆工場を動かす動力源を太陽光に限れば、これは原理的に成り立つ。工場で製品を作ると、ガスとカス、いろんな廃棄物が出ます。エントロピーが大きいものがたくさんでるんですが、エネルギーを投入すれば熱のエントロピーに転化することができて、またもとのものに戻すことができるわけです。さっきの簡単な例で言ったようにガスが膨張しても、また仕事を加えてやればですね、もとの状態に戻るわけです。そういう意味で、太陽光で逆工場を動かせば、元に戻すことができ、発生した熱エントロピーは地球の物質循環にのせて宇宙に捨てることが可能です。

ところが、逆工場で電力を使うとします。仕事をするのにですね。そうすると、その電力はどっかの発電所で作らねばならない。で、普通電力は、太陽電池とか水力を別にすると、化石燃料、あるいはウランを使いますので、電力を作ったときに化石燃料が分解して、$CO_2$だとかですね、$SO_x$、$NO_x$とか、ガスが出る。で、拡散したエントロピーの大きい物質が残る。逆工場にならない。今度は$CO_2$を固定化する工場が必要になるわけです。固定化するには電力がいる。すると、また発電所がいると。ということになって、無限の連鎖になる（**図5(b)**）。で、左の図と右の図とどこが違うかというと、太陽光であるか、物質起源の燃料であるか。太陽光は、輻射熱だから、使用後、系外に捨てられるわけですね、赤外線として。だけども化石燃料を使っちゃえば、物質は宇宙に捨てられないわけですから、こういう連鎖になってしまう。

そうしますと、クローズドループ・インダストリーまたは逆工場は可能か。太陽起源のエネルギーを用いれば可能なわけですが現実には、太陽起源のエネルギーというのは、今日本のエネルギーのうち、水力が四％くらい。それから、ほかの、風力だとか、太陽光発電等々は一％くらいですから、五％くらいしかないんですね。残りの九五％は化石燃料か原子力なわけですから、産業を五％に縮小すればです

表3　工業技術と農業技術の対比

| | 工業技術 | （伝統的な）農業技術 |
|---|---|---|
| 動　力 | 火<br>（石炭、石油、天然ガス） | 日<br>（人、動物、水力、風力） |
| 材　料 | 水、金 | 水、木、土 |
| 資源の更新性 | × | 限度内で　○ |
| 物質循環 | ×<br>エコロジーに不適合 | ○<br>新しいエコロジーに<br>帰着・適合 |
| システムの形態 | 普遍的技術<br>大量生産 | 個別的技術<br>手作り |
| システムの特徴 | 能率的 | 効率的 |

ね、ゼロエミッションが実現できるわけですがそうはいかない。で、太陽光を使う産業システムで一番大きいものは、農業ですね。それから林業。農業や林業というのは太陽の光で植物を成長させているわけですから、まあ逆工場という考えを発展的に考えるとすれば、植物生産システム、農業や林業を組み込むという、これしか炭酸ガス問題の答えがないということです。

それで、農業と工業を、比較してみます。農業と工業の対比というのは、僕は、エントロピー論では非常に基本的な問題と思ってるのですが、この間、京都のエントロピー学会のシンポジウムで中村修さんが、農業も工業もあんまり自分は区別して考えてないというようなことをおっしゃって、あれれと思ったんですけれども、私は非常に本質的に違いがあると思っています。中村さんはどうしてああいう風に云ったのかな。現実の農業をみてということでしょうか。

それで、対照表（**表3**）をみてみますと、まず、動力ですね。これは工業技術の場合は、石油等の地下資源。それから、農業、伝統的な農業をイメージしてますけど、それは人力、畜力、水力。石油をたいて温室で作るとか、動力、機械を主体として作業をやるということは別としてですね、伝統的なものは自然エネルギーだと。工業は火（曜）、農業は日（曜）ということになります。次に材料ですね、水（曜）は両方に必要で、工業は加えて金（曜）。農業は木（曜）と土（曜）。主として、太陽光と植物である。で、資源の更新性がある。木を切ってやるとしても、木が生える範囲内でやればということでね。農業によって、自然とか景観とかは変わるわけですが、新しいエコロジーに帰着する。

で、これだけ見ると工業が全部×なんですから、農業中心になりそうなもんですが、工業の最大の特徴は能率的なとこですね。スピードが速い。システムの形態は大量生産vs手作り生産。ある時間内で仕事をやりとげようとすると、つまり人間一人当たりの労働ということになりますと工業がよい。しかし、環境ということを考えると工業のシステムはよくない。やっぱり農業のシステムを今見直して、そこから産業のあり方を学ぶ必要がある。そのためには、農業そのものをきちんとやる、そのための自然の生産基盤をくずさないということが僕はエネルギー問題とかなんとかよりもまず、一番大事なことなのではないかと思っています。

## 6　サイクルとリサイクル

それで、今度は「サイクルとリサイクル」について。自然の物質循環というサイクルと、いわゆるリサイクルとは区別すべきであるというふうに思います。それを区別するために「自然」をつけて「自然サイクル」、これは自然に物質循環が進むということ。それから、リサイクルには「人工」をつけて「人工リサイクル」。人間が助けてやってリサイクルする。人間が手をかけてやらないと実現しないのがリサイクルである。自然のサイクルは、うまく循環して、エントロピーを地球外へ捨てる。それに対して、リサイクルっていうのは、うまく循環に乗らない。それで、毒物を出すとまずいので、その場合は、中で完全にリサイクルする、外に出さないということを考えなければいけない。しかし、完全にということはできないので毒性の高い物質は使うべきでない。

リサイクルがなぜ意味があるか。三つの理由が考えられます。まず、(1)資源の保全。たとえば、金や銀はずいぶん掘り出して少なくなっている。あるいは銅とか亜鉛、錫ですね。そういう貴重な資源を捨てないで、残しておく。これにはリサイクル利用が大切です。次に(2)エネルギー消費の削減に役立つ場合がある。たとえば、アルミニウムとかシリコンとかチタンとか、そういうものは非常にたくさんのエネルギーを使って製錬をします。アルミナ（$Al_2O_3$）を非常に大きいエネルギーを使って電気分解をして、金属アルミニウムを作り出すわけですね。そういう場合には、リサイクルすれば、製錬のエネルギー消費が少なくなる。それからもう一つは、(3)毒性物質放出の削減ということですね。たとえば銅の製錬というのは、銅は硫化鉱が鉱石ですから、銅を作れば必ずSが残って、$SO_2$、亜硫酸ガスが出る。ガスを出さないためには硫酸にする。今、硫酸は余っているようです。リサイクルすれば、製錬の量を減らして銅を有効に使うわけですから、毒性物質が減るわけですね。そういう意義がある。

　ところが、この(2)と(3)は、このように有効な場合もありますが、減るとは限らない場合もあります。たとえば、もとに戻すときに非常に戻しにくい状態になっているとすると、エネルギーを非常にたくさん使うことになります。たとえばアルミ缶をリサイクルする場合でも、コーティングしてあったり、汚れていたりするものはエネルギーを使う。また、リサイクルは汚い状態で運搬や処理をされますから、リサイクルの過程で環境に毒物が撒き散らされることもあるわけですね。

## 7　環境負荷とリサイクルの評価基準

　それで、どういう物質がリサイクルによくてどういう物質が悪いかというのを考えるために、環境負荷を、二つの因子に分けて考えてみます。環境負荷の大きさをLとして、エネルギー消費の部分、つまり熱力学的要因と、毒性の部分、つまり、物性的要因、こういうふうに分けます。技術の進歩があればこれは両方減るんですが、技術レベルが同一だと、この二つは片方減らすと片方増えるような関係になる（図6）。

　エネルギー消費を増やすというのは、だいたいお金がかかりますので、なるべくそっちにいかないように企業はしたい。で、けちった方法で生産するとコスト削減になるが毒性がたくさん出る。自動車でも、発電所でも公害防止装置をつけると金とエネルギー消費は増えるが環境保全になる。一般的にはこんな関係になってる。

　環境負荷の大きさをL（E、X）と表わします。Eはエネルギー消費、Xは毒性を意味します。そうすると、環境負荷はリサイクル率rの関数として

**図６　環境負荷の大きさL（E、X）をエネルギー消費Eと毒性Xで表わした図**

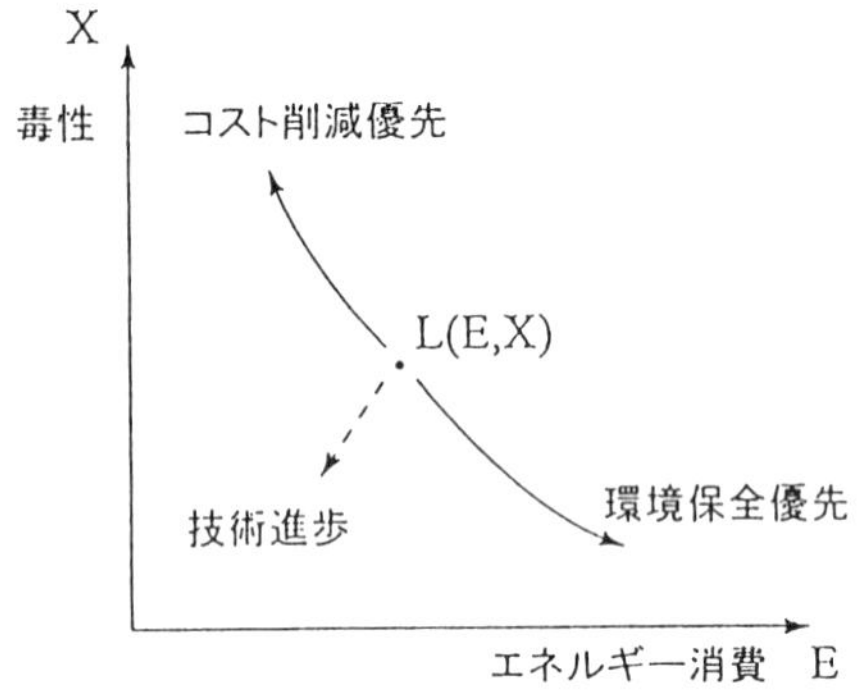


$$L(E, X) = N\{(1-r)(Ep+Ed)+rEr\}$$
$$+N\{(1-r)(Xp+Xd)+rEr\} \cdots (1)$$

のように書き表わせます。添字p、d、rはそれぞれ生産、廃棄、リサイクルを意味します。Epは生産にともなうエネルギー消費、EdとErはそれぞれ廃棄とリサイクルに必要なエネルギー消費です。毒性Xについても同じ。Nは生産量です。作ったものは結局捨てますからEpとEdがセットになります。

　リサイクル無しならばr＝0でEp+Ed、全部リサイクルすれば、r＝1、EpとEdがなくなってEr、その中間は直線になります。エネルギー消費と毒性の両方が減る場合と、エネルギー消費は増えるが毒性が減る場合、エネルギー消費は減るけれど毒性が増える場合、それから両方増える場合がありえます。それをまとめると、**図7**のようになります。リサイクルによって両方とも減れば、これはリサイクルが有用ということになります。エネルギーはリサイクルで減るのだけれど、毒性は増える場合。これは、たとえば核燃料リサイクルなどは、エネルギーが有効に使えるということで進めていますが、放射性毒物が放出される危険が

増えることになります。それから、鉛蓄電池を再生して使う場合、うまくやらないと再生のときにたくさんの鉛をまき散らすことになります。次に、エネルギーは使うのだけれど、毒性は減るという場合。これは、リサイクルをやりたがらないんですね。エネルギーを使うということは、コストがかかるということですから、コストをかけて毒性を減らさなきゃならない。これは、リサイクルを義務づける必要があるわけです。それから、両方増やすようなことは無意味ですからそうと解っていればやる人はいません。ただし、利権が絡むとそういうリサイクルシステムができてしまうことだってありえます。

図7　リサイクルによる環境負荷の変化（４つのケース）

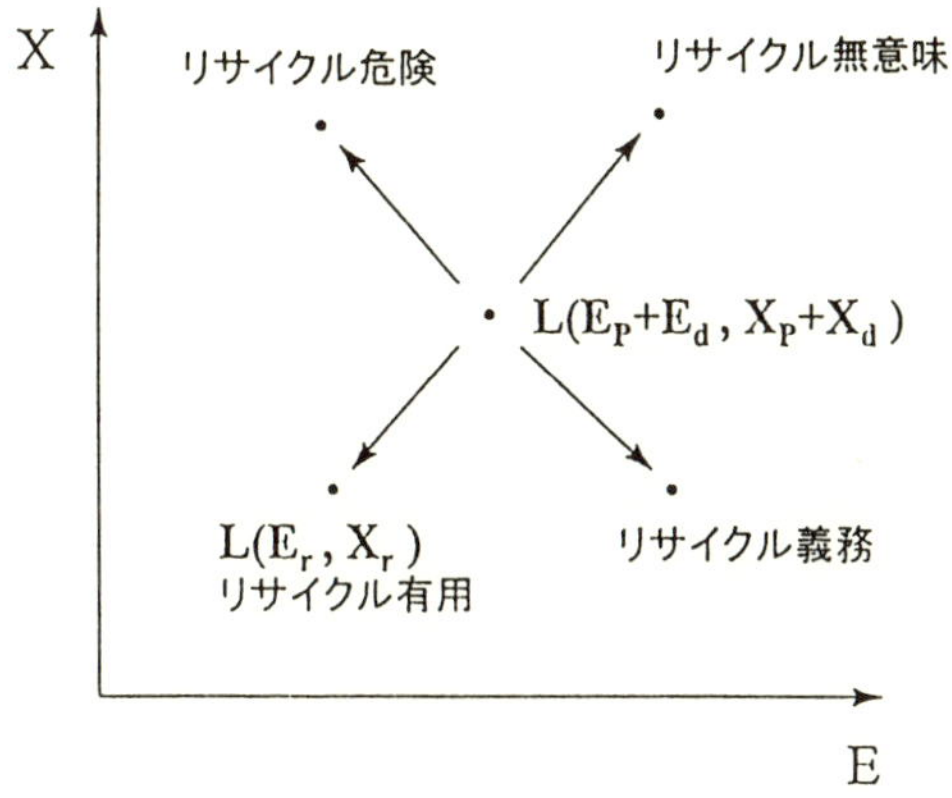


## 8　環境負荷を減らす方策・考え方

それで、エネルギーというものがだいたいコストに比例すると考えますと、**図7**で、出発点の環境負荷Lの位置より左は、商売になるリサイクル。右は、商売にならないリサイクルになります。この間のエントロピー学会シンポジウムで槌田さんが商業の重要さをおっしゃったわけですが、商売になるリサイクルということについては、商業は重要なのですが、商売にならないリサイクルはしないわけで商業では駄目です。さらに毒性を減らすようなリサイクルもやってないわけです。商業の価値基準だけで物事は解決しないというのは当然のことだとおもいます。

それから、物を大事に使うということは、当然物の寿命は伸びて、生産量は減ることですから、環境負荷は減るわけです。製品の長寿命化は大事です。

そうしますと、今後どういうふうに材料を生産していかなければならないか。それには次の四つの方向があります。

①自然循環できるマテリアルをつくる

②リサイクルしやすいマテリアルをつくる

③長寿命化やカスケード使用で生産を縮小させる

④毒物の使用禁止

環境から完全に遮断する、そういう完全リサイクルというのはエントロピー的に困難なので、毒性の高い物質は使わないようにしなければなりません。④を基本とし、物質ごとに①〜③のうち最適な方法を考えていかなければなりません。これはもちろん技術的課題であるわけですが、同時に社会的課題でもあります。

## 9　エントロピー・コストの考え方

さて、どういうものが環境負荷が多いか、または少ないかというようなことを解析する手法がライフサイクルアセスメント（LCA）*です。製品の全ライフサイクルにわたっての環境負荷を定量し、どうやったら環境負荷を少なくできるかを調べます。たとえば飲料缶がアルミ缶の場合とスチール缶の場合とで環境負荷がどうなるか、リサイクルするとどうなるか、というのを私のところでも卒論でやっています。しかし、それは環境負荷を出すんだという前提の解析法です。

環境を劣化させたものは元に戻すんだという考え方でいきますと、その戻すコストがかかるものはやめようという考え方になり、そこにエントロピー・コスト**という概念が成立します。それで、先程のＥとＸを原理的には一元化できる。毒性を減らすのにどれだけエネルギーを必要とするか。たとえば$SO_x$を環境中にばらまいて、しかしそれが今の環境基準値を超える、基準値が〇・〇四ｐｐｍであれば、それ以上のものは、〇・〇四まで下げなければなりません。それを拡散で薄めるのではなくて取ってやるとなると、$SO_x$を回収するためにエネルギーが必要になります。エネルギーを使うということはエントロピーを増やすわけですから、エントロピーが増えるということになります。現実に

あるエントロピーSを基準値Sm以下に戻してやるときに、それに必要なエントロピー・コストをSrとすると、その比

$$\varepsilon = (S - S_m) / S_r \quad \cdots (2)$$

がエントロピー効率です。たとえば効率が非常に小さい状況というのは、技術が悪いということになります。さらに、許容限が、たとえば一酸化炭素と$SO_x$とで違うわけです。一酸化炭素では環境基準値は一〇ppm、$SO_x$は〇・〇四ppmなので、$SO_x$の方がSmはずっと小さくなる。どれくらい許容するかという量Smは物質の毒性と社会的判断によります。こういうエントロピー論的考えで実際にいろいろな環境負荷を計算している人はまだいませんが、概念的には、こういうところまで議論が進んでいます。

## 10　技術の不確実性・科学の非実証性

最後に、技術の不確実性と科学の非実証性という話をしましょう。技術についていえば完璧な技術は存在しないということですね。それで、事故の確率がゼロに近くても、大事故が起こりうるような技術は使うべきでないと思います。チェルノブイリの事故でのベラルーシの被害は、ベラルーシの国家予算の二年分ぐらいと云われています。ソ連が崩壊した一つの原因はこの事故だというようにもいわれています。それぐらいの大事故です。それから、日本でも原子力開発の初め頃に事故評価というのをやっていて、国家予算の倍ぐらいの被害がでるという試算を政府の審議会が出しています。これは最近わかったことです。取り返しのつかない被害になります。もちろん飛行機でも落ちる確率があるわけですが、あれは不幸にも乗った人だけの被害

**＊LCA**（ライフサイクルアセスメント）　ある製品の誕生から死まで、すなわち、原材料の採掘から製造、加工・組立て、使用、リサイクル、廃棄に至る全プロセスにおいて、いろいろな環境負荷物質をどの位出すか、エネルギー消費量はいくらかを定量的に概算（インベントリー）し、環境影響（インパクトという）を評価する手法。製造業を中心に、近年、急速に普及しつつあるが、モデルやデータの客観性など今後解決すべき問題が多くある。

**＊＊エントロピー・コスト**　材料に不純物が混ざったり、有毒物質が水中あるいは大気中へ拡散したりすると、エントロピーが大きい状態になる。それら不純物や有毒物質を取り除いて元のきれいな材料や環境にするには、エネルギーや仕事の投入が必要で、それをエントロピーで表わしたものがエントロピー・コストという概念である。コストの大きさは可能な技術手段の良否に依存するので純粋な物理概念ではない。

で済みます。原発が同じ事故確率だったらたいへんなことになりますね。

事故が絶対起こらないとは言えないわけで、そこに技術の中心を置くのではなくて、事故の際、被害を最小にする技術システムをつくる。また、危険物質の完全閉じこめ、完全リサイクルはできないことにも注目すべきです。式(1)で環境負荷がリサイクル率に比例するように書きましたけれど、これは近似で、r＝1つまり、リサイクル率を一〇〇％に上げようとするとエントロピー・コスト、すなわちエネルギー消費は無限大に向かうわけです。これは当然なことで、完全に閉じこめるということは、分子を一個も外にださないということで、そういうことはできない。強力な毒物を作り出す技術はだめということです。

それから、科学の非実証性。これは、特に環境汚染についてそうなってきています。汚染物質が複合しているときには、原因と結果を解明することがなかなかできない。最近では環境ホルモンがあります。いろいろな物質があって、いろいろな現象が起こって、なかなかつかめませんでした。しかし、この環境ホルモンというキー概念をつかんだことは、科学の実証性でもあります。pptレベル（一兆分の一レベル）で環境物質を分析できるようになった分析レベルの進歩が大きかったわけです。しかし、さまざまな環境ホルモンの効果を科学的に解明し、予防するというのは非常に困難ですね。それに、わかったときには、すでに遅すぎるということになる。シーア・コルボーンの『奪われし未来』にも書いてあったことですが、精子の減少という現象は、五〇年前に作られた物質に原因があり、個体が二〇年以上前に胎内で被曝した影響が今現れている。だから、わかったときはすでに遅すぎるという問題がある。そういう問題が環境に関しては非常に増えている。アルツハイマーとアルミニウムの話などもそういう心配があります。

ですから、環境問題に直面したときに、われわれがどうすべきかという判断は、因果関係が厳密につかまるまで待つのではだめです。これは、最初の回に柴谷先生もおっしゃったと思いますが、厳密な証明はできていない、そういう事例がたくさんあるのです。そうなると、科学者は自分の価値判断——何が大事だと思って研究をやっているのか——を常に問われることになります。厳密な証明はできていないけれど危険だというのかどうか。当然、商売をやっている方から反撃を受けるわけですね。そういう事態にますますなってきているのではないかと思います。それが科学の非実証性ということの意味です。

最後に、今後の技術の問題を考えてゆく上で、また人類の生存、持続可能性を考えてゆく上で有機農業の再生という、農業問題は非常に重要だと強調したい。農的システムを組み込まねば、廃物処理とかリサイクルシステムは完結しない。これがエントロピー論の一つの帰結であるわけです。そうすると現在の農業、農薬と化学肥料に頼っている農業はだめです。それから、遺伝子組み換え作物です。今のところはどうなるかというのは、わからないのですが、種の壁を超えた遺伝子組み換えが環境に影響を及ぼすとわかったときにはもうとり返しがつかない。

## 質疑応答

——（初めの方の表1で）エネルギーと物質のエントロピーの相互転換がわかりません。エントロピーに関する劣化則は、熱エントロピーを増やすことによって物質エントロピーを下げることはできるということですが、物質エントロピーを上げて熱エントロピーを下げるという逆過程はできるのですか。

**井野**　できます。

——吸熱カーブみたいのを考えればよいんですか。

**井野**　そうですね。たとえば、水が蒸発するときは、熱エネルギーを水が奪って物質（水蒸気）の運動エネルギーになる。このとき熱がもっていたエントロピーは物質に移行しています。

——技術の不確実性という話がありましたが、とりかえしのつかないことが起こる可能性があるからやめるべきだというのは、どういう基準で判断すればいいのですか。

**井野**　それは、結局は皆がどう考えるかということでしょう。科学者や技術者は判断材料をオープンに提供する。サイエンスなり技術というものは、良いか悪いかということについて人間の価値判断に依存した相対的なものでしかないということですよね。

**藤田祐幸**　事故が起こる確率は、流星が地球に落ちるだとか、そういう確率とリスクを掛け合わせてリスク評価をするという考え方がある。原発はリスクは大きいけれど確率は小さい、掛け算すればゼロに近い、だから良いだろう、という。この場合、確率をどう評価するかという問題と、取り返しがつくかつかないかという二つの問題があると思うんですね。

**井野**　取り返しがつかないということは被害が無限大ということですよね。で、掛けるゼロっていう、∞×0、こういうことはやってはいけないと中学・高校で習ってるわけですね。だからこういう技術はやめようということでお話ししました。

何が基準かというご質問ですが、原発の例で言うとたとえば地震で壊れるという問題ですが、そのときどれだけ地震のくる確率を正確に出すかとか、事故の大きさをどれだけ正確に出すかということと同時に、何をどう判断するかという考え方の問題が大切だと思うんですね。科学なり技術で確率を正確に出していくということではきっと答えが出なくて、どっちを選択するかという判断になると思うんですね。

地震の問題でも地震学者の石橋克彦さんが浜岡原発をやめろと言っています。だけど心配ないという人がいるわけですね。そのときの違いはどっちの学問レベルが高いかということだけではないですね。まあ、僕は石橋さんのほうが高いと思うんだけれども。それはしばしば、心配ないと言っている人の方がデータを出さないし、議論にも負けていますから。そういうことはあるけれどもそれは学問レベルの高さの問題だけではなくて、考え方の問題じゃないでしょうか。

**丸山真人**　社会的な適応の範囲をどう考えたらいいのかということなんですけれども、飛行機が落ちる場合と、原発の事故が起こる場合あるいは遺伝子組み換えの農作物の種をばらまく場合を考えてみると、飛行機の場合は事故として処理できると思うんですね。だけど原発とか遺伝子組み換えの農作物の場合は人間の事故処理の範囲を越えて広がる問題だと思うんですよね。だからそのあたりに取り返しのつかないという部分の判断基準があるように思うんですよ。

**藤田**　日航ジャンボ機事故の五〇〇人の死者の遺族の会の世話をちょっとしたことがありますけれども、やっぱり一人ひとりの心の中に残るものは事故処理が終わるという風には言えないということがあるんですね。だからちょっとさっきから言い淀んでいるのはそこのところをどういう風に言えばいいのかというのが分からないのです。ただおっしゃったように、事故の性格のちがいということはあります。

――熱学的な知見のない若者はなんでも技術で解決できると思いがちですが、エントロピー的に見たときに先程言われた「できない技術」「無意味な技術」は、海水中のウラン回収の他に例として何がありますか。

**井野**　炭酸ガスをまた集めて燃料にしようなどです。それができると言っているのは炭酸ガスを砂漠に持って行って太陽エネルギーで燃料に再生しまた輸送して来ようということで、そういうシステムを使わないとできない。炭酸ガスの固定技術は水素を使いますが、水素を作るプロセスでは太陽光を使います。そうしないとさっき話したように「逆工場」の連鎖になる。太陽光を使えば能率は悪いし、砂漠に運ぶ輸送エネルギーもいる。プラスチックを分解してまたプラスチックにするのもほとんど実用化しないわけです。一見良さそうにみえて実用化しないものは多いのですが、学術誌やマスコミが取り上げるし、文部省なんかが結構予算をつけますのでそれが怖い。

――四、五年前の新聞で$CO_2$削減のための国際シンポジウムの記事のコピーを持ってるんですけれど、地球環境産業技術研究機構というのがあって、そこで発表された内容が今先生が話された内容で、「国内の火力発電所の排煙から回収した二酸化炭素を水素と反応させ燃料用のメタノールに替える研究を発表した。その結果一〇〇万キロワットの火力発電所の排煙処理に必要な水素を太陽光発電などクリーンエネルギーの電気分解で作ると、三〇〇万キロワットが必要なことが分かった」というわけですけれど、こんな大それた研究をしなくても今のようなエントロピー的な考え方をすれば、火力発電所の熱効率が三分の一だと考えて一〇〇万キロワットに対して三〇〇万キロワットが必要だということはすぐに分かると思うんですよ。立派な研究者がおられるはずのこの研究機構で、トータルにエントロピー的にみるということがないのかなと思います。

**井野**　それを知らないでやっている人と分かってやっている人と両方いる。

**勝木渥**　レベルが低いという意味で〝無知〟なのか、それともそういうことは知っているんだけれどもやれば金が入るからやるという意味で〝無恥〟なのか、いずれにしてもそうとう研究者が〝ムチ〟になっていると思います。

**井野**　大きく言って技術の進歩というときに熱力学が絡む問題と物性が絡む問題とに分けられる。熱力学とはたとえばエンジンの効率を上げるとかで、そういうものはエントロピー論的制約がある。エントロピーが絡むものなら、だめなものはだめと言えるはずなんです。一方で科学や技術の進歩でできないことができてくるということがある。これは物性が絡んでる。この場合は半導体とか超伝導とか予想外のことが生まれることはある。超伝導でいい物質ができてたとえば室温で送電するということになればエネルギーのロスが減るから環境にいいと言えるけれども、地球環境というものは熱力学的な部分で規定されていますから、環境の問題を材料物性の進歩で解決しようというのは無理がある。

――私は民間のエレクトロニクスのエンジニアです。環境の状況というのは熱力学の話でいいけれども、それを制御するための情報技術によって動きを変えられるのではないか。

**井野**　今おっしゃったことは、物が劣化していくなどの環境の状況というのは、熱力学の話ですけれども、それを適切に制御することに情報技術が役立つのではないかということですね。それは、そのとおりだと思います。たとえば、川の水がそのまま流れているのを、そこに水車などをいれてやる。これは情報技術ではないですけれども、ただ流れて劣化する水からエネルギーを取り出しています。また、環境の劣化の様子などを情報技術は把握できる。ご質問は、情報技術をどういうふうに考えていったら良いかということですね。

システムを無駄のない形に作り上げていくということで、今までの情報技術や制御技術は役立ってきたわけで、そういう意味ではエネルギーの有効利用というようなことは、すごく大きかったと思います。たとえば、日本の製鉄業の環境負荷が中国などに比べて少ないということは、技術でサポートされた面があると思います。一方、ネガティブな方をいうと、情報技術ではコンピュータのスピードを重視するためにガリ砒素（ＧａＡｓ）のような毒性のある半導体素子を使っています。その辺は問題があると思います。また、パソコンもずいぶん進歩が早いから、パソコンのリサイクル技術が確立する前にずいぶん廃棄物になってしまった。ペーパーレスでオフィスオートメーションを進めるといっていたけど、紙を非常に出してしまった。この辺はちょっと情報技術の人が予測しなかったことなのではないかと思います。

さて、これからどういう風に使われていくのか、というところが一番の問題だと思います。二十世紀は巨大な生産力を持ってしまったわけです。それが使い方によって非常に巨大な破壊力になるし、現になっているわけです。これが破壊力なんだということを、認識しコントロールしそれを抑えて人間的なものにしていくというシステムを作ることができれば、その時に情報というのは大事なんだと思います。

しかし、現在情報がどういう風に使われているかというと、「破滅的世界システム化の時代」と書いたように、めちゃくちゃな使われ方をしているわけです。そういう情報の使われ方ではない情報の共有を、どうやったらできるのか。システムとしては、情報がどこかに集約されているというよりは、相互発信的、ネットワーク的な情報をうまく作っていく。それが、生き延びるためには大事なんだと思います。

——都市の温暖化、ヒートアイランド現象について技術的な対応は可能でしょうか。

**井野**　どうしてヒートアイランドになるかというと、エネルギーを多く使う、コンクリートになって木や水がなく熱の逃げ場がない、冷房で室内は涼しいがその分外に熱がでる。それは、使う熱量を減らすしかないと思いますね。東京の夜は「熱帯夜」なんていいますが、あれは熱帯に対して相当侮辱してますね。熱帯の方がずっと過ごしやすくさわやかですよね。この間インドネシアに行きましたが、村はとても過ごしやすくてすばらしい。ジャカルタはひどい。沖縄でも那覇は蒸し暑い。島にゆくとさわやかです。人工的なところは駄目です。

——私は人類は来るところまで来てしまったのじゃないかと思う。進み過ぎた科学を上まわる叡智がないと止めることができない。神のような叡智がないと。原始時代に戻れというのでなく、たとえば昭和の初期にすら戻れない。一〇〇分の一のスピードで元に戻る努力をしているけど追っつかない。そんな気がしています。

**勝木**　人間がいけないのか、社会システムがいけないのかの議論を抜きにして人類がだめというのはどうか。消費は美徳だというように欲望が作られてきた。昔なら社会革命が必要だとなるが社会主義が崩壊して以来、それは古い考えのように云われている。しかし、そういう社会変革の夢を持ち直していいんじゃないかと私は思う。

**井野**　社会システムの問題と個人のモラルや欲望ということを、私は一応分けるんだけど、社会を構成しているのは個人ですから、個人の欲望をコントロールするようなしくみが社会の中で作られるかどうかっていうのはすごく大切なことだと思うんですね。ところが今の社会では欲望をコントロールするというようなことじゃなくむしろ欲望をかき立てるような構造ができてしまっている。そういう社会の問題があって、しかも二十世紀のサイエンスというのは、かなり人間に不適合な要素が出てきている。原子力の問題とか、遺伝子操作の問題とか。巨大な生産力ということを言いましたが、巨大な破壊力になるという社会システムの問題がある。

　そういうなかで個人がどう生きるか、科学者や技術者がどう生きるか。科学の役割というのは、一つは、人間の生活に役立つ、人間にプラスになる、そういうことをやっていくことだと思うんですね。それ以外のことをやるのは、抑制すべきです。しかし、もう一つは、好奇心でやるんだとか、名誉を得るとか、カネを得るとか、そういうことじゃなくて、本当に研究なり科学をやることが人間が生きていく生きがいになるという価値があると思う。たとえば、昔ターレスが星を見ながら歩いてドブに落っこったという話があるんだけど、なぜターレスが星を見たかというと、星を見ることでやはりターレスの世界が広がったと思うんですね。ドブという世俗的事象を超越するという、そういう存在になるということ。自分の存在を相対化して、いろんなことを考えるのに、科学的認識がすごく役立っていると思います。宇宙ってのはこういうもんだと知ることで、世俗的価値観から飛躍できる。そういう役割を科学はしているとぼくは思う。そういう意味で真・善・美、真理の真と、善と美とがそれぞれ人間の精神を豊かにするものなんでしょうね。その一つとして科学があると思うんです。

そのことと、実学というか、経済学もそうでしょうけど、人間の生活を豊かにするという、そういう二つのことに寄与するのが科学者のあり方であって、それ以外の欲望を開発するとか、そういうことを中心に考える社会システムというのは、やはりおかしいわけで、それを変えていく力や考え方をぼくらが作り出していかなくちゃいけない。科学とか技術というものはこういうもんでなきゃいけないってことを言っていくことがすごく大事なんじゃないかと思ってます。

価値観が入るって話をしたんですけれど、行動するときに自分の利害にとらわれて行動する、それで判断基準を曲げるとか、そういうことがものすごい被害を及ぼしていると思うんですね。たとえばエイズの例を挙げると、あのときに、厚生省の郡司だとか松村という責任ある人たちが、自分の周りにいる製薬会社の利益とか、省庁の利害を念頭に置いてしまったわけです。あの事件も非加熱製剤は一〇〇%危険だという風にまでは当時はいかなかったと思うんですよ。しかしかなり危ないと思ったときに、だったらどうすべきだという判断を誤ったというのは、やはり自分のそういう立場性にとらわれたというかな。利権団体とくっついた学問のあり方というのは非常に危ない。やっぱり民というか、産・官ではなく、民衆と結びついた学を作っていかなければいけないんじゃないか。

# 6　環境とエネルギー──原子力の時代は終わった

藤田祐幸（物理学）

## 1　原子力問題とは

### ウラン問題

今日はエネルギー問題、とりわけ私は原子力問題に長い間関わっていますので、その辺の話を中心にしていこうと思います。

原子力発電をエントロピー的に見ますと、投入される資源はウラニウム（ウラン）です。ウラン鉱石の中のウラン含有量は一％以下で、採掘現場では掘り出したウラン鉱石の大部分は屑石として捨てられます。屑石にもウランが含まれていますので、鉱山の周辺には環境問題が発生します。鉱石を精錬した天然ウランの中の〇・七％だけが核分裂性ウランですので、核燃料にするためには、濃縮をしなければなりません。ここ（濃縮工場）からも大量の廃棄物が出ます。これが劣化ウランです。

原子炉＊の中でウランの核分裂反応が進行するとき、大量の冷却水が必要になります。日本では海水が使われます。七度程度加熱された大量の温排水が原発から排出され、海洋環境に影響を与えます。

原子炉で核分裂した結果、核分裂生成物（放射能）が発生します。毒性がきわめて強い放射性物質＊＊は厳重に環境から隔離しなければなりません。原子力の最大のエントロピー問題はこの放射能問題です。

### 熱機関としての原子力

熱機関としてこれを見ると、産業革命以来の古典的な外燃式蒸気機関であります。原子炉で蒸気を作りこれでタービンを回すこの方法は、かつての蒸気機関車と同じ原理です。そのため熱機関としての効率は三三％前後で、投入される熱エネルギーの三分の一だけが電力となり、残りの三分の二の廃熱は温排水として環境に廃棄されています。

日本の全体としてのエネルギー収支（**図1**）を見ますと、投入される一次エネルギーの約四〇％が発電のために消費され、その九割までが、原子力を含めて蒸気タービンを使う発電方法です。残りの一割は水力です。火力発電の中には、ガスタービンを使った内燃式発電システムが登場してきましたが大勢は古典的な蒸気機関です。

電力生産全体の熱効率は最近になって向上してきましたが、それでも三六％程度です。発電のために投入されたエネルギーの三分の二弱が廃熱として環境に捨てられています。

この廃熱は日本が消費する一次エネルギーの二六％に達し、このエネルギー量はタンカーを連ねて日本に運ばれる石油の総量の半分にまで達します。大量のエネルギーが無駄に捨てられ、環境に負荷を与えています。

電力が足りるか足りないかの議論をする前に、電力をどう使うのか、どう使ってはいけないのかの議論が必要です。電力を照明や通信や動力などに使うことは、本質的に妥当な使い方であると言えますが、これを熱に転換して使うこ

---

＊**原子炉**　人類初の原子炉は、アメリカの原爆開発計画（マンハッタン計画）で、ウランをプルトニウムに転換するために開発された。戦後原子力の平和利用のかけ声のもと、原子炉から発生する熱を利用して電力を生産する商業利用が行われるようになった。日本では、高温高圧（約七〇気圧、二八八度）の原子炉の中で水を沸騰させて蒸気タービンを回す沸騰水型原子炉（ＢＷＲ）と、原子炉内を高圧（約一五〇気圧）にして高温水（約三二五度）を取り出し、これを熱源にして蒸気を取り出す加圧水型（ＰＷＲ）とがある。

＊＊**放射性物質**（放射線と放射能）　ウランの原子核に中性子が衝突すると二つの原子核に分裂する。このようにして作られた新たな原子核は不安定であるため、放射線（α線、β線、γ線等）を放出しながら安定な物質に変わっていく。放射線を放出する（物理的）能力を放射能と呼び、そのような能力を持つ物質（放射線を出す物質）を放射性物質と呼ぶ。

図1　我が国のエネルギーフローチャート（1998年、データは総合エネルギー統計より）（一次エネルギーの総量544,906×$10^{10}$Kcalを100として算出）

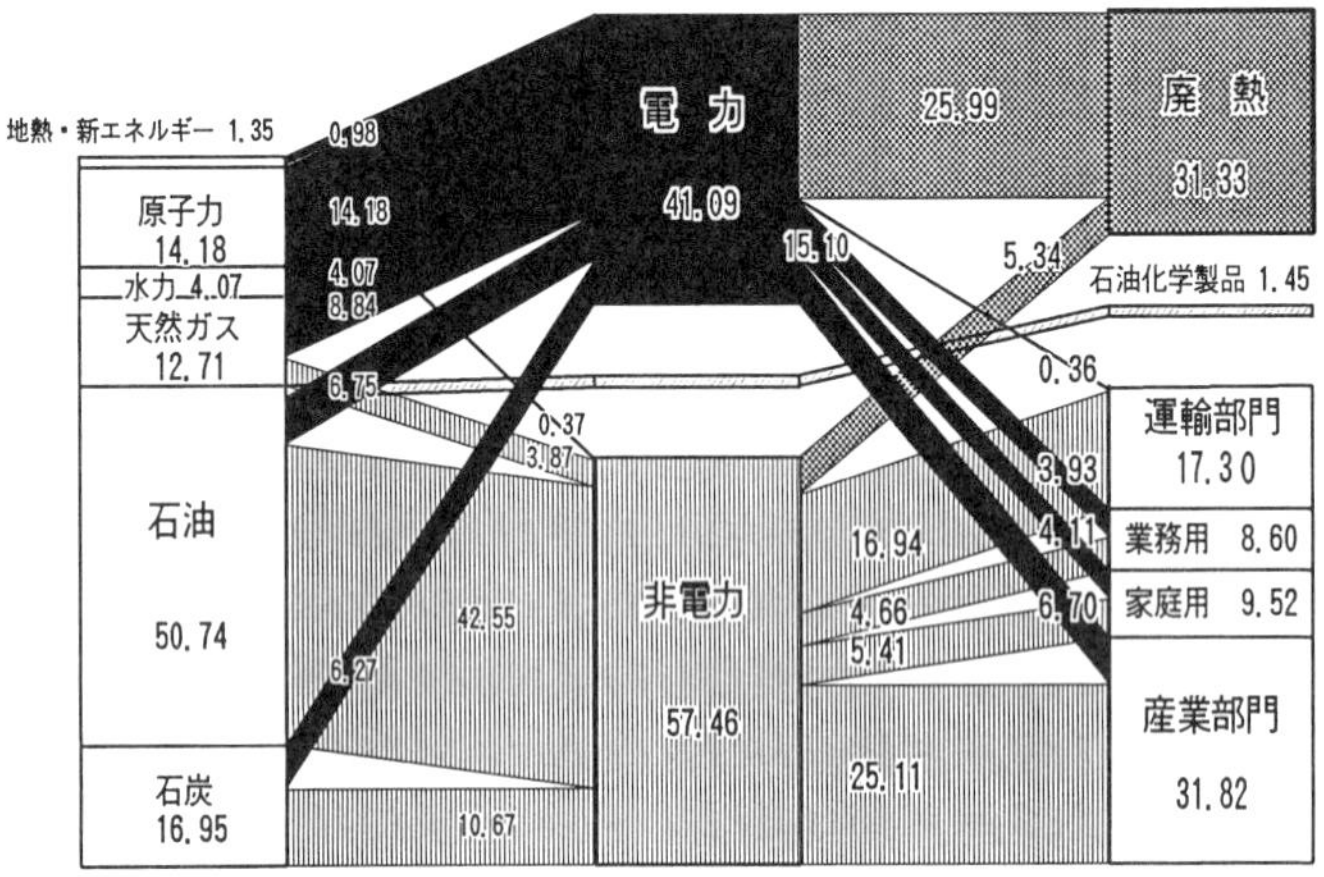


とはきわめて愚かな使い方であります。資源を熱に変えて、その熱の三分の一だけが電力になっているのに、その電力をもう一度熱に戻すことになるからです。

たとえば石油ストーブと電気ストーブがあったとき、電気ストーブのほうがクリーンに見えますが、実は電気ストーブの方が石油ストーブの三倍ものエネルギーを使っていることになります。まず電力の熱利用をなんらかの形で抑制すべきでしょう。ところが、家庭に氾濫する電化製品をみると、電力を熱に転換している製品が大部分です。これではいくら電気を作っても足りなくなります。

## 2　プルトニウム問題

### プルトニウムこそ原子力の本質

世界全体で見ると原子力はすでに斜陽産業です。新規の原発建設計画は、原子力先進国ではすでにゼロです。その理由は、もちろんチェルノブイリ事故の深刻な影響が十年以上経過しても収まる気配すらないということもあります。

しかし、もっと本質的な問題がそこにあります。

それはプルトニウム*問題です。天然のウランの中には、核分裂性のウラン235は〇・七％しか含まれていません。もし原子力がこの微量なウランのみを原料とするなら、たちまちにして資源枯渇に突き当たり、将来性のあるエネルギーとみなすことはできません。

しかし一九六〇年代に原子力は未来のエネルギーとして脚光を浴びていました。もともと原子炉は核兵器開発プロジェクト（マンハッタン計画）の中で、ウランをプルトニウムに転換するため開発されました。燃えるウラン235を核分裂させて、飛び出す中性子を燃えないウラン238に照射すると、核分裂性のプルトニウムに転換されるのです。

このプルトニウムをウラン原子炉の使用済み燃料から抽出して（再処理という）、これを燃料とする原子炉（高速増殖炉）で燃せば、ウラン資源を使い切ることができるはずです。仮にウラン資源が四〇年で枯渇しても、プルトニウムを使い切ればその百倍の四千年分のエネルギーが保証されるというわけです。利用効率が五〇％であるとしても二千年です。一九六〇年代に夢のエネルギーと呼ばれていたのはそのためです。

ですから、もしこのプルトニウムが使えないということになれば、原子力にはなんの意味もないということになるのです。世界が原子力から急速に撤退していったその背景には、プルトニウム利用の可能性が消失していった経過があるのです。

## 世界がプルトニウムから撤退した三つの理由

その世界全体がプルトニウムから撤退していった理由は、技術的困難性、経済的困難性、社会的困難性の三つの困難

**＊プルトニウム**　ウランを原料にして原子炉の中で作られる人工的元素。天然ウランの中の核分裂性ウラン（ウラン235）は〇・七％で、残りの九九・三％は核分裂しにくいウラン238である。原子炉の中で、ウラン235が核分裂したとき放出された中性子がウラン238の原子核に衝突するとプルトニウムに転換される。このプルトニウムは核分裂性であるため、これをエネルギーに転換する事ができればウラン資源を有効に利用することができる。原子炉の使用済み燃料を化学処理してプルトニウムを抽出することを核燃料再処理と呼ぶ。このプルトニウムとウラン238との混合燃料（ＭＯＸ）を装荷する原子炉を高速増殖炉と呼ぶ。この一連の過程を核燃料サイクルと呼ぶ。日本を除き、国際社会は一九九〇年代までに、技術的、経済的問題から、プルトニウム利用計画から撤退した。

に突き当たったからです。

●技術的困難性　プルトニウム原発（高速増殖炉）の最大の問題は、大量の液体ナトリウムを使わざるをえないという点にあります。このナトリウムは、水に触れると爆発し、高温状態で空気に触れると激しく燃焼します。しかし、この地球の表面には水と空気が大量に存在します。この水と空気と相性の悪い物質を大量に使うためにはこれを完全に密封しなければなりません。この密封が破れれば、大爆発や火災によって、放射能が環境に漏れ出す危険性がありまず。世界各国のプルトニウム原発（高速増殖炉）はしばしば激しいナトリウム火災事故を起こし、技術的にこれを克服する事がきわめて困難であることが明らかになったのです。

●経済的困難性　このような技術的困難を克服するためには、巨額の投資を必要とします。プルトニウムを燃料として使うためには、ウラン原子炉の使用済み燃料からプルトニウムを分離する再処理工場を建設し、そのプルトニウムを燃料とする原子炉（高速増殖炉）を開発しなければなりません。この開発費や建設費は技術的困難のため巨額なものとなり、到底他の電力と経済的に競合できないことが明らかになりました。

●社会的困難性　七〇年代の終わり頃アメリカのカーター政権はプルトニウムの商業利用から撤退します。その理由は民主主義の危機でした。プルトニウムは核兵器の材料であって、これをテロリストの手から守るために、核防護のシステムが必要になります。核防護はきわめて厳しい制約を市民社会に課することになります。

一つは情報の問題で、プルトニウムにかかわるすべての情報は秘密にし、核にかかわるすべての情報を外部から完全遮断する必要があります。そのために、きわめて限られた人だけが情報に接近でき、政策決定に関与する社会を生み出すことが懸念されました。情報の開示が民主主義を保証するのであれば、プルトニウムを導入する事でそれは崩壊してしまうことが議論されたのです。

もうひとつの問題は、核防護のためには国民全体を標的にした監視システムが必要になることでした。国民全体をコンピュータに登録し（総背番号システム）、個人情報を国家が管理する徹底した国民監視システムが必要になります。またゲリラ組織と関係があるか知るためには、電話や手紙など通信の傍受システムが必要になります。空港や自動車道路やホテルや駅など、あらゆる場所にテレビカメラを設置し、国家による国民の監視システムも必要になります。

プルトニウムを導入することで必要となるこのような社会は、アメリカの建国の理念である自由、平等、民主主義と真っ向から対立することになるので、プルトニウムから撤退を余儀なくされたのでした。

## 3　エネルギー問題としての原子力

### 原子力をめぐる四つの迷信

しかし日本は、世界で尋常ならざる決意をもって、国策で原子力を遂行していこうとしています。政府による原子力を推進する理由は、これまで十年単位でくるくる変わってきました。根拠もなく多くの人が信じていることを迷信と言います。原子力には四つの迷信があります。

第一の迷信（一九六〇年代）
　原子力は経済的に有利である
第二の迷信（一九七〇年代）
　原子力は石油の代替エネルギーである
第三の迷信（一九八〇年代）
　日本の電力の三分の一は原子力である
第四の迷信（一九九〇年代）
　炭酸ガスを出さない原子力は地球を救う

●（第一の迷信）**原子力は経済的に有利であるという迷信**　原子力の時代がこれから始まると言われていた一九六〇年代には、原子力が実用化されれば、電気料金は限りなく安くなると言われていました。ところが、この国は原子力に執着する事で、今では世界で一番高い電気料金を払う国になってしまいました。しかも、廃棄物の処理費用は、今のところその単価に含まれていませんので、世代を越えて支払われる負担の全貌はまだ誰にも見えてはいないのです。

●（第二の迷信）**原子力は石油の代替エネルギーであるという迷信**　石油の代替エネルギーであるという議論は七〇年代の石油危機の時代に言われていました。オイルショックを体験して、石油枯渇説が繰り返し語られました。その語られ方の異常性は昨今の炭酸ガス温暖化説とよく似ています。

石油の代替エネルギーであることを満たす条件は、一滴の石油も使わずにウランから電力を取り出すことにあります。しかし、ウランを採掘し精錬し加工し輸送するすべての段階で、また、鉄やコンクリートを生産して発電所を建設する過程で、石油が大量に必要となります。ですから、石油が枯渇してしまえば、ウランを精錬したり加工したりすることも、また、原子力発電所を建設したり燃料を輸送したりすることができませんので、原子力は石油の代替エネルギーにはなりえません。

問題は、石油を直接電力に変えるのと、石油を使ってウランを電力に変えるのと、どちらが石油の節約になるかという議論です。これはどちらが炭酸ガスをたくさん出すのかという議論ともつながっています。この議論は推進派と反対派の学者のあいだで意見の一致がえられていないという意味において、決着がついていません。

これを計算するためには、産業連関表を使います。問題は、どこまでを原子力のためのエネルギー消費としてカウントするかということになります。非常に複雑な計算ですので、計算する人のさじ加減で答が変わりますし、計算はコンピュータープログラムに依存していて、他人に検証する事が困難な点も問題です。

また、ウランはオーストラリアやナミビアで採掘され、アメリカで加工され、日本に運ばれます。多国籍間での産業連関表は存在しませんし、アメリカでは軍事産業の中を通ってきます。厳密な計算が難しいのはこのあたりにも原因があります。

また、放射性廃棄物*の長期に渡る管理に必要な石油の量は、その方法が確定していないので計算に含まれておりません。数万年にわたるであろう廃棄物管理のために必要なエネルギーがどれだけになるのか、石油が枯渇したあとの管理のために、どのようなエネルギー資源を使うことになるのか、だれも知りません。

**●（第三の迷信）日本の電力の三分の一は原子力であるという迷信**　八〇年代に入って、原子力が一定のシェアを占めるようになりますと、石油の代替であったはずの原子力が、「原子力をやめるなら原子力の代替はどうするんだ」という議論にすりかわってきます。これが電力の三分の一論の本質です。

電力の三分の一が、という場合に使われる数字は、年間総発電（消費）量を意味します。一九九八年の総発電量は一兆四六三億キロワットで、原子力はそのうち三三二三億キロワットを供給していたので、その割合は三一・七％に達しています。三分の一です。

ところが、電力は生産と消費が同時に行われねばならないという特性があるため、どれだけの発電設備が必要であるかという議論をする時には、年間総消費量ではなく、年間最大電力で検討しなければなりません。日本全体で見ると、年間最大電力は真夏の日中に記録されます。一九九九年の夏には、一億六、四〇〇万キロワットの最大電力を記録しましたが、このとき日本の火力発電と水力発電の発電能力の総和は一億五、三〇〇万キロワットでありました。もしすべての原発を止めても、この最大電力の瞬間に不足するのは一、〇〇〇万キロワット程度にすぎず、不足分は全体の七％程度です。もちろんそれ以外の日の最大電力はこれより低いのですから議論する必要はありません。

三分の一と七％ではずいぶん違う話になります。それはそれぞれの施設の稼働率の問題になります。（図2）は九七年の日本の発電設備の設備容量（発電能力）と、それに稼働率をかけた実質的な発電量を整理したものです。火力は原子力の三倍近い発電能力を持ちながら四割前後しか稼働しておりませんが、原子力は八割以上の稼働率で、定期検査を考慮すれば理論的限界までのフル稼働で電力を生産しています。電力の三割が原子力というのは、能力の問題ではなく、運用の問題であることがわかります。

●（第四の迷信）**炭酸ガスを出さない原子力は地球を救うという迷信**　九〇年代に入ると地球環境問題が世界規模で議論されるようになります。七〇年代の石油枯渇説にそうであったように、この流れにも原子力産業は介入します。大きな財力と

＊**放射性廃棄物**　一つのウラン原子核が核分裂すると、二つの放射能をもつ原子核（放射性物質）が作られる。その量は標準的原子炉で一年間におよそ一トンとなり、広島の原爆が放出した放射性物質（約一キロ）の千倍に達する。この放射性物質を含み、あるいはこれに汚染された、すべての物質は放射性廃棄物となる。プルトニウム路線から撤退した欧米では使用済み燃料はそのまま高レベル放射性廃棄物として扱うことになったが、日本では、プルトニウムを抽出したあとに残される廃棄物を高レベル放射性廃棄物として、ガラスに封じて（ガラス固化体）地中に埋設処理を行うことになっている。放射能毒性は数万年保たれるため、地層や材質の安定性に疑問がある。

図2 設備容量と稼動率（1997年度）

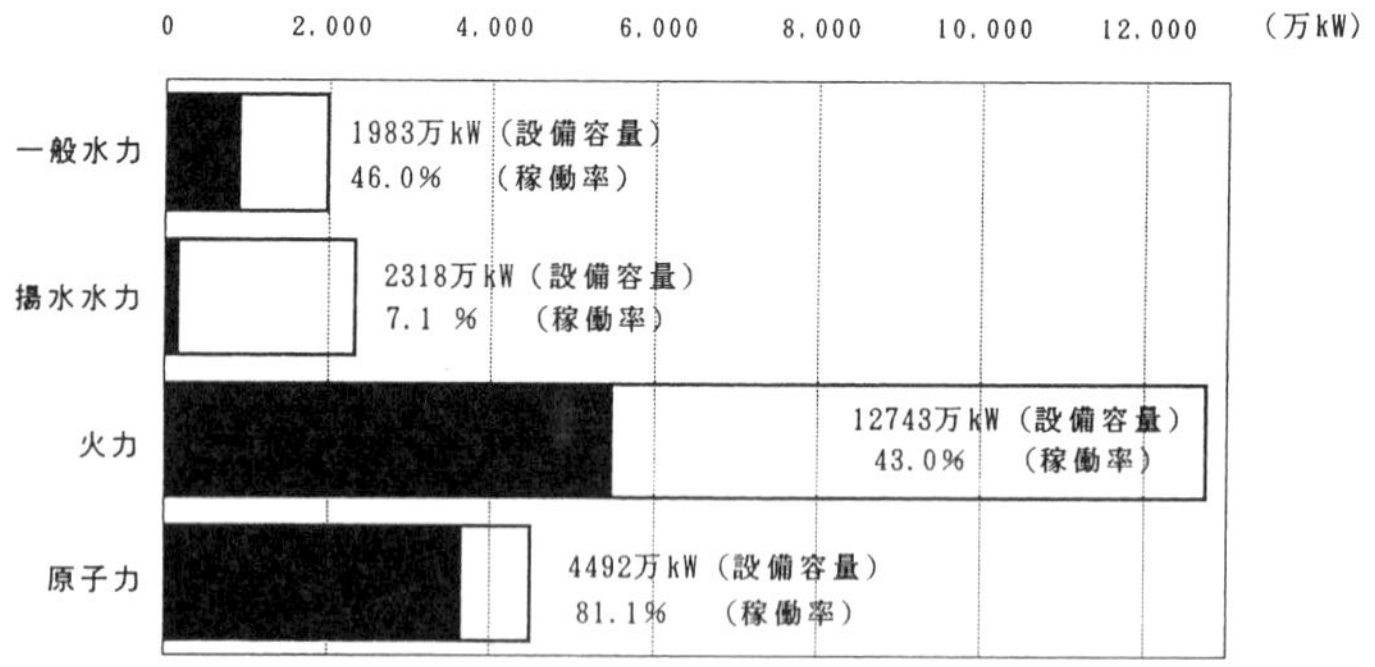


政治力をもった原子力産業は政治的に介入し、環境問題は炭酸ガス問題に集約され、炭酸ガスを出さない原子力は地球を救うという大キャンペーンを展開しはじめるのです。この論理展開は「詐欺師の方程式」として整理することができます。

〈詐欺師の方程式〉

石油＋酸素＝電力＋炭酸ガス

ウラン＋中性子＝電力＋放射能

石油とウランとを電力化するということは、このような方程式に従うことを意味します。ところが推進派の諸先生方は、まず諸悪の根源が炭酸ガスにあることを熱っぽく語り、原子力の放射能の問題を隠して炭酸ガスが出ないことを強調するのです。この手口は詐欺師の手口です。

## 4　放射能問題としての原子力

### 三つの放射能問題

問題は詐欺師が隠そうとした放射能にあります。放射能を論じないのであれば原子力を論ずる意味がありません。原子力問題の本質は放射能問題であり、これは典型的なエントロピー問題です。放射能問題は三つに分けて考えることができます。

〈三つの放射能問題〉

第一の放射能問題　巨大事故の問題
第二の放射能問題　原発被曝労働の問題
第三の放射能問題　放射性廃棄物の問題

**第一の問題**　巨大事故が起こった場合には、取返しがつかなくなるという問題はすでに仮説ではなく、チェルノブイリで実証されています。特に日本は地震国です。現在最も深刻なのは東海地震の震源域に建設されている浜岡原発です。近い将来襲ってくるマグニチュード八クラスの地震が原発を直撃した場合、四基の原発のすべてが助かることを期待することは無理であるように思います。その場合、半径三〇〇キロの範囲は、その時の風向きによりますが居住不能となり、それは東北地方南部から関東甲信越、中部地方から近畿全域、さらに中国地方東部を含むことになります。神戸の被害を大規模にしたような破壊が起こり、その範囲を大きく超える深刻な放射能汚染が拡がった場合を想定してみれば、その深刻さがどれほどのものであるか理解できると思います。これがいわゆる安全性の問題です。

**第二の問題**　被曝労働者の問題です。事故が起こらなくとも、原発を維持していくためには大量の労働者が放射線環境下で作業を行わねばなりません。毎年数万人の下請け孫請けの労働者が被曝労働に従事しており、その中でも最も深刻な被曝労働は寄せ場労働者・野宿労働者・農漁村からの出稼ぎ労働者などの下層労働者に集中しております。彼等の被曝量は近年の原発の老朽化に伴って増加する傾向にあり、特に沸騰水型原子炉の炉心にあるシュラウド交換作業で最も深刻な事態になっております。

これらの下層の日雇い労働者の犠牲が必然的に必要な産業は他には見当たらず、強いて探すなら戦争に似ており、人間として許すことのできることではないと私は思います。

**第三の問題**　放射性廃棄物の問題です。原発から出て来る放射性廃棄物の問題は、量の問題と時間の問題です。量の問題は第一の問題で触れましたので、ここでは時間の問題を考え

図３　核の時間と人の時間

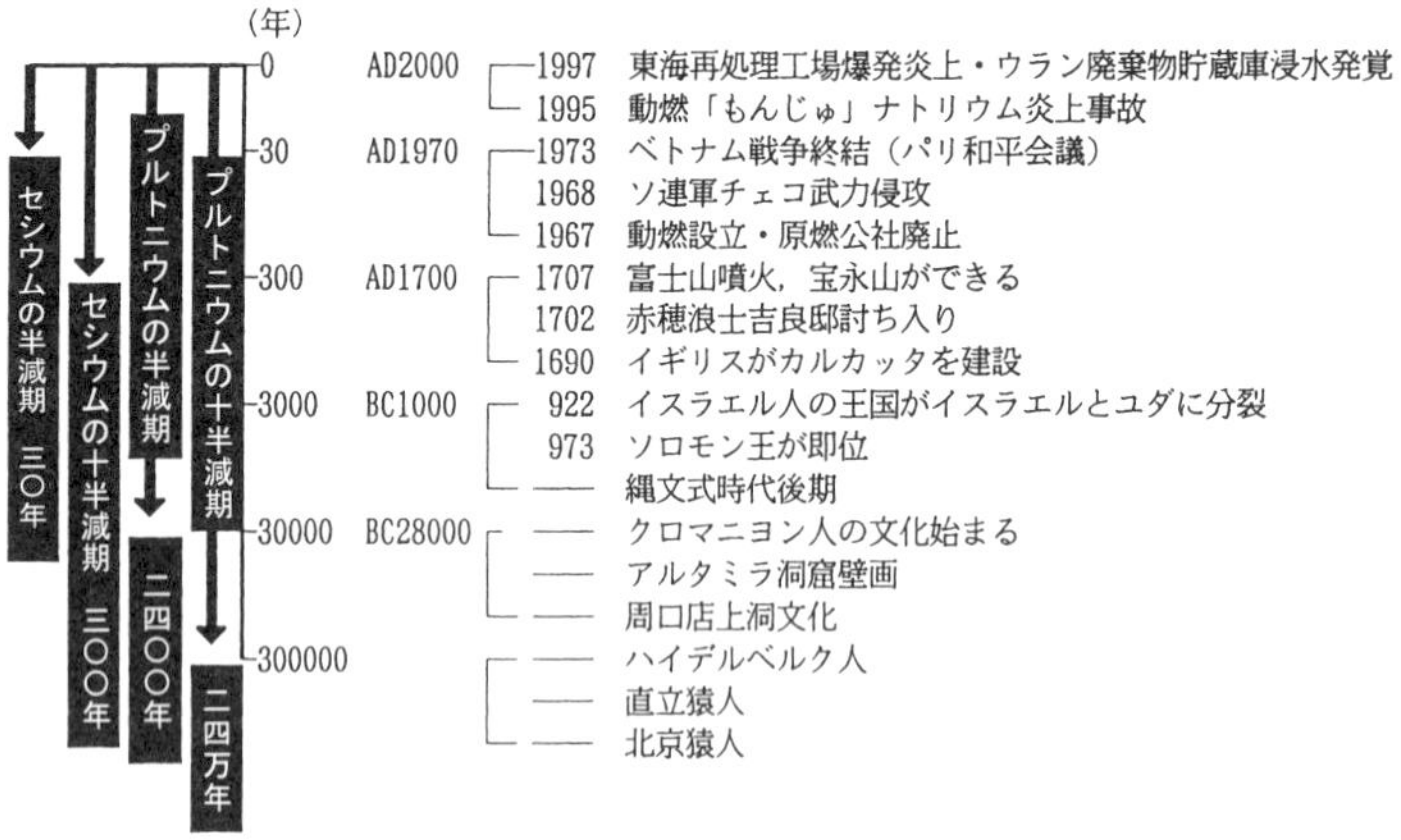


てみます。放射能はそれぞれの核種によって定められた時間で減衰していきます。その目安として半減期があります。たとえばセシウムやストロンチウムは三〇年が半減期です。三〇年で半分になり、その十倍の三〇〇年で千分の一まで減衰します。これを一応の放射能の寿命の目安と考えていいでしょう（もちろん環境の一万倍もの放射能が出た場合千分の一でもまだ大量に残っているということになりますが）。

放射能の減衰という現象は純粋な物理現象です。物理現象を支配する時間のスケールは、一般的に対数目盛りで記述すると分かりやすくなります。セシウムの場合、半減期は三十年ですから、次の目盛りは三百年、三千年、三万年、三十万年というように目盛りをふります。このような核の時間を人間の時間感覚と比較してみたのが（**図3**）です。

プルトニウムの半減期は二万四千年で、その十倍の時間は二十四万年になります。原子炉の中にはもっと寿命の長い放射性核種も含まれています。ところが人間の時間でいえば、三十年前は動燃が設立された頃ですが、三百年前は赤穂浪士の吉良邸討ち入りの頃です。三千年前は旧約聖書の時代ですし、三万年前はクロマニヨン人の時代です。三〇万年前という時間は猿人の登場した頃にあたります。

これは技術の問題として深刻です。高レベル放射性廃棄物をガラス固化体に封じて数百ないし千メートルの地底に埋めるという案が議論されていますが、そのような素材の耐用年数に対する技術的保障とはいかになされることになるのか、と言う問題です。安全を保障した人間の寿命はせいぜいあと二、三十年、これを保障した組織の寿命だって数十年もつかどうかという社会において、百年後、千年後に大規模な環境災害を起こったとして、どのように我々の世代は責任をとることができるのか。こんな問題はこれまで人類が直面したことのない問題です。

## 5 原発二十基増設の怪

### 最大電力とベースロード

原発をあと二十基増設するという話が、炭酸ガスを減らすための方策として語られています。これは原子力発電の特性を無視した議論です。電力の消費量は一日のうちでも大きく変動します。午前四時頃深夜最少電力を記録し、午後二時から三時頃最大電力に達します。夏の暑い日には最大電力は最少電力の二倍にも達します。

しかし、原発の出力は需要に応じて変化させることができません。ですから、原子力は深夜の最少電力以下の電力、これをベースロード（base load）と言いますが、これを越える電力を生産する事ができないのです。ですから、原発は、ベースロードでフル稼働させておいて、昼間の変動部分を火力と水力で調整するという運用をしております。その結果、すでにお話したように、原子力は電力の三分の一を発電しているということになります。

どれだけの発電所を建設すればいいのかを決めるのは年間最大電力であることはすでにお話しましたが、どれだけの原発を建設する事ができるかを決めるのは深夜最少電力です。年間を通じてのベースロードを超える設備を作ってもこれを運転することができないからです。

ここ十数年間、原発の設備容量（総発電能力）は常にこのベースロードにきわめて接近しております。一九九六年の各月の最大・最少電力の推移と原発の設備容量を示したのが（図4）です。原発の発電容量はベースロードの限界に達していることが分かります。ですから、もし二〇一〇年までに二十基まで原発を増やすのであれば、ベースロードを増やさなければなりません。これまでも、表向きには夏期の最大電力を下げる（ピークカット）ことになっていたのですが、現実には深夜電力消費を増やす（ボトムアップ）に精力を注いできました。ボトムアップ大作戦とでも言えばいいのでしょうか。

図4　年間最大・最小電力と原発設備容量の推移

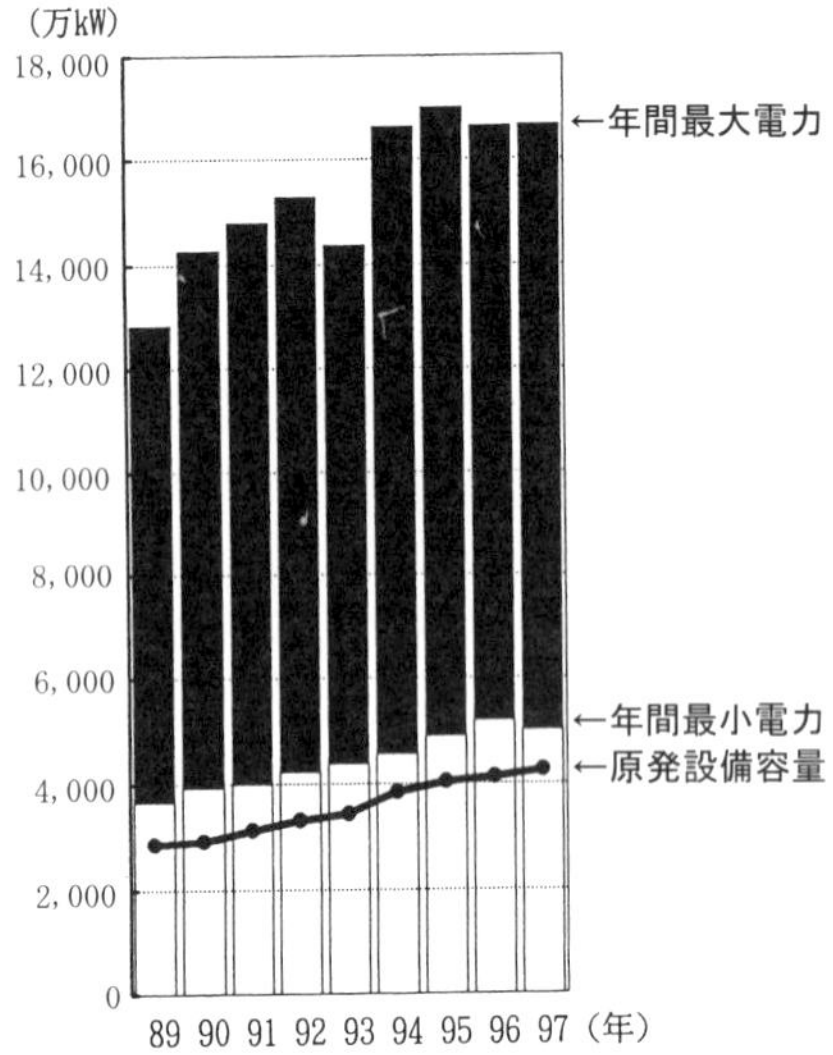


## ボトムアップ大作戦

まず第一に深夜電力の電気料金を大幅に引き下げました。日中の八割引というような値段で電力を販売するのです。しかし、いかに安くても需要がなければ消費は増えません。そこで無理矢理需要を増やすために考え出されたのが、深夜電力を利用した電気温水器、電気自動車、エコアイスと呼ばれる冷房システム等の普及活動です。いずれも、きわめてエネルギー効率の悪いシステムですが、経済効率から言えばお得というわけです。

ボトムアップ大作戦の第二は、巨大な揚水水力発電所の建設です。揚水発電は通常の水力発電と異なり、上流側のダムだけではなく、発電所の下側にもダムを作って水を溜めておき、深夜の余剰電力で下のダムの水を上のダムに汲み上げ、電力の不足する昼間に再び水を落として発電する特殊な水力発電施設です。ところがこの発電所の稼働率は七%程度で、ほとんど電力生産には寄与していないのです。

日本で本格的に原発が動きだした一九七〇年以降の原発の設備容量と揚水水力発電所の設備容量を示したのが（図

5）で、このグラフで黒く塗りつぶした部分は、設備容量に稼働率を乗じたもので、実質的な発電量を示しています。

揚水水力の設備容量は見事に原発の増加に対応しているのですが、電力を生産するために建設されているとは思えません。原発がフル稼働を続けている背後に、全く発電に寄与することのない施設が大規模に建設されねばならない構造に問題が潜んでいるのです。

原発を増設するためには深夜電力の需要を増加させねばならないが、それが思うように増えないのであれば、積極的に深夜電力を消費する施設を建設してでも、原発を増設しなければならない。そのために、揚水水力という電力生産に寄与しない施設が、巨大な電力消費施設として建設されているというのが現状です。**図4**にみる揚水水力の空白の領域こそが、この施設の眼目であるということになります。これだけの大規模な「電気の捨て場」を用意しておけば、どんなに原発を増設しても大丈夫なのです。現在の揚水水力の設備容量は二千万キロワットを超えていて、原発二十基分の電力を捨てることができる構造が、原発の高い稼働率の秘密であり、原発増設を担保している巨大な仕掛けであるということになるのです。

**図5　原子力と揚水水力の設備容量と発電量の推移**

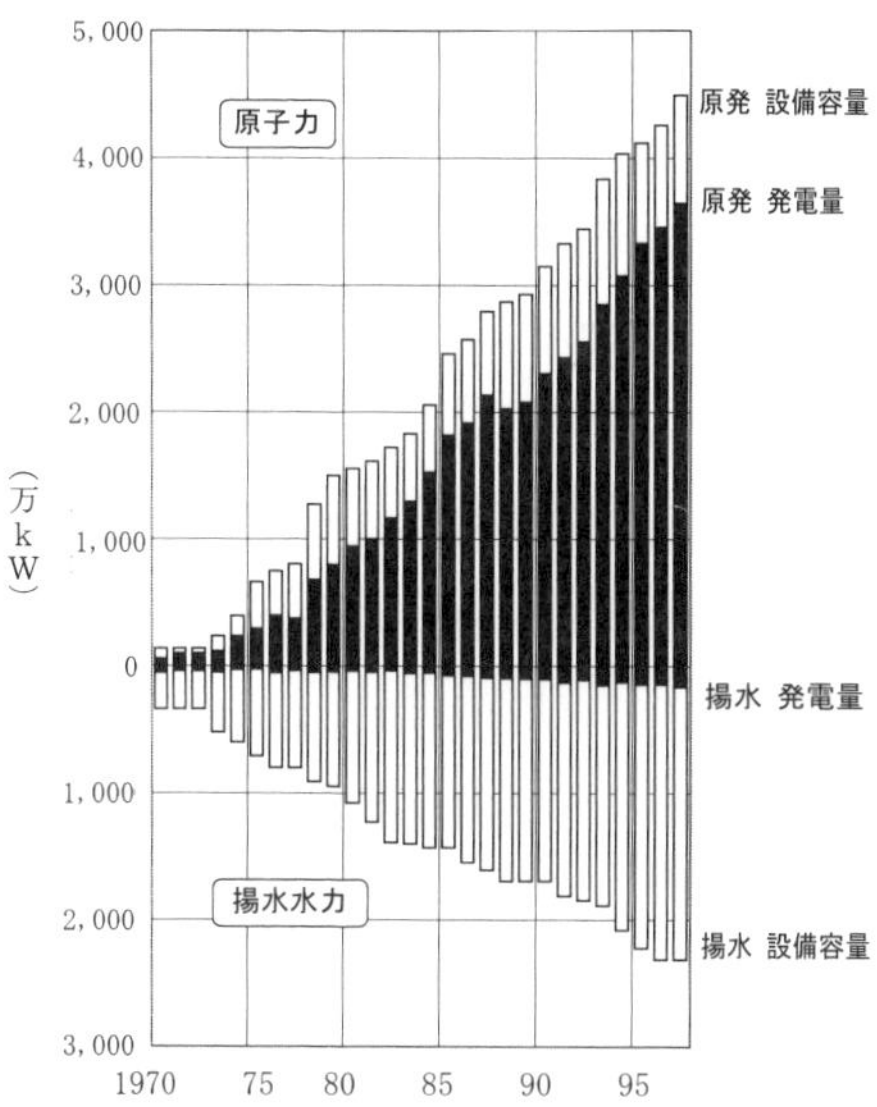


## 6　脱原発への道

### エネルギー効率の向上を

石油文明は枯渇性資源を膨大に浪費する事で成立してきました。原発の転換効率は三三％程度で、三分の二の熱は温排水として環境に廃棄しています。このような熱機関によって作られた電力を熱に戻して使うことについてはすでに述べた通りです。

消費側の問題もありますが、生産側でもエネルギー効率の高い方法はいくらでもあります。まず、コージェネレーションシステムを考えましょう。熱を利用する発電方法であれば、その廃熱を熱として利用することで最終的なエネルギー効率を飛躍的に高める方法です。その熱で、冷暖房や給湯をまかなうことになりますので、全体のエネルギー効率は七〇％から八〇％にまで達します。消費するエネルギー資源量を半分にまで減らすことができます。このシステムは小規模な地域自給システムに向いています。

発電効率の高いものとしてコンバインドサイクルガスタービン発電があります。横浜の港の一角に東京電力横浜火力発電所があります。ここには天然ガスを燃料とする発電機が八基設置されています。一基で三五万キロワットの発電能力があり、全部で二百八〇万キロワットの発電所です。この発電機はジェットエンジンと同じ構造で、まず天然ガス（ＬＮＧ）を一、五〇〇度程の高温で燃焼させてタービンに吹きつけます。タービンの廃熱はまだ十分に温度が高いので、その高温ガスで蒸気を作りさらに蒸気タービンを回します。蒸気タービンは三段階あって熱を使い切ります。この発電所の特徴の第一は熱効率が高い（五〇％程度）こと、第二に電力需要に応じて出力を変化させることができること、第三にこの出力で横浜市（約一三〇万世帯）の電力をほぼ自給できること、第四に夜間余剰電力を作る必要がないので揚水発電所もいらないこと、第五に廃棄物の環境負荷を少なくできる（炭酸ガス発生量は石油より少ない・$NO_x$は技術的に抑制可能）、第六に建設単価は原発の半分以下であること、そして、放射能を生産しないので消費地である都市部に建設する合意が得られやすいこと、などの利点があります。世界の傾向は豊かな資源である天然ガスによる高効率発電が主流になりつつあります。

このガスタービンを小型化したマイクロガスタービンは、廃熱の利用もふくめて数十ないし十数世帯の分散型小規模な電力供給システムとして注目を集めています。さらに、水の電気分解の逆反応を利用した燃料電池は自動車に積載することもできる次世代の発電器として開発が進んでいます。このような小規模の発電が将来の主流になったとき、電力会社の必要ない社会、電線のない町の風景が当たり前になるでしょう。

### 豊かな自然エネルギー

二十一世紀の主流が天然ガスであっても、これはしょせん枯渇性資源であります。太陽系第三惑星である地球は、最終的にはやはり太陽によって供給されるエネルギーの範囲で持続的な暮らしをたてていくべきでしょう。太陽光、太陽熱、風力、バイオマス、小水力、木質ガスなどの自然エネルギーは、すべて太陽の光と熱による更新性資源です。私たち地球に暮らす生きものは太陽から与えられるエネルギーを超えることはできません。経済活動の許される範囲にはおのずから限界があります。

ひとつだけ例をお話しします。群馬県の県庁所在地である前橋市の市街地を高瀬川という川が滔々と流れています。これは江戸時代に開削された農業用水で、上流の堰で利根川から取水しています。

取水堰から県庁のある中心部までの間に約四〇メートルの標高差があります。この落差を利用して全部で六つの小さな発電所があります。ダムを作らなくとも数メートルの落差を作ることで発電ができるのです。この小さな発電所で作られる電力は前橋市の家庭用電力の四〇％程度になります。

この国は稲作地帯ですから全国に農業用水があり、滔々たる流れを作りだしています。この水の力は、そうした農村地帯の村々の電力を自給するに十分であると思います。

自然エネルギーは原子力とは違って小規模であり分散的であります。枯渇性資源と違って効率を求める必要がありませんので、牧歌的に分散的に地域のエネルギーの自給のために使えばいいのです。

この水系の発電所は一ヶ所を除いて県営です。群馬県はこの電力を東電に売っています。一番下流側に東電の発電所があります。案内してくれた東電職員に「この制御盤は原発のと比べるとあまりにも小さいですね」と言ったところ、彼は「原発のパネルの大部分は安全系なんですよ。ここは危険性がないから安全系が無いんです」。私はたいへん感動しました。原発では安全系が充実しているから安全であると言われていたのですが、ここでは、危険性がなければ安全系はいらないと言うのです。これは安全哲学の根本だと思います。

電力やエネルギーを語るとき、国家的規模や地球的規模で語られる傾向がありますが、私はそれぞれの地域の問題として語る時代に入ったと思います。それぞれの地域の持つ潜在的な自然エネルギーをどのように使っていくのかという視点です。これは電力やエネルギーの話だけではなく、食料や廃棄物や水の問題でも同じだと思います。

図6　日本の一次エネルギー消費量の推移

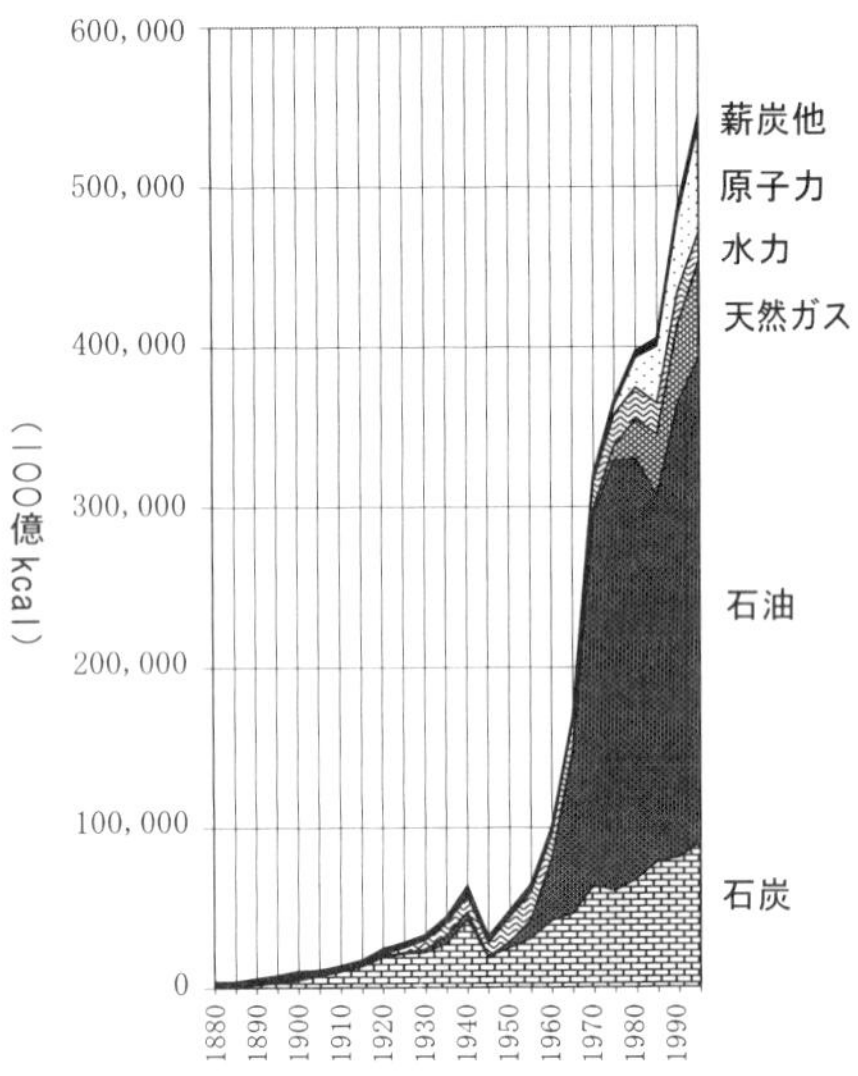


## 足るを知る

原発がなくとも電力はほとんど既設の発電システムで供給可能であること、将来的には天然ガスを使ったガスマイクロタービンや燃料電池によるエネルギー革命が起こるであろうこと、などを述べてきました。これらは現在のエネルギー消費水準を維持あるいはこれまでの成長経済を維持することが前提になっています。

果たしてそれでいいのでしょうか。ここに一枚のグラフがあります（図6）。西暦一八八〇年といいますと明治十二年でしょうか。それから今日までの一二〇年間の日本の一次エネルギーの消費量の推移をまとめたものです。出典は通産省です。

明治から大正にかけての日本のエネルギーの主役はバイオマス、いわゆる薪炭です。町や村の周りにあった雑木林（里山）がエネルギー供給源でした。昭和に入ると石炭が主役に登場します。一九四〇年代のピークは戦争です。この戦争は石炭で行われた戦争でした。

戦後のどん底からの立ち上がりは一九五〇年代に始まり

ます。そして六〇年代に本格的に始まった石油時代に、この国のエネルギー消費量は爆発的に増加を始め、二度のオイルショックをものともせず、現在もまだ暴走過程のただ中にいます。

こういう暴走状況を前提に、原発がなくとも大丈夫だとか、天然ガスは十分あるから大丈夫、という議論をしている場合ではないと、私は思います。これは典型的な自滅の系です。資源制約と環境制約の二つの制約を突破したとき破局がやってきます。どこまで行けば人々は満たされるのでしょうか。無限の欲望の充足はありえないことは明らかです。「進歩・発展・成長・競争」といった戦争経済のスローガンから解き放たれる必要を感じます。

## 質疑応答

**松崎早苗**　「原子力の時代は終わった」と、こういうタイトルなんですが、結構前から、原子力の時代は終わったといわれている。ところが最近、どっこいそうはいかないぞという意見があり、心配しているのですが。

**藤田**　客観的には原子力の時代は完全に終わっていると思います。国際的にはいかにして原発から現実的に離脱するかが議論の中心です。日本でも「もんじゅ」の事故以降、すべての計画に整合性がなくなり、ウラン濃縮工場や再処理工場の存在理由を説明できなくなっています。しかしこの国の原子力推進体制は、官僚と御用学者と原子力産業の鉄のトライアングルで構成されていて、撤退という言葉を知らないのです。末期の帝国海軍のような状態です。

事実上プルトニウム政策は頓挫しているにもかかわらず撤退も転進もできないため、各原発サイトには行き場を失った使用済み燃料が溜まり続け、あと数年で貯蔵限界を超えてしまいます。目下中間貯蔵施設を敷地の外に建設して急場をしのごうとしていますが、そんなものを受け入れる場所があるとは思えません。さらに最終的な放射性廃棄物の処分場計画も先行き不透明です。

原子力産業は、内在する問題に対処できないだけではなく、外部からも圧力がかかっています。戦後特例として独占禁止法除外の恩恵に浴してきた電気事業も、ついに市場開放を求める外圧に抗しきれず、二〇〇〇年三月から、部分的ではあれ、自由市場に開放されます。日本の電気料金は、欧米の二ないし三倍以上もの高価格であるため、解放された日本の電力市場は国際的な注目を集めております。すでに、英蘭ロイヤルダッチシェルや米国のエンロン社などが日本への進出を計画しております。

独占による放漫経営に毒され、経済性を無視して国策としての原発推進に過度に依存してきた日本の電力産業が、外国資本との競争に生き残ることは大変困難であると思います。

このような内外の状況を見れば、国際的に孤立してまで原子力にしがみついている場合ではないのです。たそがれ産業、斜陽産業と化してしまったこの状態は、内部の人間の精神的退廃を招きます。データの捏造事件や九九年のJCOの事故などはその現れだと思います。この退廃は大事故を引き起こす引き金になります。これを未然に防ぐのに必要なのは人間の理性だけだと思います。

# 7　環境ホルモンと生命

松崎早苗（化学）

## はじめに

「環境ホルモンと生命」というタイトルにしていますが、当然のことながら生命に関することが環境問題の基本であることをあえて強調したかったからです。私はいわゆる環境問題を「生命に敵対するものの増大」と定義しています。「システマティックな増大」と明記した方がいいかもしれません。そう考えると、環境ホルモン問題こそ非常に本質的な問題提起であるように思えます。この問題を個別にではなく、システマティックに解決することこそが重要だと思うのです。

私は生物学には素人ですので、生命といっても医学生物学方面の個別の知識を披露するつもりはありません。生命に悪影響を与えていることが分かっていたり、可能性があると思われている化学物質に真正面から立ち向かうことの重要性を基本にして、お話しします。

## 1　問題の発端

### ウィングスプレッド会議の科学者たち

いわゆる「環境ホルモン問題」は世界自然保護基金（WWF）の科学顧問であるコルボーン女史（博士）が一九九一年に、「化学物質によって引き起こされる性と機能発達における変化――野生生物と人との関係(1)」という会議を開いたことから始まりました。この会議で、環境汚染物質のホルモン様作用についての共通認識が生まれ、会議宣言が出されました。これ以降も同じ場所でだいたい同じメンバーで開かれてきた一連の会議のことを「ウィングスプレッド会議」、メンバーのことを「ウィングスプレッド科学者」と呼んでいます。第一回会議の論文が本になっていますので、そこから参加者のリストをつくってみました。これからも重要な人々となっていくことでしょうから、記憶しておいてください。

これより後に、名前がしばしば聞かれるようになった科学者もおります。たとえば、フロリダでワニのメス化を研究しているルイス・ジレット、ヨーロッパの方では精子の減少を警告したデンマークのニルス・スキャケベックと英国のリチャード・シャープ、そして川魚の性におきている変化を追っているジョン・サンプターなどです。ウィングスプレッドの科学者から端を発した問題は、分野の異なる自然科学者のみならず、他の学問領域や社会問題・教育問題などの専門家のひとびとにも波紋を広げています。

### 日本での問題の持ち上がり方

私を含めて日本人のほとんどは、この問題をコルボーンらが書いた『Our Stolen Future』（邦訳『奪われし未来』一九九七年、翔泳社）で知ることになりました。一九九六年三月のことです。この本は、問題の重大さからして科学の研究者だけでなく一般の市民にも理解してもらう必要を感じたコルボーンが協力者とつくったものです。ですから、専門家たちは一九九一年あるいはウィングスプレッド宣言が出された一九九二年にこの問題を知らなければならなかったのです。しかし、私が一九九六年の四月、五月ころに聞き歩いた範囲では誰も問題を意識していませんでした。この五

### 表１　第１回ウィングスプレッド会議参加者リスト (1)

| | 発表者名 | 論文タイトル |
|---|---|---|
| 1 | ハワード・バーン | ＤＥＳの胎児期への影響 |
| 2 | フレデリック・フォン・サール、モニカ・モンタノ、ミン・シェン・ワン | ネズミの性分化とホルモン |
| 3 | ジェラルド・キュンハ、ユージン・バウティン、ティム・ターナー、アンネマリー・ドンジャクーア | 泌尿器官の発達 |
| 4 | ジョン・マクラクラン、リタ・ニューボルト、クリスチナ・ティエン、ケニース・コラク | エストロゲンのレセプターと遺伝子への刷り込み |
| 5 | ウィリアム・デービス、ステファン・ボートン | 製紙工場排水と魚の性 |
| 6 | ジョン・レザーランド | 五大湖サケの内分泌系と繁殖機能 |
| 7 | グレン・フォックス | 環境汚染からくる野生生物の性発達における変化 |
| 8 | ピーター・ラインダー、ソフィア・ブラッソー | 汚染からくる海洋生物のホルモン・発達影響と人への波及 |
| 9 | リチャード・ピーターソン、ロバート・ムーア、トマス・マブリ、ドナルド・バーク、ロバート・ゴイ | ダイオキシンの胎児期への影響 |
| 10 | マリー・ウォーカー、リチャード・ピーターソン | 塩化−ダイオキシン、−フラン、−ビフェニルの毒性 |
| 11 | レオン・アール・グレイ | 化学物質による性分化への影響——人と哺乳類 |
| 12 | クローズ・デーラー、バーバラ・ジャーザブ | 脳内の性分化に対するホルモンの影響 |
| 13 | メリッサ・ハインズ | 人の神経行動学からみた環境エストロゲン |
| 14 | フィリス・ブレア、ケニース・ノラー、ジュディス・チュリエール、バハー・フォーハニ、シャーリー・ヘイジェンス | 胎内でＤＥＳに被曝した女性の病歴と抗生反応 |
| 15 | フィリス・ブレア | 胎内でＤＥＳに被曝した女性の免疫機能 |
| 16 | アナ・ソト、チェンーミン・リン、オノラド・ジャスチカ、ルネ・シルビア、カルロス・ソンネンシャイン | 外因性物質のエストロゲンテスト |
| 17 | パトリシア・ホイッテン | 化学革命と性の進化——人の生殖の歴史的変化 |
| 18 | カロル・ベイソン、シーア・コルボーン | 米国の農薬と工業化学物質の内分泌および免疫系破壊能力 |
| 19 | コラリー・クレメンティ、シーア・コルボーン | 除草剤と殺菌剤—人曝露の将来予測 |
| 20 | クリスティン・トマス、シーア・コルボーン | 有機塩素化合物は人の体組織の内分泌機能を破壊する |

年半の間に、日本の環境研究者はなにを研究していたのだろう、という疑問が残ります。

私は、『Our Stolen Future』を読んで驚いて、一九九六年の十月に『週刊金曜日』に投稿しました。これが日本のメディアに載った最初の紹介記事となりました。一九九七年二月にはオタワの国連関係の会議で、四月にはアムステルダムでの環境毒性と化学の学会で、コルボーンの特別講演会があり、日本の環境行政官や研究者も直に彼女の話を聞く機会ができました。八月のダイオキシン国際会議には、環境ホルモン問題の取材にＮＨＫテレビが乗り込みました。

一方、化学工業界とそれを支援する行政官庁ではコルボーンの警告に反撃するために、きわめて活発な調査、ＰＲ活動を開始しました。市民グループも盛んに活動し始め、環境庁は独自の翻訳で『Our Stolen Future』の中身を勉強し、予算要求へと突き進んでいきました。

こうして、政府も、行政も、学会も、市民も、上を下への大騒ぎになったわけですが、その火付け役は横浜市立大学の井口泰泉教授を中心とするＮＨＫサイエンスアイ番組の助言研究者たちだったでしょう。この番組は一九九七年四月からこの問題を継続的に放映しただけでなく、「環境ホルモン」という言葉を作ったのです。そして極めつけは、翻訳の出版社が著者の一人のダイアン・ダマノスキーを日本に招聘した際に自民党の勉強会へ連れていったこと、そして直後に二〇〇億円という予算要求が出されたことでしょう。

この分野の研究費としては超大型の予算が約束されたことで、全国の研究者がスワッとばかりに立ち上がりました。環境ホルモン学会の設立です。環境汚染物質による生態系と人の健康影響を深刻に心配している人ばかりではなく、「環境ホルモン」という言葉に異議を申し立てたり、環境改善を学会の目的とすることという私の動議に反対したりしました。「金」に群がる人々が多かったのです。一九九八年の六月ころに設立されて、その十二月にはもう一〇〇件以上の研究発表があったのですから驚きます。

## 心すべきこと

まず、ウィングスプレッド科学者たちが何を提起し、周囲はどう反応したかを整理しなければならないでしょう。

彼らは新しく見つけたさまざまな現象を「Endocrine Disruption」と表現しました。私は門外漢でしたので辞書を引きながら「内分泌破壊」と訳しました。環境庁は「内分泌攪乱」と訳しました。ことばにも争いがあったわけです。「Disruption」は突然起こる事象のことで、ぷつっと切れるとか、一瞬にどっと流れ出すという技術表現に使われているようですが、もっと柔らかい語を選びたかったのでしょう。そういう人々は外国にもいました。争いがあるときは「保守的」立場をとることが習い性になっていまして、環境庁の研究班でも、「なだめるように」、「そんな大騒ぎすることではない」という風に問題をとらえようとしました。

その際に最もうまい言い訳が『Our Stolen Future』は専門家が専門家向けに書いた本ではないから……」というものです。これは、本の出版から四年たった二〇〇〇年の時点でも通用しています。さすがに、そのものズバリを研究している人は今では問題を正視していますが、少し専門がはずれた場合は今でも変わりません。これは一般人は科学を理解できないという差別的な確信に基づいているので、容易に払拭できません。アメリカでも本の出版直後にこういう観点からの誹謗中傷文がニューヨークタイムスに載って、「環境ホルモン」問題は初めから場外乱闘の様相でした。

このようなスタートを切ったので、私たちは情報を非常に注意深く読む必要があります。

## 2　エンドクリン・ディスラプターの定義問題

環境中の化学物質の或るものはエンドクリン*・ディスラプター（ＥＤ）だという警告から丸七年が経過しようとしていますが、定義に関する「ゆれ」を観察しておくことも今後の歴史に重要でしょう。ダイオキシンをＥＤから外そうという動きもこの定義問題に連動しています。ダイオ

**＊エンドクリン**　内分泌腺系のこと。脳の下垂体、視床下部、甲状腺、副腎、膵臓、乳腺、胸腺、卵巣、睾丸などからなり、その中でも下垂体がコントロールセンターの役を果たしている。それぞれからホルモンを分泌し、それが化学信号となってからだのあらゆる機能を調節している。ダイオキシン、塩素化ダイオキシンと塩素化フランと塩素化ビフェニル（コプラナーＰＣＢ）を総合的に指す呼称。前二者は利用を意図して合成されたものではないが様々な化学プロセスから副生し、人工化学物質のなかで最も毒性の高い物質である。発がん性がある。

キシンの生体作用の議論が進展して、エストロゲン＊・レセプターに結合していないことが分かると、日本の学者のなかには「してやったり」と、あるいは、「これこそ専門家らしい科学的議論と自負」してこの動きに乗ろうとした者もいました。当然のように、日本化学工業界では「ダイオキシンはＥＤではないという証拠集め」をしています。

これまでに公表された主なＥＤの定義には四つあります。[2]

①米国環境保護庁（ＥＰＡ）の特別報告（一九九七、二）
②欧州ウェイブリッジ報告（一九九七、四）
③ホワイトハウス科学委員会のいわゆるスミソニアン定義（一九九七、八）
④世界自然保護基金（ＷＷＦ）の定義

この中で最も早く発表され、しかも現在も認められているＷＷＦの定義を掲げておきましょう。

A hormone disrupting substance means a substance with the ability to disrupt the synthesis, secretion, transport, binding, action, or elimination of natural hormones in organisms that are responsible for the maintenance of homeostasis, reproduction, development and/or behavior.

ホルモン撹乱物質とは、からだのホメオスタシス〔自己恒常性〕の維持、生殖、発達、および（あるいは）行動を支配している、生物の自然ホルモンの合成、分泌、輸送、結合、作用、あるいは消滅〔のプロセス〕を撹乱する力のある物質を意味する。

## 定義をめぐる対立

日本では、エストロゲン（あるいはアンドロゲン＊＊）・レセプターに結合することを内分泌撹乱物質（ＥＤ）の条件とすることが「科学的である」というような議論がありました。古い学問の殻にとらわれた主張です。別の例ですが、ダイオキシンの発がん性についても、「イニシエーターであるかプロモーターであるか」「閾値があるかないか」が問題であるとして、狭い科学的論争に導いて一般の人を排除する意図があります。米国のＥＰＡではイニシエーターとプロモーターの中間に位置づけて、閾値はないという扱いにしています。ダイオキシンの内分泌撹乱作用に関しては、ホルモン・レセプター***ではなくAhレセプターに結合して作用が始まるのだからEDではないという主張も聞かれます。いずれもアメリカ産業界がふっかけている議論で、問題を小さくみせようという意図に、科学的論争という衣をかぶせています。

　非常に多くの環境汚染物質のうちどれが環境ホルモンなのか示せと、米国の議会が決議したことからスクリーニング・テストの議論が始まりました。OECDに参加している加盟国はこのテストに参加・分担をする方向ですが、一九九八年末の段階でテスト法の提案が出揃ったという段階であり、前途は不明です。あるテスト法で一〇〇か二〇〇の物質をテストしてその結果を専門家が検討して、適切な方法かどうか判断するということですから、時間がかかります。

　イギリスのウェイブリッジで行われた欧州会議の定義は、何も処置をしない正常な状態の生物（ノックアウトマウスなどではないこと）に悪影響を引き起こすか、結果として内分泌の機能を変化させる外来性物質のことを、あるいは、その可能性があるものを内分泌攪乱化学物質（EDC）と呼んでいます。先週（一九九八年十一月）カナダ議会は、ウェイブリッジ定義からWWF定義に変えるという決議をしました。これは、悪影響かどうか判断できなくても影響があればEDCとみなすことを意味します。同時に、カナダは国内の二万種類の化学物質についてアメリカと同じようにスクリーニングするという政府の方針が議会で僅差で否決されました。この二つ、つまり定義とスクリーニング・テストの否決がどういう関係にあるのか、詳細はわかりません。

***エストロゲン**　女性ホルモン。天然のエストロゲンとしてエストラジオール、エストロン、エストリオールなどの化合物がある。主に卵巣から分泌されて、受精卵の着床や乳腺の発達を促進する。エストロゲン・レセプターを介して作用する。

****アンドロゲン**　男性ホルモン。胎児の発達の初期に分泌されるテストステロンが睾丸などの生殖器の発達を促すとともに、二次的な性の発達、男性としてのアイデンティティー決定をコントロールする。

*****ホルモン・レセプター**　天然のホルモンが細胞に取り込まれる際の受け手タンパク。エストロゲン・レセプターとアンドロゲン・レセプターは別と考えられている。ホルモンはレセプターと結合すると同時に転写タンパクを引き付け、レセプターから離れて遺伝子に移動し、特定の遺伝子を発現させる。

## 3 個別の環境ホルモン問題

### 農薬問題

まず農薬問題です。化学物質が生命を殺すからこそ、生物としての機能に介入するからこそ、農薬です。ご存知のとおり、人類はマラリア退治のためにＤＤＴをつかってきました。国連の資料によりますと、戦争直後のスリランカでは三〇〇万人ほどのマラリア患者がいましたが、ＤＤＴを撒いてそれを減らした。何回も撒布して、なんと十七人にまで減らしました。これでマラリアは絶滅したと思ってＤＤＴを中止したところが、その後徐々に復活して、五、六年経つとほとんど元に戻ってしまいました。今度は、ＤＤＴ撒布を再開しても減らないんです。つまり、ほとんど死滅した後に復活した蚊は昔の蚊と違うんですね。十七人に減らしたところまでは本当に人類の勝利でした、国連も人類の勝利と信じていたのです。しかし違っていた。スリランカの例をあげて、「ＤＤＴを止めたことが間違いだった」と主張する人が今でも工業界の中にいます。他方、蚊の方に注目して、ほとんど絶滅までいっても復活したじゃないか、だから人間が今環境ホルモンのようなものでひどいダメージを受けても心配しなくていいのだと言った日本の学者もいました。人類が絶滅寸前までいってもいいのでしょうかね。

生命を殺すための化学物質が合法化されている状態が農薬ですが、より弱い作用として内分泌攪乱作用にも注目しなければなりません。大部分の農薬は分解が速やかで残留性が低いとして許可されているのですが、撒布量が多いのでわずかな残留でも見すごせないと思います。

### プラスチック問題

次にプラスチック問題に移ります。現在具体的に問題になっているものを簡単な表にします（**表2**）。

**(1)塩ビ**　まず塩ビ問題です。原料の石油化学品に塩素を添加して作られる二塩化エチレンから塩ビモノマーをつくり、それを重合して塩ビポリマーを作るという工業プロセスになるわけですが、副生成物としてダイオキシンが発

表２　現在問題になっているプラスチック

| プラスチック関連 | 問題点 | 備　考 |
|---|---|---|
| 塩ビ・塩化ビニリデン | ダイオキシン発生、添加物 | 硬質と軟質の違い |
| ポリカーボネート | ビスフェノールＡ | 原料が溶け出す |
| フタレート（塩ビ用添加物） | 1　玩具 | デンマークでは子供がなめる玩具には塩ビ禁止。 |
| | 2　ミルクに溶け出す | 英国で粉ミルクに入っていることが問題になった。(0.1 ～ 0.6mg/kg) シャープ博士が健康懸念を否定。 |
| | 3　医療用チューブなど | 輸血､透析などで患者の体内に。 |
| 臭化物 | 難燃剤 | スウェーデン――母乳中の濃度上昇を懸念して基準を検討(1998) |

生します。廃オイルにダイオキシンが多く入っていきます。また、焼却でダイオキシンが発生することはよく知られています。もう一つは塩ビに入れる添加物の問題です。柔らかい塩ビには特に多くの添加物が入れられます。添加物の筆頭はフタレート＊です。塩ビ製品の重さの四〇％もはいっているものもあるので、添加物ともいえないほどです。ごく最近では、ユーザー（塩ビのメーカーではなくて）の方が、消費者の不安を背景に、利用を減らしているということも聞きました。それからポリカーボネートの原料であるビスフェノールＡ＊＊は、非常に一般的なポリマー原料で、私達の知らないいろいろなところに使われているらしいのですが、それも減らしているとも聞きました。とにかく、メー

＊**フタレート**　フタル酸エステルともいう。塩ビポリマーの可塑剤として大量に含まれている他、化粧品などにも広く使われている。環境ホルモンであることが指摘されてから、子供の玩具や医療用チューブなどへの使用が停止されつつある。

＊＊**ビスフェノールＡ**　ポリカーボネートをはじめとしてプラスチック製造の基本的な原材料である。妊娠中のラットに与えるとエストロゲン様に働いて、生まれた雄の性発達に影響がでる。とくに、きわめて低用量での影響を主張するフォン・サールらと化学工業界の対立が激しい。

カーではなくて二次加工業者であるユーザーの方が、消費者の反応に敏感です。しかし、日本の塩ビ生産高は決して減ってはいません。一九七〇年代に石油ショックで伸び悩んだものの、一九八〇年以降は一貫して増産していますし、最近では日本企業による海外生産も盛んになってきて、世界一の塩ビ生産国になったと聞きました。

(石油化学工業会のホームページにある統計によれば、一九九九年末の生産能力は、国内二八六万トン、海外二五四万トンである。実際の生産量は能力の九〇%程度と考えればいいでしょう。一九九〇年には国内生産が二〇〇万トンを下回っていました。)

外国での塩ビの扱いですが、スウェーデンが廃止に向かっています。それからデンマークは、塩ビ業界および塩ビを使っている建設業界と話し合いをして柔らかい塩ビは減らし、硬い塩ビはなるべくリサイクルするようにしました。産業界はリサイクル率を上げる計画書を政府に提出し、両者は協定を結んでいます。約束以上の成果が上げられたといいます。

次にオランダのレポートを紹介しますが、オランダは技術的・科学的に色々検討することを優先したようです。そして「塩化物の微粒環境汚染物」として塩素系の化学物質を総合的に考える視点を出しています。塩素系有機物があれば、塩化物が環境を汚染する、それを全体としてどのように減らすか、人間と生態系にどう影響があるのかなど、実際の政策に入る前の議論をやっているようです。スウェーデンでは政治家が主導権をとっているのに対し、オランダでは、研究者・工業界・環境運動家(研究者)が議論をし、最後に政治家が出て来ると言っています。環境政策を決定する「意志決定」のやり方はその国の文化に依存します。これは当然のことですけれども、さらにいえば、その前に科学あるいは科学技術をどう見るかという哲学にも依存していると書かれています。

**(2)臭化物**　ご存知の通りDDT、PCBなどをもう禁止しましたから、環境中では減ってきています。日本人の体内汚染なども同じようなカーブで減っています。ところが、塩化物ではなく臭化物は逆に増えています。母乳中でも臭化物が増えています。今後のことが心配です。八月にあったダイオキシン国際会議でストックホルム大学グループが臭素化合物について非常に集中的に総合的な研究を発表しました。たとえば、高濃度のえさを与えた妊娠ラットから生まれてきた子ラットの行動能力・知力のテストでは、ＰＣＢとほぼ同様の神経系の能力低下が出ています。臭素化合物は不燃材としてプラスチックに添加されていますので、これもプラスチック問題です。

**(3)その他のプラスチック**　次にポリカーボネートがあります。ポリカーボネートの問題というよりも、ビスフェノールＡの問題です。ビスフェノールＡはポリカーボネート合成の原料ですが、ポリカーボネート以外のプラスチックにも非常によく使われています。

プラスチックの大きな問題は、モノマーあるいはダイマーなどといった、重合しきれていない小さな分子の問題と、添加物の問題です。プラスチックには添加物がつきものです。

## 4　ダイオキシン問題

ダイオキシンは環境ホルモン問題が出てくる以前から、最も危険な、厄介な環境汚染物質でしたから、環境ホルモンとの関係が当然関心を集めています。一通りおさらいしておきます。

### ホルモン影響

作用のメカニズムはＡｈレセプターと結合するところから始まると言われています。体内の蓄積場所は体脂肪に八八％、肝臓に一％、その他の組織に一一％です。肺や胃からの吸収メカニズムについては不明ですが、胎盤を通過して胎児が被曝した証拠の実験があります。また、ラットの精液から検出したという報告もあります。この二つは作用機序が異なるはずで、前者の方が超微量の作用です。成人の免疫系への影響も報告されています。

ダイオキシンの環境ホルモン問題はリチャード・ピーターソンの一九九二年の研究結果で分かったことです。〇・〇六四μg／kg（体重）というダイオキシンを妊娠ラットに一回だけ与えたら、そのオスの子供のペニスの大きさや精巣の大きさ、精子の発達するまでに要する日数などが影響を受けたという結果が出たんですね。ＴＣＤＤ（2、3、7、8

ー四塩化ダイオキシン）が与えられると男性ホルモンレベルが下がりました。男性ホルモンのテストステロンとその代謝物である5ーαージヒドロテストステロン（DHT）は、男性的性格と性器発達および精子形成に不可欠で、生まれたラットがオスとしての性格を獲得するためには、誕生直後の早い時期に精巣から十分なテストステロンが分泌されなければならないし、脳の中でテストステロンからできる17ーβーエストラジオールが中枢神経の性分化を誘導しなければなりません。このレベルが攪乱されれば、中枢神経における性の性格決定に影響する可能性があります。

その実験で投与された量の意味が重要です。体内に保有している量をボディーバードンといいますが、人間にとって〇・〇六四 μg／kg（体重あたり）が実現するのはどういう場合かを考えてみます。国の推定によれば、私たちは毎日〇・三〜三・五 pgTEQ／kg（体重）／日を取りこんでいます（pgはμgの百万分の一、TEQはTCDDに換算した重さ）。体内に取り込まれたダイオキシンの半減期は七年くらいとなっていますから、体内の残留量は簡単な減衰式で求まります。生まれてから三〇年間今のような環境で暮らせば、先ほどのラットと同じ桁の体内保有量になります。そのとき妊娠すればその子供に、実験ラットのような影響が出る可能性があるわけです。私たちの体はもうそういうことが予想される状況にあるわけです。

これは生殖影響のことですが、この実験より以前に発がんの量についてアメリカのEPAは一九八五年に「一般人の体内汚染レベルは、影響が懸念されるレベルである」と明言しています。一九八〇年代のころはまだ発がん性というのが一番大きな問題でしたから、発がん性を重点的に研究したのでしょう。一〇〇万人に一人影響が出る、がん死亡者が出るというのを「最低影響（無視できる影響）量」の目安にしています。それの値が〇・〇〇六四 pg／kg体重／日となりました。一方、国が何か行政行動を起こす目安を一万人から十万人に一人のところに置いていますから、〇・六から〇・〇六 pg／kg体重／日の摂取が予想されるならば何か政策を取るべしということになります。アメリカの環境保護庁は、現実に国民が暮らしているところで、もうすでに影響が出ていると予想できる状況であるという結論を出しまして、したがってダイオキシンの新たな放出があってはいけないという基本方針を出しました。

### 米国工業界がＥＰＡを抱き込む[3]

それでパルプ業界は猛烈にＥＰＡに反撃するようになりました。その政治的な圧力が大きくて再アセスメントをすると発表したんですね。するとすぐに工業界が毒性はもっと低いんだという結果をもって環境保護庁を説得しました。独自の発がん性実験結果を示すとともに、人に発がん性があるというのは動物実験ではなくて、実際に人間が被曝した労働曝露をもとに評価すべきだと主張したのです。労働災害の疫学結果です。モンサントとドイツのＢＡＳＦという二つの化学会社の事故で労働者が曝露しました。曝露量とがんになった人の割合が調査されました。一九四〇年の後半の事故なのでダイオキシンの血液中濃度は測れません。そこで聞き取りなどの調査になるわけですが、嘘の調査書を作ったわけです。曝露されてがんになった人を曝露されていない方にいれ、実は監督をしていて全然曝露されなかった人を曝露された方に入れて、差が出ないようにしたんです。工業界の嘘は裁判で暴露されて、これを頼りにしていた紙工業界も負けて高い賠償金を払いました[1]。ＥＰＡ説得の試みは科学的に論破されたわけですが、ＰＲ的には成功していまして、この嘘はわが日本でも流通しています。

### 日本政府の対応

アメリカでのダイオキシン・アセスメントは、一九八五年に第一回、次に一九九一年に再評価の開始、一九九四年に原案ができて、学者や関係者によるレビューが始まりました。しかしなかなか結論が出せないのですが、そのうち政府が認定した最終報告書になると思います。大変時間がかかっています。時間がかかりすぎると政策が実行できないので問題ですが、日本では逆に速すぎます。報告書が半年くらいで出ます。たとえば、それ以上は人が住んではいけないという、一般住民の住む居住地の土壌汚染規制を一、〇〇〇ｐｇにすると書いてある「土壌汚染の規制値の検討会報告書」が出てきました。一九九八年十一月の二十五日に出されました。それで一九九八年十二月二十五日まで一ヶ月間国民の意見を聞くといっています。日本はとても早いわけです。

日本の政策は生命というものをあまり考えていないですね。ダイオキシンが体に入る、母乳を通して子供に与えられる、又胎盤を通して次の世代に与えられる、その子供がどこかちょっと具合が悪くなる、その先二十年後にがんになるかもしれない。そういう可能性をまだ全然考慮していないんですね。それは綿貫礼子さんが前から心配していたことで、母親はちょっと具合が悪いという程度のことであっても次の世代に別の基本的な影響が出ると予見していました。これに対して、日垣隆という人が、アジテーション（扇動）だと『文藝春秋』に書いています。綿貫さんは、アジテートしているのではなく予見したゆえに警告したのだと怒っていますが、日垣論文のようなものが研究者に影響力をもち、政策をゆがめます。

## その他の化学物質の相対的危険性

最近ダイオキシンばかりに注目が集まっています。ダイオキシンは非常に危険ですから、減らせと一生懸命市民運動も私も言っていますけれども、農薬を含めてほかの物質を見逃すことはできません。それらの危険性についてダイオキシンと比較する必要があります。ダイオキシンは年間十キログラムから二十キログラムぐらいの環境排出量です（煙突からのみで。焼却灰や飛灰は適切に管理されるはずだと仮定されていて、その量が議論から抜けている）。ところがその他に何百万トンも放出している物質があります。たとえば塩ビモノマーは塩ビポリマーに加工する過程でやむを得ず出ます。推定した排出量とその毒性の両方を考えて、ダイオキシンの場合と比較することにします。毒性値は小さいほど毒が強いことを示しますから、たとえばマイナス八乗というのは、非常な猛毒ということを表します。ダイオキシン以外の物質で、五桁ほど毒性が弱いものがあると仮定しますと、環境中に出ている量が五桁多ければ結果的に危険性は同じくらいになるわけです。塩ビモノマーについては蒸発性が高いのでかなり大気中に出やすいのです。生産量が多くて、蒸発しやすく、毒性が高いという化学物質は、一般の人を危険にさらしていることになります。

今カップラーメンのスチレン容器が問題にされていて、お湯を入れるとダイマーやトリマーが出てくるというわけですけれど、スチレンのモノマー＊はもうとっくに大気中に出てしまっているんですね。ですから、カップからの溶出だけを問題にするのは片手落ちです。

現在ふつうの都市大気をとって測定装置に入れると、検出ピークがたくさん出ます。一〇〇種類以上の揮発性炭化水素が同定されていますが、物質名を決められないピークもたくさんあります。モータリゼーションが進んだ国の大気には、大体自動車から出るトルエン、ベンゼンがずば抜けて多く入っています。これらの揮発性物質にはたとえばベンツピレンとかダイオキシンなどの半揮発性のものは含まれていません。ですから、もっと多種類の化学物質を私たちは吸っていることになります。半揮発性のものは早く土に落ちますから、大気汚染より土壌汚染となります。

環境ホルモンを考えるときに、何種類の環境ホルモン物質があるのかを明言できる人はいません。これからの問題です。

## 5 京都国際シンポジウム

京都での環境ホルモンシンポジウム（一九九八年十二月）に関連して一つだけ申し上げます。一九九八年十二月の医学雑誌に乳がんとディルドリン**の関係が疑われるという記事が出ていました。(4) 京都にその研究者が来て発表していました。一九七五年当時八、〇〇〇人近くのデンマーク女性の血液がとってあった。その中の化学物質を最近分析して、八、〇〇〇人の女性からその後乳がんになった人とならなかった人を取り出して比較した。乳がんになった人の血液中の化学物質としてディルドリンという農薬が関連深いということがわかりました。乳がんは今日本でもすごい勢いで増えているのですが、アメリカでは、八人に一人の女性が一生の間に乳がんになって死にます。日本では四〇人か四五人に一人といわれています。乳がんは先進国病のよ

***スチレン・モノマー**　発泡スチロールのモノマー体。即席めんのカップに発泡スチロールが使われていたことから大問題になった。モノマーの毒性は強いが揮発性が高いために製品にはほとんど残らず、ダイマー、トリマーがカップから溶出した。ダイマー、トリマーの環境ホルモン作用は確認されていない。

****ディルドリン**　シロアリを含めた昆虫用殺虫剤。国内では昭和十九年から四八年まで使用されていたが、現在でも環境中にも母乳中にも残留している。二〇〇〇年十二月に締結されたＰＯＰｓ条約で禁止された十二物質のうちの一つ。

うなものですが、その原因が何かという研究は、これまでほとんど全部失敗してきました。今回、ディルドリンという具体的な物質名がはじめて出てきました。もっと大雑把なものですと、塩素消毒する水道水を飲むグループのほうが乳がんが多いという例があります。他には、牛のミルクのなかに成長ホルモンが入れてある場合、そういうミルクを飲んだ人に乳がんが多いという報告がありました。

環境中では、環境ホルモンといわれる物質の多くが一九七〇年初めから年々減ってきています。ですから、これを検出して病気との因果関係を突きとめることはますます難しくなると私は思います。血液中の濃度を調べて、どの病気と関係あるかを見つけるのが困難になります。一方でこの病気が先進国病のように増えているのですから、違う研究戦略が必要ではないかと私は質問したのですが、まだ答えられないといわれました。一九七六年に血液を提供した女性たちの乳がんではなく、その子供たちの健康状況を調べればもっとよくわかるかもしれません。農薬以外に金属・重金属・その他、日本ではカドミウムとか鉛、水銀などが水田や土壌にたまっているので心配です。いま環境庁は調査しているようです。

## 6　汚染の発生源としての環境

最後に「汚染の発生源としての環境」の話に移ります。

私たちがもし上手くやって、ごみの焼却、廃棄物の焼き方、工業設備にしても汚染を出さないようにしても、困ったことに現在汚染されているところがもう汚染発生源になってしまっているという問題があります。米国の五大湖についてそういう警鐘的な報告が出ました。五大湖には、工業から、焼却炉から、いろんな物が流れ込み、降り積もって汚染しているけれども、今度は逆に五大湖から蒸発したものが風に乗って北のほうの、かなり離れた寒いところまでいって北極圏を汚しているということが数量的にも次第に明らかになっています。それは環境中の動態といって、流体力学などで研究されてわかってきました。南の方で農薬を使ってもずっと北の方まで行くのだと、いろいろな計算モデルが開発されて、機構を説明する研究も行われてきました。それが単なる理論ではなく、だんだん事実になってきたわけです。

私たち日本人は今まで海にたくさんの廃流を流してきました。日本は幸い雨が多くて、川に流したものはすぐに海まで運ばれてしまいます。全部海に流せばやれもう安心というのが今までの状況だったのですが、今度は海が汚染発生源になるわけです。身の回りがきれいになれば、海に流してしまえば良いと考えられてきましたが、今はもう汚染が長距離移動をする、海からの汚染が陸上にも帰ってきていることが明らかになってきました。今日、日本が流したものは明日どこへ行くでしょうか。そこに生存している生物たちがそれを運び、あるいは物理化学的性質でも移動します。そういう運命共同体の地球上に私たちは住んでいるのだという、当たり前のことが科学的研究でもわかるようになってきたのです。

## おわりに

環境ホルモン問題は、化学物質の製造・排出者、被害をうける一般の人々と生態系、規制の政策を立案する政治家と行政、これらの間に複雑な利害関係がありますから、科学的究明をすべき研究者が無自覚であることは許されません。そこで、すでに明らかになっている対立的科学論争に登場してきている研究者の名前を具体的に記憶しておかれることを勧めます。誰がどの利益と結びついているかを見極めることは非常に重要です。

## 質疑応答

——Ａｈというのは何の略ですか。

**松崎**　アリル・ハイドロカーボンの略です。芳香族炭化水素のことです。本来のホルモンはステロイド骨格に少し異なる構造がついて、女性ホルモンになったり男性ホルモンになったりします。これを認識する身体側の受け入れ口がそれぞれのレセプターと呼ばれます。たとえばＤＤＴのようなものはホルモンを受けるのと同じレセプターにつくといわれています。ホルモン・レセプターは、ステロイド骨格を前提にしていて違った部分だけを認識しているのではないかと思われますが、ダイオキシンやＰＣＢにはそれらしい構造がないわけですね。それなのに体の中に入ってきて、何かを起こしているわけです。そこで、芳香族炭化水素に対するレセプターがあると考えて、Ａｈレセプターというのです。

——自然ホルモンとの違いがよくわかりませんが。

**松崎**　自然ホルモンは、自分の体が要求した時に、自分の命令でコレステロールの中から自分で合成し、用が済んだら速やかに消える。そのホルモンの生化学はあらかじめ決っているわけです。こうした仕組みが内分泌系です。環境ホルモンのＷＷＦの定義は、体内のホルモンを攪乱ないし破壊する物質で、ホルモン様物質とも表現します。本来のホルモンの働きを増加させるものと、いたずらしたりブロックしたりするもの、その他に複雑な妨害をします。特に、代謝経路が全く違います。壊れないというのが一番の違いかも知れません。

——人工的に作った化学物質ではなくて、尿などから排出される女性ホルモンのせいではないかということを言っている人がいるんですが、これに対してはどうですか？

**松崎**　イギリスでは、活性の天然ホルモンが下水中にたくさん見つかって、下水処理行程を見直さなければならないと考えているようです。体外に出て不活性であるはずのホルモンが再活性化したのはなぜかということが問題とされています。

——今の質問のつづきですが、天然ホルモンの方が悪いと書いている本もあります。

**松崎**　川には人工ホルモンも入っていたし、天然のホルモンも入っていたんです。天然のホルモンも何種類かあります。先の京都会議でもちょっと議論になりました。京都大学の松井三郎さんは、「自分達が調べたところ、どうも天然ホルモンが強いんじゃないかと思う」と発言しましたが、アナ・ソトは桁が違うと答えていました。ノニルフェノールは、川の中にミリグラムで入っている。ところが天然のホルモンは、マイクログラムで入っている。強さでは天然のホルモンの方が強いが、自然界ではノニルフェノールの方が影響を及ぼしているという結果を発表していました。日本の環境庁や建設省が川で測った結果を見ましたが、やはりそれもノニルフェノールはミリのオーダーで、天然ホルモンの方はマイクロです。

——スクリーニングテストというのはどんな風にするのですか。

**松崎**　今、日本でも二六、〇〇〇種類くらいの化学物質が年間に一トン以上使われていますし、アメリカでは八〇、〇〇〇種類くらいのものが使われている。その中で何が環境ホルモンの恐れがあるのかを調べなければならないわけです。端からやっていくと、一年間にテストできる数は限られます。それで、アメリカでは生物活性がある物質だけまず抽出して、一五、〇〇〇種類としました。一五、〇〇〇種類でも数が多いので、生産量とか使い方とかを考慮してテストの順番を決めるわけです。テスト法としては多分アナ・ソトがやっているように、乳がん細胞を増殖させるかどうかというような一つの方法、比較的簡単な方法によってオートメーション工場のように一気に試験をする。それで、プラスかマイナスかの結果を出して、プラスの結果が出たものは改めて次の段階の試験をするというのがスクリーニングテストというものです。アメリカの議会が、二〇〇〇年にスクリーニング結果を議会に報告しろという決議をしましたから、この方法についてここ二年くらいアメリカで精力的に開発されてきています。日本が分担するのかどうか、よくわかりません。

――いつごろ結果はわかるんですか。

**松崎**　多分、最初の実験が一九九九年明けぐらいから始まるでしょう。具体的に確定した方法は分かりませんが、乳がん細胞の増殖と酵母の繁殖阻害ぐらいかなと思っています。それで第一次スクリーニングの結果が出ますが、その結果の評価についても賛否両論出てくると思います。

――エストロゲン様の作用をする物質が非常に問題だと書いてありますが、その意味は、ホルモンとは女性ホルモンだけではないが、今人間への作用が心配される環境ホルモンは女性ホルモンが一番だという認識ですか。

**松崎**　というよりも、現実に男性ホルモン的に作用するものがほとんど見つからないのです。トリブチルスズも、メスにペニスをつくるから男性ホルモン（アンドロゲン）様物質かというと、アンチ・アントロゲンであったとか。それに対して、エストロゲン様物質の方はすごくたくさん見つかっているんです。

――わたしたちの周りにある化学物質の中で、エストロゲン様のものが多いということですか。

**松崎**　そうです。それから、天然のものもエストロゲン様のものが多い。たとえば大豆やクローバーに入っているものなど、植物性のエストロゲン様物質も多いです。

――天然のものは早く体外に排出されて、人工のものが残るとかいうことが書いてありましたけれど、どういう意味なのかということが一つと、それからもう一つは、先日立川涼さんの講演を聞きましたら、生殖系の作用だけでなく、免疫系とか神経系に対する作用は、分かっていないだけでそちらの方がずっと問題なのではないかとおっしゃったのですが。

**松崎**　前の方の質問で、天然のものはという意味は、人間が自分で作ったものという意味です。植物性エストロゲンは、外から入れることになりますから、それは指していません。自分の作ったものは、自分の都合で使って代謝して（反応で変化させて）いきますから、ホルモン自体の寿命は非常に短いわけです。失活するかまた元のコレステロールに戻るなど、自分自身がそういう代謝過程を持っていますから、行動は運命付けられています。しかし、人工化学物質は、そのような代謝経路から外れていて長く体内にとどまるということです。外から入った植物エストロゲンの寿命は、私には分かりません。二番目の質問ですが、神経系その他のシステムは、もちろんみんな研究のターゲットに入っています。たとえば、人の脳というのは、生まれて以降も数ヶ月、かなり長い時間かかって発達する。そのときに脳下垂体（内分泌系の一つ）で、視下床部で、胸腺でなど、発達中に互いにシグナル（物質）が行き来もする。たとえば、生殖ホルモンの分泌の指令を出すのは、視下床部であるという風になっているわけです。ですから、区別できないんです。性器が分化するというのは比較的短い時期の問題かもしれないんですが、脳の発達については、長い間影響を受けるので、逆にわかりにくいといえるし、危険が大きいともいえます。

——そうするとそれは生後でも影響を受けるのですね。

**松崎**　生後でも影響があります。母乳を通じてなどですね。ラットなどの動物では非常にシャープに胎内のある期間に脳がピュッと発達して、生まれた時はもう決まっているようで、人間とは全然発達の時間的スケールが違うらしいですね。人間の脳はゆっくりと発達するということです。免疫についても、誕生後に半年くらいかけて機能が完成するということが分かっているようです。

——これからの研究の進み具合なんですけれども、たとえば日本ではがんの研究に対しては、大変な予算が付けられていますが、環境ホルモンの場合にはどうあるべきか、あるいはどうなるでしょうか。

**松崎**　日本のがん研究費が本当に多いかどうか知りませんが、アメリカの要求で増額されてきたでしょう。環境ホルモンについては、一九九七年の補正予算からはじまって突然二〇〇億円ついていますし、九八年も補正予算が何回もついて、環境ホルモンがらみのお金はあり余っております。誰でも手を挙げれば、という感じです。今まで、研究者がいないと思っていたのに、一九九八年十二月の京都会議では何と突然（論文が）一一〇本も出ました。これが継続するかどうかが問題です。こちらもアメリカの風で左右されるでしょうが。

――私の感想ですが、プラスチックを使わない・製造しないという消費者運動は長い間無視されてきた。去年消費者団体の催しのために塩ビ製品を探しに買いに行ったんです。以前だったら、ラップを含めて、塩ビは非常に多かったんです。ところが、去年買いに行ったときには、本当に店からなくなっていました。生活必需品の類のものはなくて、今残っているのはほとんどラップだけですね。あとは非常に限られたもの、壁につける吸盤、ワイパー式のもの、ちりとりの先についているようなものだけで、ほんとうに少なくなった。私はプラスチック業界が、代替品の準備ができた、自分たちの対策ができたので、そういう風になったのかと思ったのですが。

**松崎**　塩ビ製品への対応は、ダイオキシン問題からですね。「止めようダイオキシン関東ネット」ができたのは、四年前、一九九四年です。最初ゴミ問題だった市民運動がその頃ダイオキシン問題に特化していく。それでかなり効果をあげたと言えるでしょう。プラスチックについて思い出すのは哺乳ビンです。最初の子供が生まれたとき（一九六九年）に哺乳ビンはガラスでした。二人目のときにポリカーボネートが出てきましたが、私はそれは気持ちが悪いから使わないという方針にしました。そのころから急速に食器類にプラスチック類が入ってきましたね。

――一つは被害が出てきたこと、二つ目は業界の体制ができたことではないか。結局マスコミというフィルタを通して物事が動いている。ついこの間東電と公開討論会をしたが、全く報道されない。報道関係は三二社来ていて、テレビ局も来ているのに、一切報道しないんです。絶対に、報道規制があると思うんです。マスコミが動くと国中全部動くんですがマスコミが動かないと全部動かない。

**松崎**　それは確かですね。ちょっと話がそれますが、オーストラリアの女性の先生が書いた『グローバルスピン』（「企業が環境保護主義を攻撃する」という副題がついている）に、そういう情報操作のことが書いてあります。[5] 警鐘的な研究結果が出たり、被害が出てもカネを使ってそれを抑え込んで、世論工作をする。一見草の根運動に見えるようなものまでもすべて企業が金を出して組織する。マスコミも取り込んで、ビデオもすべて自分の方で作ってメディアに差し出す。

さらに、教育現場にまでどんどん入ってきているという現実を書いています。著者はオーストラリアのシャロン・ビーダーさんという人です。そして最終的には、非常に荒々しい資本主義、むき出しの資本主義と先端的なテクノロジーが合体して、わたしたちの心をあらぬ方向に持っていってしまっていると書いています。今、日本の子供たちは非常に危険な状態に陥っていますけれども、テレビに捕まっていくうちに自分で考えることが何もなくなって、単にリアクションするだけの人間になってしまう。何か本を読んでじっくり考えるとか、深く考えるということは、毛嫌いし、むしろ憤りを覚えるような状況になっていますね。これはアメリカでもオーストラリアでもイギリスでもそうだと書いているんですね。そこで、むき出しの資本主義とは何か、お金が社会にめぐっている状況を改めることはできないけれども、そこに人間らしい経営方法を持ち込むにはどうしたらいいか、という戦略を市民が持たないとだめだということをおっしゃっています。

最近、レイチェル環境研究財団の「ウィークリーニュース[6]」でも同じ問題が取り上げられています。企業の権利とは何かという問いを出しています。いまは、企業の権利がものすごく強い。法人という、「人格」がついたために、法律上、非常にお金持ちの個人になってしまった。だから、発言の自由とか、営業の自由とか、権利が保障されてしまって、それに民主主義が対抗できなくなっているということが議論されています。ですから、資本主義とは何か、資本主義の強い力に対抗するような我々の力を構築するためにはどうしたらいいかを考えることが必要です。今まで環境問題をやってきた人たち、市民運動をやってきた人たちは、何かよい成果が得られたかどうかということを問うのではなくて、事の大きさに対して問題の設定は十分大きいかを問うべきだというのです。大きな考えを持つような努力をみんながしないと、一方的にやられるだけになってしまうと警告しています。

——私は、資本主義とは何か、を考えている。一枚岩でいくものではない。企業も、生き残るために大量生産をしても、それでは一〇〇年も持たないことに気付き始めている。企業の中で、若者が組織を変えていかなくてはならない。市民運動が、企業の中に入っていき、そこにいる、変わろうと思っている人たちと、連携してゆくべきだ。

**松崎**　この社会がお金で動いている。また、企業が、攻撃的なのは、財産を持っているためである。ならば、環境運動をやっている人も財産（会社、ＮＧＯ）を持つことによって環境に良い方向性はどうであるかを学ぶべきであると、言っている欧米の環境運動家がいます。危険が伴なう事ですが、まず、問題の大きさに見合うだけのものの考え方を我々は磨くべきでしょう。

## 文　献


（1）Theo Colborn and Coralie Clement, "Chemically-Induced Alterations in Sexual and Functional Development : The Wildlife/Human Connection", Advances in Modern Environmental Toxicology, vol XXI, Princeton Scientific Publish, New Jersey

（2）綿貫礼子編『環境ホルモンとは何か Ｉ』藤原書店、一九九八年、四六－四七頁。

（3）松崎早苗「ダイオキシンの科学社会学入門」、『科学』六九号、一九九九年、二二七頁。

（4）Heyer, A. P., Grandjean, P., et. al., "Organochlorine exposure and risk of breast cancer", *Lancet*, vol. 352, December 5 (1998) 1816

（5）シャロン・ビーダー著、松崎早苗監訳『グローバルスピン』創芸出版、一九九九年。

（6）http://www. rachel. org/home eng. htm　六一八－六二〇号。

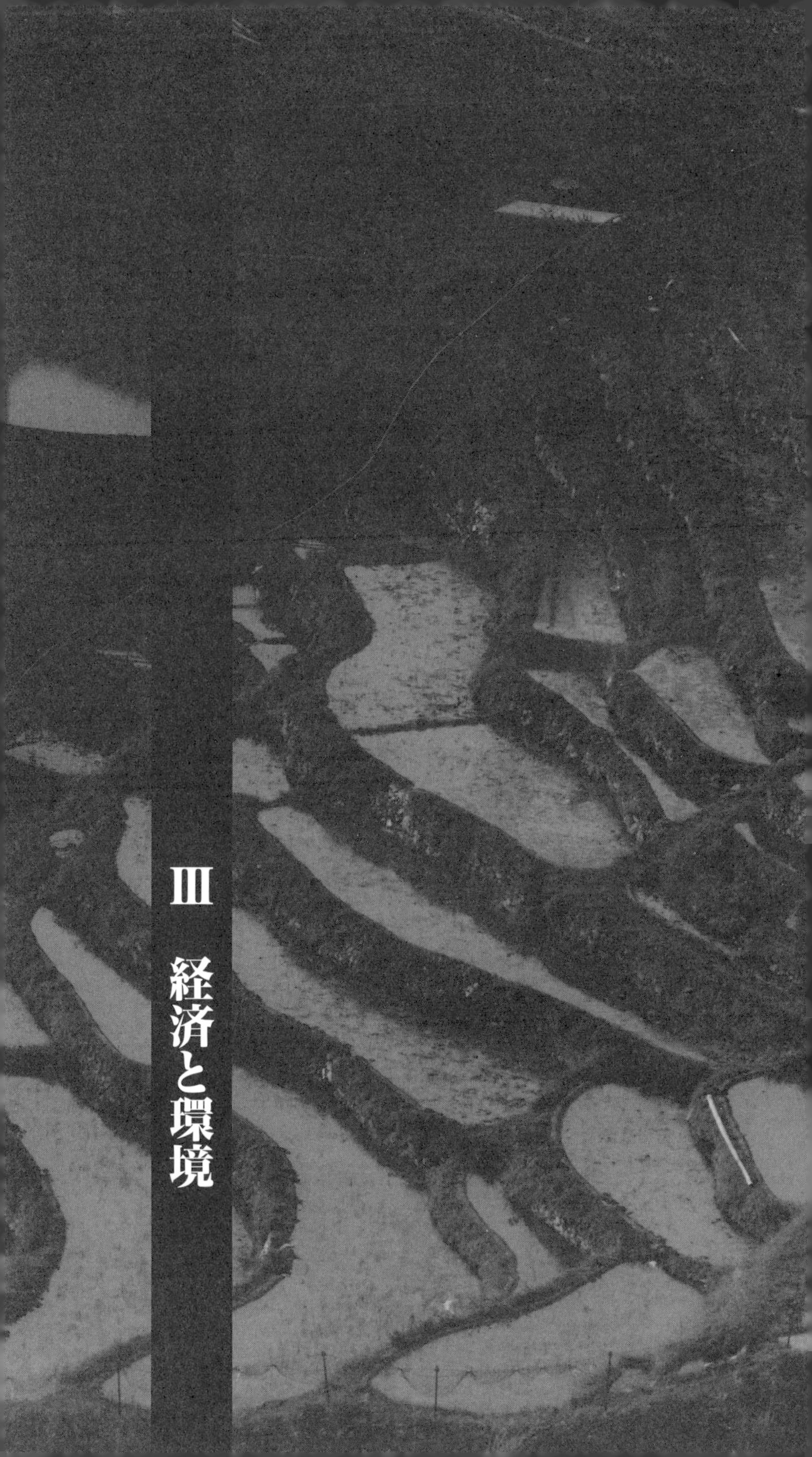

# III 経済と環境

# 8 広義の経済学——脱資本主義過程の環境問題

関根友彦（経済学）

## はじめに

本日は「広義の経済学」についてお話し致します。しかしこれは、その対立概念としての「狭義の経済学」とは違って、内容の充実したものではありません。「狭義の経済学」とは資本主義社会の経済学ということで、近代的資本主義社会の生成、発展と共にその内容を充実させてきたものであります。したがって学説史的にも三〇〇年の歴史をその背景に持っています。

それに対する「広義の経済学」は、玉野井芳郎*先生がこれを提唱されてから約三〇年しか経っていません。だから、もともと同じレベルで比較可能なものではないし、そのような期待は初めから持つべきではないと思います。ところが最近、「経済学ばなれ」という現象が起こっている。

---

***玉野井芳郎**（一九一八―一九八五）　山口県柳井出身。経済学者。東北大学法文学部卒業後、同大学助教授、東京大学教養学部教授、沖縄国際大学教授、明治学院大学教授を歴任。マルクス経済学および経済学史の研究から出発し（『リカードウからマルクスへ』『経済理論史』）、近代経済学および比較経済体制論の研究を経て（『マルクス経済学と近代経済学』）、一九六〇年代後半から広義の経済学を積極的に提唱するようになり（『エコノミーとエコロジー』）、地域主義や生命系に立脚した理論体系の構築を試みた（『玉野井芳郎著作集』全四巻）。

それは従来からある「狭義の経済学」に対する一種の幻滅感を反映するものと考えられます。つまり我々の現状認識が次の時代の経済学としての「広義の経済学」を求めているのではないでしょうか。そこで、そうした事情を背景に、経済学のあり方を模索してみたいと思います。

## 1　市場妄想

### 広義の経済学の淵源――エンゲルス

まず広義の経済学という発想ですが、これはマルクス*経済学**の方から出てきたと思われます。近代経済学では原則として、資本主義の経済学とそうでない経済学とを区別して考えることはしておりません。これは古典派以来の伝統で、「人間社会の最も発達したものが資本主義社会だから、未開の社会も文明の進歩と共にいずれは資本主義に落ち着く」という前提に立っています。

これに対してマルクス経済学は、資本主義社会が歴史的産物であることを常に強調してきました。人間社会は生産がある程度発展すると資本主義になるが、次の段階ではそれを脱皮して社会主義になると考える。そうだとすると、どの時代の経済生活にも資本主義の経済法則を当てはめて解明しようとするのは無理ではないか、という疑問が起こります。「広義の経済学」という言葉を最初に使ったのはエンゲルス***ですが、彼は主として資本主義以前の生産様式についても、何か一般的な原則を発見できるのではないか、と思っていたようです。その内容は詳しくは分らないのですが、おそらく「人間の解剖が、猿の解剖を理解する鍵を提供する」と言ったマルクスの有名な発言に触発されたのでしょう。資本主義の経済学を参照基準にして、それ以前の社会の経済分析もやればよいと考えていたようであります。

しかしその後、この発想は立ち消えになってしまったので、これ以上の事はよく分かりません。その次に「広義の経済学」を大々的に持ち出したのが玉野井芳郎先生です。

### 「市場妄想」の呪縛からの解放

玉野井芳郎先生の発想は、ポランニー****の言う「市場妄想批判」ということと深く関わっています。「市場妄想」というのは英語では the market mentality と言いますが、これは経済生活が常に市場を通じてなされると解釈する幻想のことです。

たとえば未開社会などにおいても、私利私欲を追求するガメツイ個人が「得を最大にして損を最小にする」ような最適化行動に腐心していた、と考えるのです。しかしそのような近代人の一方的な感情移入には全く根拠がないことを、ポランニーは経済史や経済人類学の研究を通じて確認しています。

玉野井先生がポランニーの発想に共鳴したのは、一九六〇年代の公害爆発という事情があったためでした。経済学説史の専門家として優秀だった玉野井先生はマルクス経済

*マルクス (Karl Marx 一八一八—一八八三) プロイセン領トリール出身。革命家・哲学者・経済学者。ジャーナリストとして出発。一八四八年、エンゲルスとともに『共産党宣言』を発表。一八四九年にイギリスに亡命してから、本格的に経済学の研究に着手。エンゲルスの経済的支援のもと、大英博物館で独学を重ね、一八五九年に『経済学批判』、一八六七年に『資本論』第一巻を出版した。資本主義的商品経済の原理を体系化する作業を通して、資本主義の限界を理論的に解明した。マルクスの死後、エンゲルスが『資本論』第二、三巻を編集し、出版した。

**マルクス経済学 (Marxian Economics) 資本と賃労働の対立関係を基軸にして、資本主義的生産様式の特殊歴史的な構造を明らかにする経済学。マルクスの『資本論』を原理論として重視。かつては、マルクス主義によって、資本主義から社会主義への移行を科学的に証明するものとしてイデオロギー的に利用されることもあったが、今日では、市場メカニズムを支える社会的制度の形成と進化およびその矛盾を解明する有力な理論として再評価されている。

***エンゲルス (Friedrich Engels 一八二〇—一八九五) ドイツのライン州バルメン出身の社会主義活動家。父親の経営する紡績工場で働く傍ら、労働運動に関与し、一八四五年には『イギリスにおける労働者階級の状態』を著した。また、一八四四年に発表した『国民経済学批判大綱』は、マルクスが経済学を研究するきっかけになったと言われている。一八四九年イギリス亡命後は、マンチェスターにある父親の商会に勤務し(一八六〇年まで)、マルクスへの財政的支援を続けた。マルクスの草稿や遺稿を整理しつつ、科学的社会主義を普及させるための活動や著述に従事した。

****ポランニー (Karl Polanyi 一八八六—一九六四) ウィーン生まれのハンガリー人経済史家。ブダペスト大学で法学と政治学を学び、第一次世界大戦後は国際ジャーナリストとして活躍。一九三三年に反動勢力から逃れてイギリスに渡ってからは、近代資本主義の歴史研究と労働者教育に携わり、一九四四年『大転換』を著した。労働力、土地、貨幣の商品化は虚構である、という認識のもと、資本主義の特殊歴史的性質を解明するとともに、晩年には、経済人類学の研究を展開し多くの弟子を育てた(『経済の文明史』『人間の経済』)。

学にも近代経済学にもよく通じていたので、公害問題を批判する根拠となる学説を渉猟してみたのですが、結局のところ何一つ見出す事ができずショックを受けたようです。玉野井先生はその理由を考えた時、従来の経済学がすべて全面的な市場を前提とし、その立場だけから実質的経済生活を理解してきた点に気づいたのです。すなわち従来の経済学こそが「市場妄想」の権化であり、環境問題などはもともと眼中にないし、「開発志向」などもすべてそこから生まれる。この限界を超克しない限り我々は我々自身の経済生活の実態に迫ることはできないのではないか。

玉野井先生はこう考えて、経済学の見直しを提唱しました。そして「市場妄想」の呪縛から解放された経済学を、従来の「狭義」に対して「広義の経済学」と呼びました。

## 2 社会科学と予見

### 玉野井先生の「広義の経済学」の特徴

玉野井先生の「広義の経済学」は資本主義以前の生産様式、経済生活の研究を志すものではなく、むしろ如何にして資本主義のような全面的市場経済を越えて先へ進むことができるかを考察する学問であると言うことができます。ややや単純化して言いますと、それは資本主義以後に来るべき社会主義のもとにおける経済生活がどのようなものでありうるか、を問う学問だと考えてよいと思います。

その「社会主義」とはすでに実在するものではなく、これから将来に建設されるべき社会ですから、広義の経済学の内容は今のところ主として想像と空想の産物でしかありえません。狭義の経済学のように三〇〇年の生活の実体験に根差したものと比較できないのは当然です。広義の経済学の内容が充実してゆくのは、新しい社会が誕生し、その生活経験が深まってゆくにつれてである、と一応言うことができるでしょう。

この様に考えると「広義の経済学」が、一種の空想的社会主義の側面をもつことは否めません。そこにわれわれは注意しなければならない。私も玉野井先生に従って「広義の経済学」の重要性を悟っています。今こそ経済学の発想の転換を計らねばならず、来るべき新しい社会の経済生活についても基本的な枠組みを今から考えておくべきだと思います。しかし逆にあまり焦って、まだ見えてこないものを空想でごまかしてはなりません。そうすれば「広義の経済学」は社会科学ではなく、未来学になってしまいます。そのような危険は避けるべきであると私は考えます。

## 社会科学と自然科学の相違

社会科学は未来学とは違って、将来を予測したり予言したりすることはできないし、すべきでもないのです。これはかねてからの私の持論なのですが、普通の常識と異なるかも知れないので、若干の説明をしておきます。

普通、科学の目的は予見可能な関係をまず仮説として定式化し、次に実験や観察でそれを経験的に検証してゆくことだ、とされています。確かに自然科学ではそうなっているのですが、社会科学ではそんな事はできない。自然は我々にとって外から与えられたものだから、我々はこれを部分的に外側から（特定の現象として）観察し、一定の条件、たとえば（a、b、c、……）が与えられた時、特定の結果（x）が生起するといった関連をいちいち検証しながら知識を積み上げるしかない。このような自然現象をいくら数多く確認しても、それで自然を全面的に解明できる訳でもないし、それに基づいてみだりに自然の改造が許される訳でもありません。しかし我々は自然に関して学んだ部分的に予見可能な知識を利用して、これまでよりも賢明に自然に順応し便乗する技術を学ぶことができます。我々は毎日このような科学技術の恩恵に浴しています。

## 社会科学は予見可能な知識を求めず

ところが社会というのは自然と違って外側から我々に与えられるものではありません。個人にとってはそうであっても、人間全体にとってはそうではありません。意識的であろうと無意識的であろうと、我々自身が社会を形成しているのです。

そういう社会を外から、観察し予見可能と思われる現象を仮説として検証するようなことは、御用科学にはなっても社会科学にはならない。なぜかというと、それは与えられた社会秩序を改造不可能なものと考え、これに順応、便乗しようとするのに等しいからです。社会科学の目的はそんなことであっては困るのです。

社会科学は自然科学のように（a、b、c、……）↓xという型の予見可能な知識を求めるものではないし、社会科学ではそのような意味の「予見」はありえないのです。にもかかわらず、「予見」めいた発言が跡を絶たないのですが、それは単なる「予測」や「予言」に過ぎないと考えられます。

## 予測は「占い」、予言は「未来学」

そこでまず「予測」ですが、これは全く科学的根拠をもたないものであり、経済予測などの的中率は著しく低いのです。たとえばバブル経済の崩壊などを事前に予測できた者は皆無でした。崩壊以後も当初からこれほどに不況が長期化すると予測したエコノミストはいません。すでに十分に長期化してから既成事実を後追いする形で「今回は厳しい」などと言い合って納得しているにすぎないのです。しかし経済予測は的中する必要などはないのです。的中するもしないも事実が判明したときには、予測は不必要になっている。必要なのは未だ誰にも解らない行き先の見当をつける時です。

個人個人は毎日常識でこういう見当をつけながら暮らしている訳ですが、企業とか社会組織が将来の動勢に見当をつけるときは、専門の〝占い師〟が必要になる。専門家のつけた見当に従って計画していれば、仮に情勢判断を誤ったとしても担当者の責任にならないというわけです。普通、予測と言うのは短期から中期にかけて行われるのですが、中長期となると不確定要素が多くてとても見当がつかないのが普通です。それをあえてやるのが〝予言〟であり、これは未来学の分野に属します。

社会科学は未来学ではないから、人間社会の将来を予言する義務も責任もありません。マルクスは将来を予言できたから偉いという人もいるし、彼の予言は外れたから彼の理論は駄目だと言う人もいます。これらは両方とも間違っているのです。マルクスも人間ですから「将来はこうありたい」と思う願望を予言の形で表現した場合が多くあります。特に実践的な意図があり、民衆を政治活動に誘い込もうとする限り、予言者的に振る舞う必要もあったに相違ないのです。しかし、予言者、政治活動家としてのマルクスと、社会科学者としてのマルクスを混同してはなりません。

## 3 社会科学の知識は回顧的――歴史的

では社会科学には何ができるのか。私はこの問いに直面すると、何時もポール・ヴァレリーの言葉を思い出します。「我々は後退りしながら将来に入っていく」という言葉です。これは言い得て妙と言うか、問題の核心をズバリ言い当てた名句であると思います。

実際に我々は移動する車の後ろの窓から今来た道を眺めることによって、同じような状況を体験することができます。窓から見える景色は刻々と変わってゆくが中心部は安定しており、次第に小さくなってゆくだけです。しかし窓枠あたりから新情報がどんどん加わってくる。それを見ながら、我々は山道を上っているのが下っているのか、町に入ってきたのか、出ていくのか判断しているわけです。しかし運転手とは違って道路標識も信号も見る事はできない。その点は盲目同然であります。

我々が社会についての知識を得る時も、その構造は大体これと同じなのではないかと思われるのです。だからそれは「回顧的」な知識であり、基本的には歴史を整理・解釈することによって、これまで自分がしてきたこと、今の自分がどういう位置にあるかということを知識として学ぼうとするのであります。これはヘーゲルの言った「灰色の知識」という部類に属するものであって、「汝自らを知れ」と諭したソクラテスの教えに、ある意味で答えることにもなります。言い換えれば、社会科学が与える知識は、我々を取り巻く外界がどうなっているかを問うのではなく、我々自身が社会的動物として「何をしているか」「何であるか」という自己認識でしかない。こう思って良いのではないかと思います。とは言っても、これではあまりに抽象的なので、次に社会科学としてよく確立されている狭義の経済学について、具体的に考えてみることにします。

## 4　古典派経済学の特徴

### 近代社会の所産としての経済学

経済学はよく知られているように、近代社会の生成・発展と共に前進してきたもので、十七、十八世紀にその黎明期をもち、十九世紀を通じて充実し、二十世紀にはすでに完成の域に入りました。だから経済学はまさに近代資本主義社会の所産であります。

近代に先立つ伝統的な社会では、今日とは全く違った世界観が支配していたようであり、そもそも「経済」とか「社会」とかいう概念も存在していなかったのです。ところが、ルネッサンス、新大陸発見、宗教改革を経て、近代的な国民国家が成立してくると、これまでとは異なった社会が形成されつつあることが悟られるようになり、それがどんな社会であるか見極めるために社会科学や経済学が発生したのです。

だからこれらの学問が直接にその研究対象としたのは近代社会であり、それ以外の社会はやがて近代社会に発達すべき未開社会であると考えました。言い換えれば、文明が発達すれば人間社会はすべて近代的資本主義社会に行き着くはずだ、という前提でありました。

こう考えたのは最初の経済学を体系化した古典学派ですが、この立場からすると経済学には狭義も広義もないことになります。人間社会の経済生活は、本来資本主義的に運営されるべきものであり、まだそうなっていなくても、いずれそうなる。そうだとすると、経済学は資本主義の経済学、すなわち狭義の経済学でしかありえない。広義などと言ってもそれは狭義の範囲を量的にすこし広げた程度のものでしかない。こうした考え方は新古典学派を通じて今日の近代経済学にも根強く受け継がれています。

### 玉野井先生はマルクスも狭義と断定

このような経済学のもついわば「近代主義の偏向」に対して、ポランニーはこれを鋭く批判しているのですが、学説史を見ると、この偏向を根底から批判しえた経済学者はマルクスしかいないし、その点ではマルクスも十分に理解されていないのが現状だと思います。だから玉野井先生がこれまでの経済学をマルクスも含めて「狭義」と断定したのは理解できます。ただしマルクスの評価については玉野井先生と私の間に多少のひらきがありますので、その点について次に述べることにします。

## 私のマルクス評価

マルクスと古典派がどう違うかと言いますと、まず古典派が近代的な資本主義社会を絶対化しているのに対して、マルクスはこれを歴史的に特殊な社会として相対化している、と言えるように思います。これはすでに指摘したことだし、一般にもよく知られていますが、その結果、マルクスは資本主義というものを二つの異質なものから成立っている、すなわち「実物経済」と「資本の論理」との一時的な結合から成り立っていると考えざるを得なかった、という点は存外に忘れられがちです。

これに対して古典派はこの二つの部分の常時完全結合を主張するのです。この点は重要ですから注意を促しておきたいのです。実物経済と言ったのは「人間社会と自然との物質代謝」のことです。「使用価値の生産と消費」といってもよいのですが、これはどんな社会でも行われていることです。要するに「人間社会は自然に働きかけて、その一部を有用物に変形しそれを消費する。その過程で発生した廃物、廃熱は自然に戻す」という形で実質的な経済生活を送っているのです。このような生活の行われる「場」を「使用価値空間」と呼ぶことがあります。

これに対して資本の論理ないしそれに基づく市場原理というものが別に存在するのです。この二つはちょうど、ハード（実物経済）とソフト（資本の論理）のような関係にあります。とすると、ここに市場原理というソフトで、実質的経済生活がそのなかで行われている「使用価値空間」が運転できるか、ということが問題になります。

資本主義を相対化しているマルクスの場合には、どんな使用価値空間でも自動的に資本の論理の中に取り込む（包摂する）訳にはいかないのであって、両者の間には必ずやズレやギャップが生じる。すなわち市場原理に取り込むことができず、ハミだす部分が存在すると言うのです。これを外部性と言いますが、この外部性がブルジョア国家の政策によって内部化できる場合には資本主義社会は成立するが、内部化できないほどハミだす部分が大きい場合には、資本主義社会は成立しないことになります。

### 古典学派の近代主義的偏向

これに対して古典派経済学の前提、すなわち近代主義的偏向を特徴づけるものは、どのような使用価値空間でも常時資本の論理のもとに包み込めるという信条があります。すなわち実物経済と市場原理は常に完全に融合できるものであって両者の間にはいかなるズレも乖離も齟齬も存在しないということです。しかしもしこれが本当だとすると、どんな社会も本来資本主義社会になるはずであって、そうでない場合にはどこかが未発達だとが、間違っているとしか言えないことになります。環境破壊のようなことが起って、実質的経済生活の物質循環に故障が生じ市場原理の言うことを聞かなくなったりすることもない。なぜならもしそんなことが起これば、使用価値空間と資本の論理の間にギャップが生ずるからであります。

このように言うと「馬鹿な！　どうしてそんな非常識なことが考えられるのか？」と大抵の人は思うでしょう。しかし経済学者はそうではない。古典学派・新古典学派の前提に従って考える限り、科学的結論は論理的にこうとしかなりえないのです。このような経済学に由来する市場礼讃主義・開発至上主義に対して、イデオロギー的批判が最近高まってきています。特に開発・環境・ジェンダー＊の面からその不条理をあげつらうものは後を絶ちません。しかし外側からいくらやかましく経済学を批判しても、それだけでは問題の解決にはなりません。

## 5　「資本主義社会」の定義

### 「近代社会の運動法則」はソフト

古典派経済学への本格的な批判を果たすためには、やはりマルクス経済学の原点に立ち帰る必要があると思われます。しかし、私が以上で説明したマルクス経済学の特徴というのは、マルクス自身が明言している訳ではないので、一般には必ずしもよく理解されているとは言えないし、マルクス経済学者でも十分に注意を払っていないことが多いのです。ことによるとマルクス自身もそれを十分に自覚してはいなかったのかも知れません。

マルクスは『資本論』の目的が「近代社会の運動法則を解明する」ことであると言っていますが、これも漫然と読めば「資本主義経済をモデル化した理論を展開する」と言った程度の事と理解できなくもないし、事実そのように解釈されることも多い。しかし「近代社会の運動法則」とはまさに資本主義のソフトすなわちそれによって資本主義社会の経済生活を動かしているプログラムのことです。しかしそれが抽出できるためには、この経済生活が、実際にそうである以上に商品化しやすいこと、すなわち資本の論理に服しやすいことが前提されなければならない。言い換えれば心理的実験として外部性が発生しないような理想的な使用価値空間が想定されなければならないのです。理論が必要とする使用価値空間は、現実のものではなく観念的に理想化されたものでなければならないのです。

ところがマルクスはこの点を曖昧にしています。その理由はマルクスの時代の資本主義は現実にも「純化」する傾向が顕著で「外部性」など徐々に消滅していくように思われたのです。したがって現実の資本主義とソフトとしての純粋な資本主義とを峻別する必要はないかのように思われたのであります。

## ハードとソフトの見極めが肝要

ところがこの盲点が後世、大きく祟ることになりました。資本主義を内側から動かしているプログラム、ソフトとしての経済学理論(マルクスはこれを資本主義の内的論理と呼ぶのですが)を抽出できないとすると、そのような経済学は近代経済学と同じように、資本主義経済を外側から部分的にモデル化し、その中で予見可能な命題を探し求めることしかできなくなってくる。実際にはそのような命題の検証はほとんどできないので、それに代わる予測や予言を提供す

＊ジェンダー (gender)　生物学的な性差(セックス)とは区別された社会的文化的性差のこと。未開社会や定住農耕社会などの労働・生産組織において見出される男女間の相互補完的な関係性だけでなく、家父長制のもとでの性差別や近代社会における経済的性差別などもジェンダーとして扱われる場合が多い。そのため、イヴァン・イリイチは、前者をヴァナキュラー・ジェンダーと命名し、後者から区別した。

るだけで終わってしまいます。

　このようなマルクス経済学では資本主義のイデオロギー的批判はできても、本格的批判はできない。それは自分自身が近代主義の呪縛に囚われているからです。このレベルではたとえ「広義の経済学」を語っても、それは玉野井先生が警戒したような「狭義の経済学」の同心円的拡張にしかならないのです。資本主義のソフトとしての経済学理論が、同時に純粋な資本主義の定義となっている。どのような使用価値空間もこのソフトを体化し、それによって組織され運転している限り、またその時にのみ資本主義社会であると言えるのです。しかし資本主義という言葉は、このように資本の論理によって統合された使用価値空間という意味の他に、もっと単純に「資本主義的行為を行うこと」という意味もあります。普通この二つの意味は混同して使われています。なぜかというと「資本家的な行為」が広範に行われる社会は当然に「資本主義社会」だと常識的には考えられるからです。

　しかしながら、これは我々が採用している「資本主義社会」の厳密な定義とは違う。いかに資本家的行為が広範に行われようとも、それが使用価値空間を十分に包み込み、政策的に内部化できる外部性しか発生させないという保証はないからです。資本主義社会の定義が曖昧なことは、近代主義の呪縛をいまだに抜け切っていないという証拠と考えてよいのです。

## 6　歴史的説明

### 資本主義は戦間期に命運を絶たれた

以上の点に留意しながら資本主義社会の歴史を顧みると、それは十七、八世紀のイギリスに発生して以来、重商主義、自由主義、帝国主義の三段階を経て戦間期に終了しております。資本主義の定義が曖昧な人は、この発言を奇異に思うでしょうから、以下この点を若干説明しておきたいと思います。

　第一次世界大戦はそれまでヨーロッパを中心に成立していた帝国主義的秩序を決定的に破壊したため、戦後、二十年代を通じて戦前の正常な状態に復帰しようとする努力はすべて徒労に終わりました。同時に世界経済の破局と不均衡は著しく深まったので、一九二九年ウォール街での株価の大暴落を契機に、世界経済は三〇年代の大不況に突入したのです。これは当時まで生き延びていたブルジョワ国家が最早その政策をもって経済を安定させ、社会を保護する能力を喪失したことを意味します。左からはボルシェビズム、右からはファシズムと左右の全体主義に挟撃され、命運を絶たれました。いずれにも投降せず生き残るためにはブルジョワ国家が自らを福祉国家に転換して階級闘争を鎮静化し、労使協調の体制すなわち社会民主主義を受容する以外になかったのです。

アメリカの場合にはこれがニューディール政策という形をとりましたが、いずれにしても福祉国家を採ってブルジョア国家を捨てるということは資本主義を終焉させることを意味します。これは差し当たり大不況に際しての応急処置であって長期的展望に基づく意識的改革ではなかったが、これによって労使関係の緊張を解いたからこそ、続いて起こる第二世界大戦ではボルシェビズムと協力してファシズムを押さえることができたのでした。

**五〇、六〇年代は社会民主主義の時代**

戦後はアメリカ経済の圧倒的な優位のもとに世界経済の新秩序が形成されましたが、この時も冷戦が激化するなかで社会民主主義的な労使協調は欠かせなかったのです。これは福祉国家の充実によってのみ可能であったのですが、それを下から支えたのは、石油技術の成熟でした。石炭に頼っていたのでは福祉国家の充実などとうてい考えられません。第二次世界大戦を契機にして突如として石油が登場したからこそ「豊かな社会」も「フォーディズム*」もケインズ政策も未曾有の経済成長もすべて達成できたのです。

使用価値空間のなかで石油が使われるかどうかは、決定的な区別となります。石炭では想像も及ばないほどの生産

＊**フォーディズム**（Fordism）　自動的組立てラインを前提とした大量生産方式。レギュラシオン理論では、大量生産と大量消費を組み合わせた資本蓄積様式である。また両大戦間期には、生産面において大量生産方式が導入されたが、消費の組織化が遅れ、大不況を招いたとされる。第二次世界大戦後において、福祉国家システムのもと、実質賃金の上昇により、耐久消費財を含めた一般消費財への需要が増大し、商品の生産と消費が内部的に結びついてともに拡大する機構が確立した。

力を飛躍的に増進させ、資本主義のソフトではもはや包み込むことができなくなります。つまりブルジョワ国家の政策などではとても内部化できない外部性を発生させるのです。そのような使用価値空間をコントロールするためには、資本の市場原理に加えて国家の計画原理も併用せざるを得なくなります。戦後の経済がサミュエルソンが言う「混合経済」として運営されるようになったのはこのためであります。

ところでこの石油技術には、著しい省力性と環境破壊性という二つの特性がありますが、五〇代六〇年代までは後者の面はそれほど現れず前者のみが目立ちました。それは三〇年代四〇代のモノ不足で苦労した世代が、急に購買力を持つようになったので生産が急増し、労働比率の低下を補ったためです。皆がモノに飢えていたのだから何でも「作れば売れる」という状態でした。しかも石油技術のおかげで付加価値生産性が高く、一〇〇作れば八〇を労使で仲良く分配できたのです。

## 七〇年代の危機

ところが七〇年代に資源・環境問題が発生すると、これまで外部性として支払いを免じられていた資源や環境コストの一部を負担せざるを得なくなり、産業はたちまち行き詰った。付加価値生産性が急落し、一〇〇つくっても六〇は旧価値の補填にまわり、労使は四〇を取り合うことになりました。これでは労使の協調も福祉国家も駄目になります。そこで新保守主義が登場してケインズの権威は地に墜ちたのです。産業は重厚長大を避け、軽薄短小を求めると同時に規制緩和を要求し生産拠点も海外へ移しました。つまりフォーディズムの時代が終り、ポスト・フォーディズム*の時代になったのです。ここでは石油技術の省力性がＭＥ化などによって更に加速する一方、生産量の伸びは減退してきているので、いたるところで失業問題が深刻になってきます。

ここではゆっくりと現状分析をしている時間はないのですが、要するに三〇年代以後の世界経済は資本主義社会の一発展段階を示すとは言えないのです。資本家的行為がなくなった訳ではなく、それはますます傍若無人に暴れ回っているのですが、そうかといって市場原理に委ねておけば今日の「使用価値空間」が安全に運転できるわけではないのです。

石油技術の初期段階を代表するフォーディズムの時代には環境負荷を無視できる限りにおいて、資本の市場原理と国家の計画原理が、いちおう社会生活の安定を保証できました。ところが石油技術の後期に対応する今日のポスト・フォーディズムの時代にはもうそれはできない。これは今日の社会が資本主義のような歴史社会ではなく、一歴史社会からもう一つの歴史社会への移行期・過渡期にあることを示しているのです。私はこの過渡期を名付けて脱資本主義過程と呼んでいます。

## 7　新しい歴史社会へ

### 脱資本主義過程としての現代

「資本主義のような歴史社会」という言葉を使いましたが、歴史社会とは与えられた方式で使用価値空間を運転し続けても機能不全を起こさない社会である、と理解して差し支えありません。資本主義は資本の主宰する市場原理によってさまざまの使用価値空間を運転します。その間に使用価値空間の方も変わってくるが、それが市場原理からハミ出す部分は政策でコントロールできる社会である。ハミ出す部分が肥大しすぎて市場原理に内部化できなくなったら、資本主義社会は歴史社会としての生命を終えるのであります。

唯物史観の言葉で言えば、生産力の一定の発展段階にうまく照応している生産関係、生産様式は歴史社会たりうる。この照応がズレてくると現存の社会は衰退し、新しい状況に適した歴史社会に取って代られる訳ですが、それには時

＊**ポスト・フォーディズム**（Post-Fordism）　多品種少量生産に象徴されるように、多様な消費者のニーズに生産を合わせていく資本蓄積様式。消費資本主義ともいう。大企業の分社化およびネットワーク化、情報産業の発達などを伴いつつ、地域ごとに多様なあり方を見せる。一九六〇年代以降、高度成長の終焉とともに新自由主義が勢力を持つようになると、大量生産ー大量消費を前提とした重厚長大な産業構造に代わって、ポスト・フォーディズムが世界的に見られるようになった。

間がかかる。革命などでパッと変わったりはできません。かなり長期の過渡期があって当然です。中世の封建制度が解体し資本主義が発生するまでにも、相当の時間を要しています。

過渡期は歴史社会ではないから、整然とした生産様式をもたず、与えられた使用価値空間をコントロールするのに、従来から受け継がれた方式や試験的に導入した新方式を、行き当たりバッタリに混ぜ合わせながら対処します。一時的にそれで旨くいっても思わぬ盲点が現れたりする試行錯誤の過程となります。脱資本主義過程がまさにその様相を呈しています。ところがこの場合には、以前にはなかった新しい要素が加わってくるのです。それは行き当たりバッタリに使用価値空間を運営している内に、社会存立の前提である物質循環に支障を来す可能性です。これを私はエントロピー問題の発生と呼んでいます。

歴史社会と見なしてよい資本主義のもとでも至る所で汚染・公害・環境破壊・資源収奪が行われました。これは資本主義以前も同じであって周囲の生態系を破壊したために滅亡した文明もある。しかし生産技術が比較的低水準である限り、自然破壊は局地的なものに留まり、地球全体の物質循環を攪乱するには至りませんでした。大体の見当ですが、石炭依存の産業技術ではまだその破壊力が限られていたので、一地域で資源収奪や環境破壊を行っても、別の地域に逃れれば社会の存立は可能となり、人類滅亡の心配をせずに済んだと言えるのではないかと思います。

## 広義の経済学登場の根拠

ところが石油技術の時代になると、それが個別的にも圧倒的破壊力をもつばかりか、大衆消費社会を作り出し、人口爆発を加速するので、その利用規模も劇的に拡大することになります。そのため環境負荷が地球の自浄能力を越えてその物質循環を阻害するようになるのです。これが脱資本主義過程に特有のエントロピー問題であり、これに直面した玉野井先生が『広義の経済学』を提唱することになった訳です。

その意図は明白です。石油技術の時代の使用価値空間を安全に運転するためには、資本の市場原理にだけこれを任せることはできません。ブルジョワ国家の経済政策で内部化できる以上の外部性が発生するからです。これに対処するために福祉国家は計画原理を併用してみたら、逆にエントロピー問題を加速することになってしまいました。すると次にはそれに対応しようとする福祉国家が立ち行かなくなり、エントロピー問題も解決しないままに失業問題まで起こりはじめます。要するに近代主義の呪縛に捉われた社会科学、なかんずく「狭義の経済学」の発想で行き当たりバッタリな経済管理などやっていても問題は解決しないのです。そこで発想の転換を行い、来るべき新しい歴史社会に備えたらどうか。玉野井先生の意図は大体このように解釈してよいと思われます。

しかしながら、「広義の経済学」を提唱したらその途端にその内容が充実するという訳ではありません。すでに述べた理由によってその内容をまだ「具体的に提起できない」からです。せいぜい方法論的に「狭義の経済学」と異なった点を指摘する程度のことしかできません。実際に、玉野井先生も「生産概念の見直し」とか「地域社会の強調」とか「ジェンダーの重視」とか、いずれも現代文明批判を多少定式化した程度のことを主張するに留まっています。私も質的財と量的財を区別したり、地域社会主導のシステムの「経済表」をこれに加える位のことしかやっていません。今のところその程度のことしかできないしそれで良いと思うのです。現段階で「広義の経済学」にできることはもっぱら「狭義の経済学」のもつ近代主義的偏向を反省し、それから解放されるための道標を提供することでしょう。

## 8　広義の経済学

### 槌田敦さんの「広義の経済学」批判

だから「広義の経済学」が何ら具体的な内容を持っていないとする槌田さんの批判は当たっています。だが、その理由の説明の仕方は正しくないと思います。槌田さんは(i)「狭義の経済学は物質循環を前提とする」という正しいテーゼから(ii)「そのような狭義の経済学が成り立たない人類社会は持続可能でない」という結論をただちに引き出しています。しかし(ii)が正しいためには、(i)の逆もまた正しくみなければなりません。すなわち(i')「物質循環を保証できるのは狭義の経済学が成立する時のみである」という命題も確立できるのでなければならないのです。それができれば、（ii）は「狭義の経済学が成立しなければ物質循環は保証できない。したがってそういう人類社会は持続可能でない」という話になって、論理的に矛盾のない推論と言えるでしょう。

ところが実は、（i'）が上で述べてきた近代主義的な偏向に他ならないのです。「狭義の経済学が成立する人類社会」とは「資本の市場原理によって使用価値空間を運営できる社会」すなわち「資本主義社会」のことでしかありえないからです。とすると（ii）は「資本主義社会でない人類社会は持続可能でない」ということになり、持続不可能な人類社会はもとより人類社会としては失格だから、結局「人類社会はすべて資本主義社会である」という古典学派の前提に帰着することになります。

## 槌田さんの意見へのコメント

しかし以上のように言って槌田さんを批判するのは、不親切というものでしょう。槌田さんは physicist（物理学者）であって metaphysician（形而上学者）ではないから、私がこれまで述べてきたような経済学者の自己反省などに関わる必要も、興味もないでしょう。以前、私が「広義の経済学」について講演した時、槌田さんが提供してくれたコメントの中に次のようなものがありました。

「〃内部化〃は本当にできない事なのであろうか。要するに内部化をしっかり考えることが大事ではないか」「政策提言をしっかりしなければならない経済学という形になるのではないかと思う」

これらはいずれも「現状にどう対応するか」という実践的な立場からきた発言であります。実際『循環の経済学』（学陽書房、一九九五年）という本に槌田さんが執筆された「物質循環による持続可能な社会」という章を読んでもその点は明らかです。そこでは、四つの自然循環というきわめて重要な視点から日本経済の実情を見つめ、どのような環境政策が正しく、どのような政策が間違っているかを論じています。これらの点で槌田さんが述べていることはほとんどすべて正しいし、そこに「広義の経済学」が介入する余地はありません。今日の日本社会という具体的文脈で環境政策を論じるのであれば、空想的なことばかりに関わっている余裕はないし、好むと好まざるとにかかわらず、現行の制度の枠内でも可能な最善の策を求める以外にはないのです。

しかしすでに始まっている物質循環の劣化を、現行制度の大枠を維持したままで阻止できるかという、もう一つの問題があります。たとえ最も賢明な政策が採用されたとしても、今日の脱資本主義過程の中では究極の解決が得られることはないのではないか。こういう疑惑を誰しもが暗黙の内にもっていると私は思います。「我々のライフスタイルを変えなければならない」と皆が心の中では思っている。だがこれを「個人の倫理」のレベルで解決しようとしても無理であり、「社会の倫理」に格上げすべきだ、という槌田さんの意見には全く賛成です。問題はどうやって「社会の倫理」に格上げをするのか。あるいは「社会の倫理」に格上げすると言うことの意味は何か、ということでしょう。「社会の倫理として我々のライフスタイルを変えよう」と皆が合意できた時にはもう脱資本主義の時代が終り、新しい歴史社会が胎動し始めているのではないかと私は思います。

つまり「狭義の経済学」の限界がだれの目にも明らかになり、「広義の経済学」が発展し始めているのではないかと思われるのです。

# 9　過剰な建設投資による財政的・環境的破綻

河宮信郎（環境経済学）

## はじめに

日本の大規模公共事業が自然破壊と財政破綻を省みることなく押し進められてきたことはよく知られています。ところが近年、大規模開発にはこれ以上に深刻な問題が伏在していることが明らかになりました。それは川砂や川砂利の枯渇によって、七〇年代以降のコンクリート構造物が強度と耐久性においてコンクリート本来の性能をもっていない、ということです。これには、主要河川にくまなく建設されたダムが川砂供給を絶つという自己矛盾が作用し、さらに長期的な建設ラッシュが工法の劣化、施工監理の形骸化をもたらしました。これらが素材的な劣化と相乗的に作用して、欠陥建造物の大量生産をもたらし、都市工業文明の基盤を物理的に脆弱化させています。

この要因は、〃環境破壊と財政破綻をもたらす利権主導型開発のみならず社会的に有用な建造物もまた耐久限が異常に短くなる〃という結果をもたらします。当然これらの建造物は本来の償却期間以前に崩壊しはじめ、建設に関わる財政・金融的リスクを不可避なものにするでしょう。

これらの問題を解明するために、この報告では世界最大の産業複合体である日本の金融・建設・不動産の産業複合

**図1　日本経済の物質フロー**

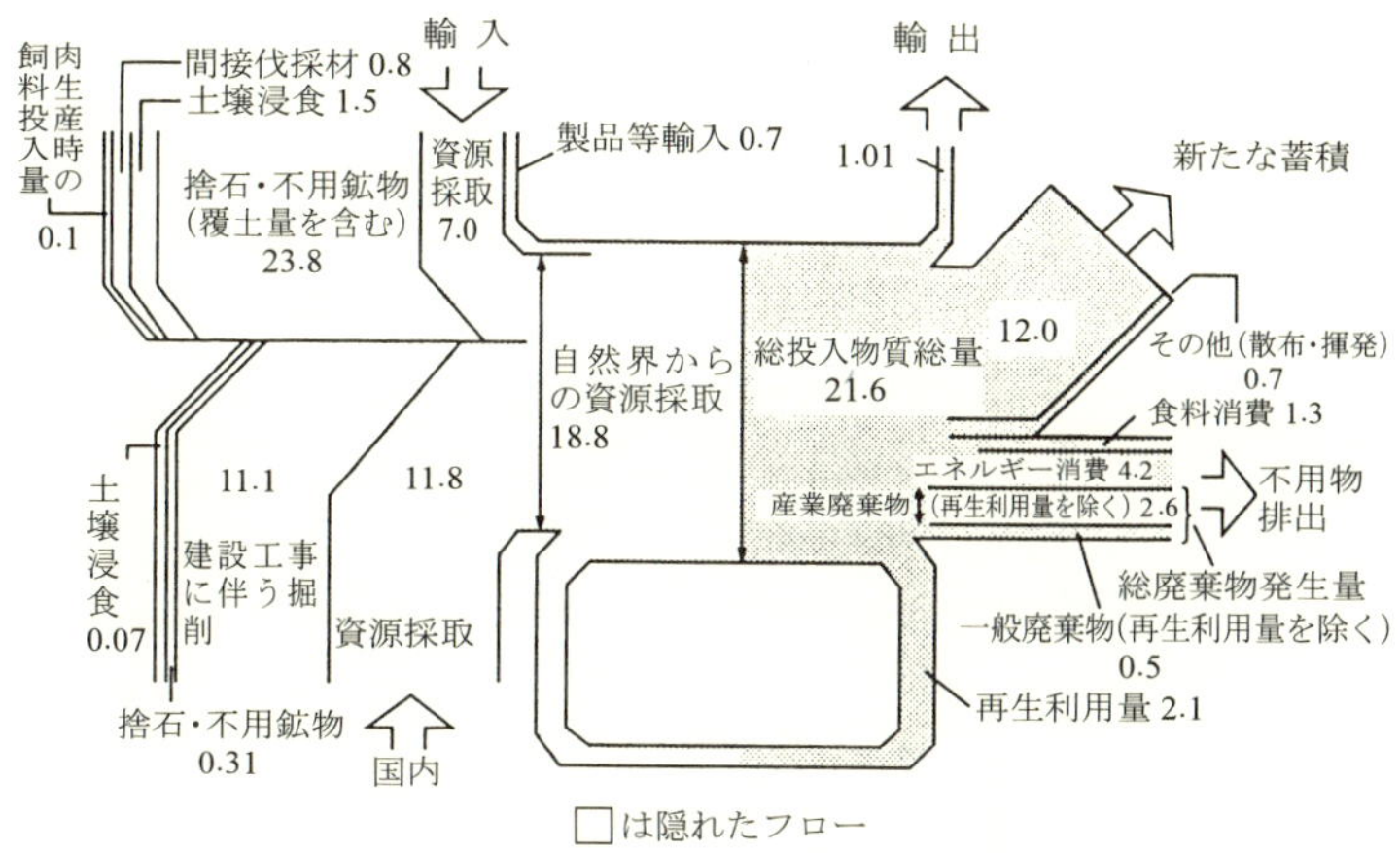


出典：『環境白書』平成11年版

体を価値（価格）と素材の両面から考察してみたいと思います。この部門は資源枯渇と技術の退歩という深刻な制約に見舞われており、それは経済成長の本質と経済学的解釈に対して深刻な問題を提起しています。経済学は経済現象をもっぱら価値・価格を通して見ようとし、素材・物量の側面から見ることを拒否してきました。したがって、経済活動の技術的側面を扱うことができません。このために、経済学は経済活動を理解する重要な契機を見失ってきたように思われます。[1] 本報告はこの欠落を補うための試みです。

## 1　日本経済の物質フローと産業構造

まず具体的な日本経済の物質フローを**図1**に示します。投入の総量二十一・六億トンのうち過半が国内資源であることに注意してください。ただし、この主な内訳はコンクリート用の骨材（品・砂利）が十億トン、石灰岩（セメント原料）一億トン弱です。他方輸入資源は化石燃料五億トン、鉄鉱石一億トン弱が主体です。エネルギーと構造材料の鉄が輸入資源に依存していることから、日本を単純に「無資

図２　日本の産業別ＧＤＰシェア

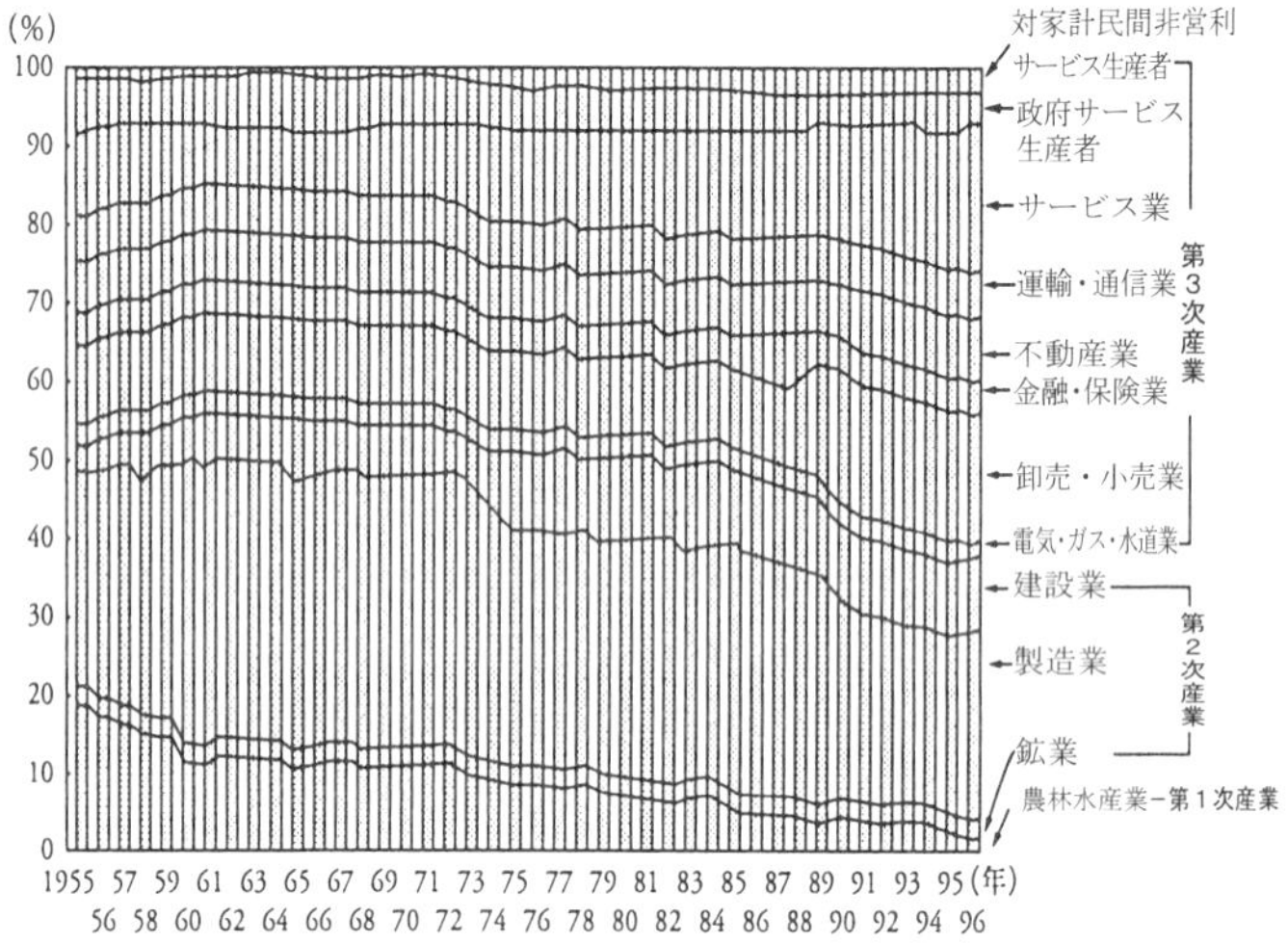


出典：『環境白書』平成11年版（資料：経済企画庁「国民経済計算」）

源国」と断じた高名な経済学者がいます。[2] しかもこれを奇異と思う経済学者は少ないでしょう。ところが、日本はセメントとコンクリート骨材および水を自給しています。これを度外視することが日本経済の評価を大きく歪ませることが以下の考察からわかるでしょう。

ともあれ、この巨大な物質フロー――地質変動に匹敵する規模――を駆動する力は何でしょうか。熱学的には化石燃料であり、五億トンのエネルギー資源（輸入）はまさしくそれにほかなりません。この物質フローを動かす最大の主体は金融建設不動産の産業複合体です。この産業複合体の約半分は公的部門であり、日本の政府機能の半分は行政的サービス（第三次産業）ではなく、この複合体の維持拡大に向けられています。

このことは、日本の産業構造の歴史的トレンドから容易に検証できます。**図2**は各産業部門のＧＤＰ（国内総生産）シェアを示します。ここからわかるように日本経済において、農林水産業が最も顕著に減少したことは当然として、自動車や家電・エレクトロニクスを典型とする製造業が六〇年代以降一貫して減少してきたことは必ずしも知られていません。さらに、従来の産業分類は金融建設不動産を形式的に独立部門としてあつかい、三者の一体化を正確に明示せずにきましたが、これは産業構造論的な不備というべきでしょう。この点を補正して、この表で金融建設不動産部門を一体としてみると、これらが最終的にはＧＤＰの二七％を占める最大（日本—世界を通じて）の部門であることがわかります。

## 2　金融建設複合体主導の高成長の内実

大戦後、この産業複合体は、ＯＥＣＤ諸国で最高の成長率を保ってきた日本経済の中でさらに最高の成長を達成しました。ところがこの部門がその成長過程を通じて蓄積したものは、利潤ではなくて不良債権でした。これはなにを意味するか。もし日本経済が市場原理で動いているのであれば、成長率の高い部門は高い利潤率を得ているはずです。なぜなら、利潤率の低い所に継続的に資金が集中して高率の投資が続き、長期にわたって高成長が続くということはありえないからです。

では現実にはなにが起こっていたのか。要するに他部門から猛烈に資金を借り入れ、猛烈に消費しつつ、それを「投資」と称していたのです。多量の資金を消尽すれば、当然その部門のＧＤＰシェアは肥大します。「成長」の実態はこれであった。逆に農林水産部門のように停滞・縮小しつつある部門では資金需要がなく、そこで得られた収益は他の部門に貸し出された。農協系金融機関が住専倒産の最大の被害者になったのは偶然ではない。経済学の理論体系は「投資は成長を生む」という神話の上に構築されていますが、「投資は不良債権を生む」というのが苦い真実です。実際「投資」だからこそ、数百兆円に及ぶ資金が奔流のようにこの部門に流れ込んだのです。

端的にいうと、高成長とは不良債権の急膨張のことでした。九一年に株バブル、翌年地価バブルがはじけて、実質ゼロ成長時代に入ったにもかかわらず、あるいはそれゆえに、国民金融負債だけは膨張を続けます。金融負債は貸手から見ると金融資産ですが、この金融資産に対する利子はＧＤＰの成長分からしか払えない。ところが成長が止まったのに、金融資産に利子がついています。このパラドクスはなにを意味するか。借り手が利子さえまともに払えず、貸手もその不良貸付を清算（＝債権放棄）する力がないために、利子がそのまま元金に上乗せされて負債を膨らませるのです。肥大した資金フローが巨大な金融ゴミ――不良債権――を生み出しています。

厳密には、「投資」が収益をもたらさなければ、それは投資ではなく、単なる消費（資本財の購入）にすぎない。したがって、投資が行われたかどうかは事後的に判定するしかない。このことは、企業会計では死活問題であるはずですが、経済学では投資の名目で支出された経費を無頓着に投資として扱うように思われます。しかもバブル期には企業までこの慣習に侵され、単なる資金消尽を「投資」と呼ぶようになっていました。

## 3　物質フローと資金フローの袋小路

ＧＤＰが八〇年代を通じて四八〇兆円規模に成長し、ついで九〇年代に突然停滞に陥る間に、国民金融負債は三六〇〇兆円を超えいまなお「成長」を続けています。このうちどれほどが金融ゴミとしての不良債権であるかについて正確な評価は難しい。しかし、成長（利子支払いの源泉）がないところで、金融負債（貸手からみると金融資産）が膨張しています。この事態そのものが、金融システムが総体として不安定化していることを示します。事実、倒産企業の負債残高が近年十五兆円を超え、九〇年代に入ってからの累計が一〇〇兆円の規模に達しているにもかかわらず、不良債権「処理」が終了しない。いわば金融ゴミの捨て場がなくなってしまったのです。

一方、このＧＤＰの素材的な担い手は二十二億トンに達する物質フローです。この対応を単純化していうと、最も高度な金融フローの主要部が最も安価な素材である砂利・砂（コンクリート骨材）のフローと対応しています。この物質フローから四億トンを超える産業廃棄物と六千万トンを超える一般廃棄物が出ます。このゴミの処分場が全国的に満杯になりつつあり、新規の開発は容易なことでは進まない。なおこれらは固体および液体の廃棄物の集計であり、気相の廃棄物（燃焼ガスなど）を含んでいない。そしてこの気相の廃棄物も、ゴミ焼却に伴うダイオキシン発生や酸性

雨、温室効果ガスなど深刻な環境負荷となっています。(3)

こうして、資金の流れ（価値フロー）も物質の流れ（素材フロー）もともに行き詰まっており、それが処理不能というシステミック・リスクに逢着しています。ところが、ここ一二年の間に上記の問題に加えて、新たな問題が出されています。それが新幹線のトンネル崩落事故に象徴されるインフラ構造物の欠陥です。すなわち現代的な都市・工業文明の基盤が物質的に脆弱化しているのです。同時にこれは金融建設不動産部門の素材的な側面を担う建設技術がこの二、三〇年にわたって停滞ないし退歩してきたことを示しています。一体この分野でなにが起こったのか。

## 3　建設資材の原料枯渇と建設技術の退歩

コンクリートはヒビが入ったらコンクリートではなくなります。鉄筋コンクリートは鉄筋の引っ張り強度とコンクリートの圧縮強度を利用する複合材料です。後者において圧縮抗力を受け持つのは骨材（砂利・砂）であって、セメントではない。セメントは骨材や鉄筋を相互に接着し、同時に凝固体内を塩基性に保つ。この働きで鉄が錆びない。この複合材料の強度はコンクリートの気密・水密が破れると失われます。空気や水（一般に弱酸性）が内部に侵入しますと、セメント（硅酸カルシウムが主成分）が分解し石英（砂の主成分）とカルシウム塩になります。当然鉄筋の保護作用も失われ、空気・水に曝された鉄筋は錆びる。セメント分解も鉄筋の酸化も膨張を伴うから、ヒビは拡大します。こうしてヒビがヒビを生む。外見は鉄筋コンクリートでも中は砂と鉄鉱石（酸化鉄）に戻りつつあるのです。

コンクリート骨材として最適の資源は川砂利・川砂です。洗いさらされて不純物がなく、丸くて突起がない。ところが日本では五〇年代に巨大ダムを建設して大河川の砂・砂利供給を絶ち、その後も建設量は増える一方でしたから、東海道新幹線の工事とともに川砂が払底しました。それ以降、代用骨材として陸砂、山砂、砕石からついには海砂（塩分を含む）や石灰岩（柔らかく風化に弱い）まで使うようになりました（図3、図4参照）。

さらに資源・労働節約的な一連の新技術がコンクリートの品質低下の原因になった。セメント製法や生コンクリートの混練や打設における技術革新がコンクリートの強度を犠牲にして導入されたのです。じっさい、乾式セメント製法で導入された熱回収の方法（エネルギー効率の改善法）は、廃ガス中のナトリウム（有害不純物）をセメント中に送り込む役割をし、代用骨材のアルカリ骨材反応の危険を高めた。生コン車の導入やコンクリートのポンプ圧送は過剰な水を加えた柔らかいコンクリートへの偏向を運命づけた。生コン車に残った残コンクリート（凝固力なし）を洗浄しないでつぎに仕込むコンクリートに混ぜるといったことも常習化した。さらに塩分を除かないままで（水・時間・手間の節約のため）、海砂を使用したことは致命的な塩害をもたらした。剥落事故を起こした山陽新幹線の福岡・北九州トンネルは海砂使用の典型的な例です。

このような資源の劣化、工法の欠陥に加えて、それらの不備をチェックする施工監理の能力自体が衰退した。官公庁は肥大する建設予算の消化に汲々とし、施工監理はゼネコン任せにし（監督・検査の人員は増えなかった）、ゼネコンも現場作業を下請け任せにします。こういう態勢のなかで、コンクリートの施工をあえて良心的に監理しようとする管理者がいたら無事ではすまなかったでしょう。過剰な加水に疑問を呈しただけで殴られ重傷を負わされるといった事件さえ生じていたのです。

こうして、建設業界はアルカリ骨材反応、塩害、工法不備という三大症候につきまとわれることになった。とりわけ分水嶺から海岸までの距離が短く、河川流域の狭い中国や九州ではこの欠陥が重く、施工直後からコンクリートの劣化が始まるほどになっていました（健全なコンクリートは施工後半世紀以上にわたって強度が増大していく）。

こうした欠陥を一応免れた建造物は五〇年代の巨大ダムなのですが、これらは堆砂によって来世紀半ばにつぎつぎとダム機能を失う。と同時に、川砂供給を遮断したことで結局は海浜の砂をも波の浸食に任せることになった。このため全国的に護岸工事が必要となり、皮肉にもコンクリート需要を高める一要因となりました。なお高層ビルは基本的に鉄骨で強度を保つ方式であり、鉄骨溶接の質が問題です（コンクリートよりは有利）。しかし高層ビルの設計理論は、長周期の地震動やソリトン波の理論が知られる以前に発達したもので、これらの振動モードに高層建築が耐えられる

**図３　コンクリート骨材の変遷**

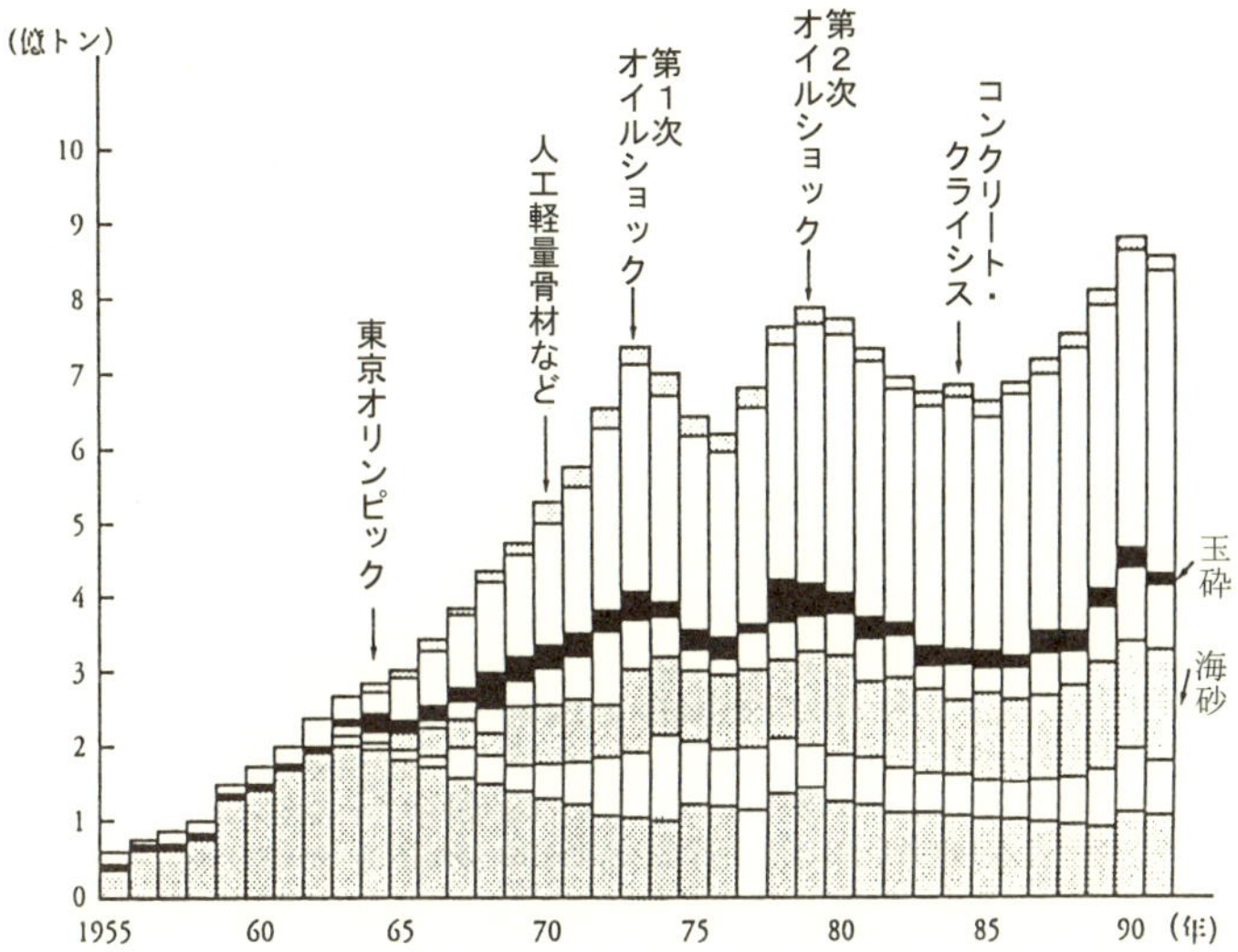


出典：小林一輔『コンクリートが危ない』岩波新書、1999

**図４　セメント生産量の推移**

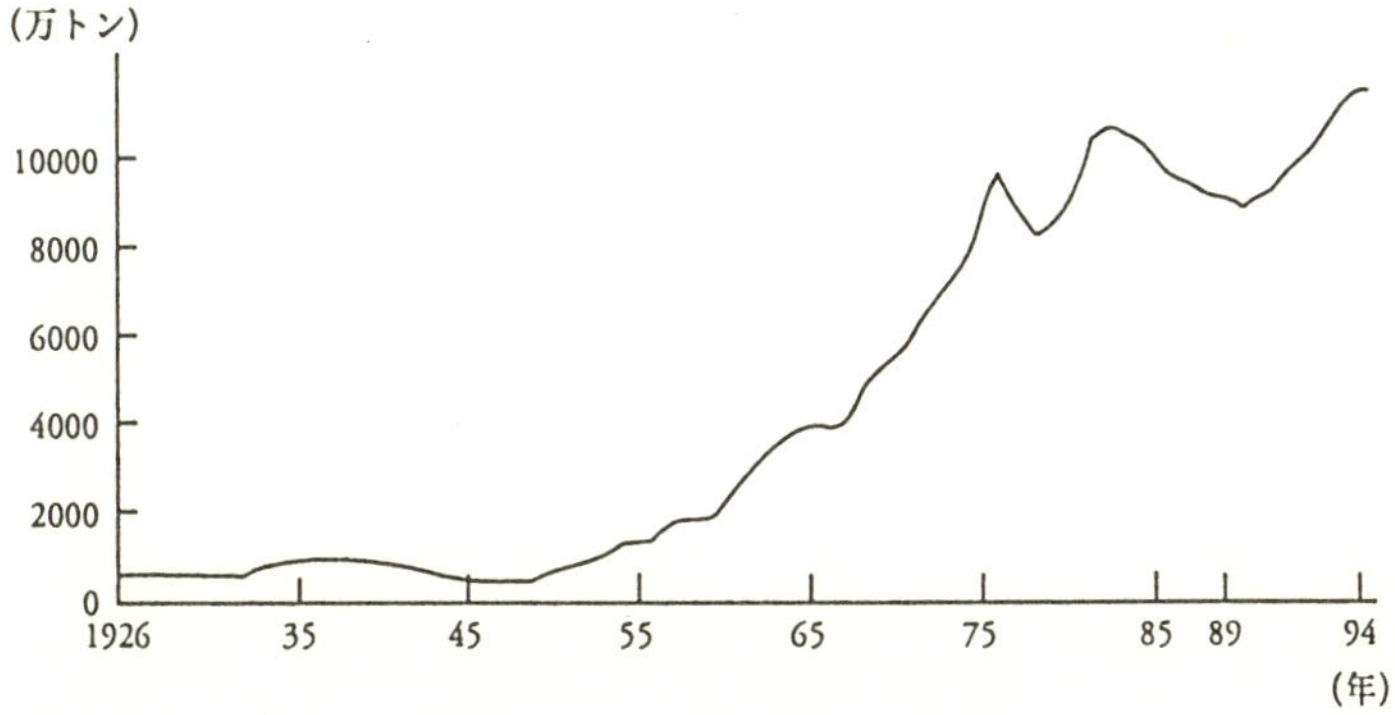


出典：小林一輔『コンクリートが危ない』岩波新書、1999

かどうかは未解決の問題です。

ちなみに資源の不純物混入もコンクリートの劣化も、ともにエントロピーの増大です。明らかに物的劣化（エントロピー増大）が価値的劣化を引き起こしています。素材側でみると、およそ一〇億トン×三〇年×劣化率で評価できます。

## 4　都市・産業基盤の劣化と金融・財政的破綻

技術水準低下の直接の結果は施設寿命の短縮ということです。ここで問題なのは巨大な公的建造物の建設資金はほとんど建設債に負っており、しかも建設債の償還期限は一般に六〇年です。したがって建造物の寿命は少なくとも六〇年以上なければならない。そうでないと、債務返済の終わらないうちに耐用限が来て、再建や補修に大規模な資金が必要です。つまり建設債が未償還なのにつぎの借入をしなければならなくなる。もともと建設債の乱発による財政破綻が深刻な問題なのに、こういう問題が上乗せされるとどういうことが起こるでしょうか。

### 建設費・施設寿命・債務償却

建設債で公共投資を行い、その収益で債務を償却する場合を一般的に考察します。建設費が工事期間を通じて支出され、その年間支出を工事期間にわたって積算したものが総建設費になる。これは**図5**左上の矩形の面積に対応します。完成後は、運用による収益（たとえば高速道路の利用料金収入）が生じます。これは建設費を示す矩形の右側の細長い矩形で示されます。この収益は耐用限まで続く。ここでは年間工事費も収益も一定の場合を図示していますが、具体的事例に適用するときは当然データに合わせればよい。

耐用限までの積算収益が総建設費を上回れば、自力による償却が可能になる。実際には利子負担や経常的な補修費などが必要で、収益はこれらを負担したうえで建設債元本の償却をしなければならない。これが「自己償却」の条件で、公共建設は一般的にこの自己償却性があるという想定のもとに、税収ではなく借入で経費をまかなうことが正当化されてきました。このため建設債の発行は、赤字補塡の債務（赤字国債）とは異なり、制度的に保証され、かつ償還

図5　建設投資、返済過程および施設寿命の相関モデル

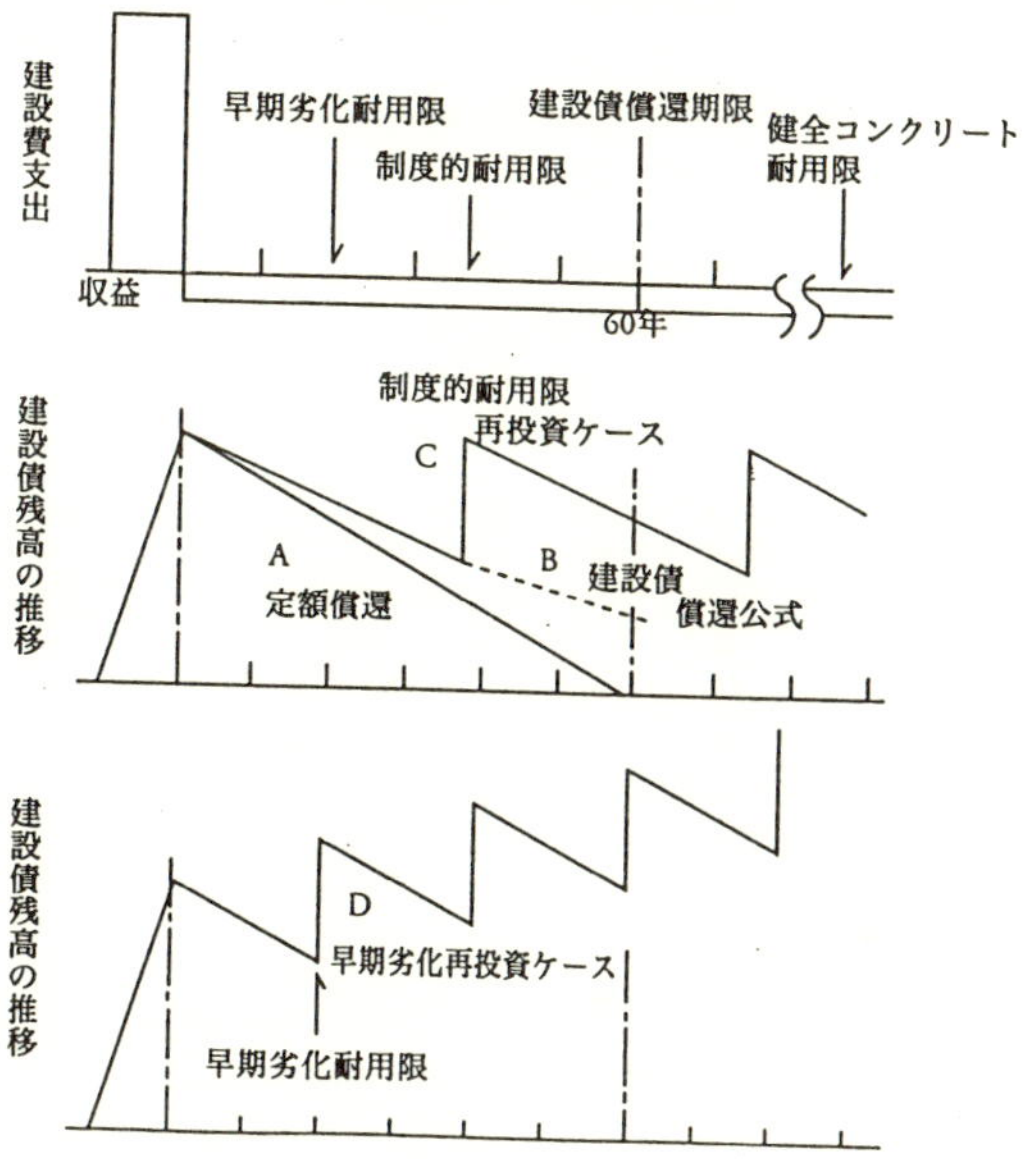


条件も緩く（六十年償還）設定されてきました。

現実には、ここ二十年来ほとんどの公共建設投資の自己償却力が失われ、しかも耐用年数が予定の償却期限より短いため、償還前に再建ないし大規模補修が必要となっています。しかも、自己償却性の崩壊は単に収益が不足するというよりも、収益がなく経常赤字と利子を借入金で賄うなど破局的な状況に達しています。一九九一年に破産した東北北海道開発事業団はこの典型で、六十億円の資本金で一、八〇〇億円債務を残して倒産しました。本四架橋連絡公団は六、〇〇〇億円を超える累積赤字を抱えたうえ、経常赤字のまま「営業」を続けています。このような破滅型の機関の整理は一刻を争う問題です。

しかし、この問題を扱う前に、自己償却力を一応もっているとされてきた公共投資に深刻な問題が生じています。ここではこれを扱います。**図5**は、建設債の償還が真面目に行われる場合に（いまや実例はほとんどない）、債務残高がどう変動するかを示しています。まず直線Aは、建設債を定額で六十年償還する場合を示す（定額償却制）。実際には整理基金を十年ごとに積み立てその都度償還するので、階

段状に減っていくのですが、簡単のため直線化しました。

ところが法制的には、各年度の返済準備額は、「前期の期首の残高の六十分の一」でよい（定率償却制）。つまり、負債残額の六十分の一しか積立・返済が行われず、償還が進むと返済額が減っていく。したがって六十年経っても、全体の三分の一程度が取り残される。この現行の償却制度に対応した債務残高の減少を曲線Bで示す。これも現実には返済を十年ごとに行うので階段状になりますが、これも滑らかな曲線で示しました。

**建設債の返済期限と施設の寿命**

建設債の期限が長いことは施設の寿命を保証するものではない。じつは建設省や経済企画庁は独自に公共的施設の耐用限を算定していますが、平均四十値年弱であり、六十年に達するものはない。期限以前に施設の寿命が尽きる。ここで補修ないし再建のための経費が必要になります。この状況を図示したのが曲線Cです。これは施設の耐用限までは規定通り償還を進めるケースを示しています。このように償却を進めているのに、長期的には債務が減らない。これだけでも十分危機的ですが、実情はこれよりはるかに厳しい。なぜなら実際には建設債の償却は当初から行われず、建設債の総額は膨らむ一方だからです。東海道新幹線や東名高速道路など個別の自己償却が完了した（採算性ある）施設からの収益はすべて採算性のない新規の開発に投入されてきたのです。したがってこの実態を考慮しますと、曲線C自体がすでに破局的な債務増殖につながっていることがわかります。

ところが、阪神淡路大震災や九九年六月末の新幹線福岡トンネル事故で明らかになったように、現行の都市・交通基盤が本来の寿命（制度的耐用限）よりもはるかに短くなることがあります。施設寿命がこのように短縮されると、単に建設債が償却不能になるだけでなく、公的債務が一方的に累積するなかで施設の現状維持も不可能になる。この状況を示すのが**図5**の曲線Dです。しかも早期の崩壊に瀕した施設の修理や再建そのものも劣悪資材や工法欠陥によって制約される。すなわち、壊れかけの設備を補修する資材に最初の建設資材より優れたものを用い、より不利な財政状態で当初のときよりも優れた工法や工程監理を達成することは至難でしょう。

## 5 経済成長論における技術の位置

技術に退歩がある——しかも建設部門のような基幹的技術や原子力部門のような先端的な技術において——ということは経済成長論にも根源的な問題を提起します。なぜならば、マルクス以降の経済学が、一様に古典経済学の基本法則たる土地収穫逓減則*を棄却したのは、技術進歩がそのような制約を取り払うと考えたからです。しかも川砂利の枯渇などは、土地収穫逓減（更新性資源の増産に関わる制約）よりもっと厳しいストック型収穫逓減（鉱山における鉱石取りつくしと同じ）です。このように根源的な問題と都市・産業基盤の物的構造がこの四半世紀に被っていた変化とは直結しています。さてこのような変化は「経済学」の側にはどのように映るでしょうか。

経済学は技術の進歩を労働生産性や資本生産性の向上という尺度で計ります。むしろそういう生産性の向上が技術進歩そのものです。したがって、以上で述べた技術の変化はそのまま「進歩」とみなされます。より安価で豊富な資源への代替（流動資本の節約）やより高い労働生産性（手作業の練り合わせ・打ち込みと生コン攪拌車・ポンプ圧送を比較せよ）が達成されたのだから、悪いはずがない。というわけで、土建主導が国策となっていく状況に対して学問的な批判をすることは困難です。しかも、隆盛を極めたケインズ経済学は有効需要の拡大には、「穴を掘って埋め戻す」ような無駄な事業でさえ役に立つと教えていた。

したがって、現実と経済学的虚構とのギャップは二重です。経済学は、収穫逓減則は「たとえあったとしても重要でない」（シュンペーター）[6]し、技術進歩によって容易に克服できると考えてきました。ところが現実には資源枯渇——J・S・ミルの着目していたストック型収穫逓減[7]——が技

*収穫逓減則（law of diminishing returns） 知識と技術水準が一定であれば、ある水準を超えて追加的投資が行なわれる場合、収量の増加率は次第に減少するという考え方。古典派経済学では農業に限ってこの法則を適用したが、新古典派経済学では非農業部門にも拡張して用いられるようになった。「しかし、知識と技術水準が一定という前提条件そのものに相当の無理があり、今日ではこの法則の意義は失われた」とみる定説に問題がある。

術の退歩を引き起こしたのです。現実と理論のこれほど明白な乖離が見過ごされてきたのは、そもそも収穫逓減則の本質を限界的な労働生産性の逓減でとらえようとしてきたこと自体にもあります。この考えかたが成り立つかぎり、労働生産性の向上は問題を引き起こす原因とはなりえず、むしろ問題の究極的な解決ということになるからです。つまり、経済学は、資源や廃棄物などの問題を価格・費用タームで扱い、素材・物量タームで扱わないことおよび収穫逓減則を軽視してきたことのために、現実との重要な接点を失ってしまったといえます。

## 6　日本型開発モデルと東アジア経済

日本は敗戦を機に軍事国家から土建国家に変身しました。戦災からの復興という時点では確かに建設が経済再建の前提でしたが、本来ならば都市・産業基盤（インフラストラクチュア）の整備とともに建設のシェアが低下していくところです（全体規模は経済規模に応じて増大するとしても）。ところが日本ではいったん大きなシェアを握った建設部門が政官財の強固な利権共同体を形成し、一方的に肥大し続けてきた。その結果、自然を破壊するだけで社会資本として役立たない――むしろエクストラ・ストラクチュアといってよい――巨大開発が止むことなく続けられるようになりました。

　こういう変遷は公共投資の投資機会そのものが収穫逓減的であるためだともいえます。一般に公共投資が必要性、利用度の高いところから充足されていくとすると、当然、後のものほど投資効率は低下します。後の「投資」に対して、たとえば初期の投資の純益（債務返済後の収益）の範囲内といった制約が課してあれば、暴走を防げたかもしれません。

　日本ではこの「暴走」自体が「高成長の継続、空前の長期的好況」としかとらえられなかった。しかもこれが、日本一国にとどまらず、国際的にもそのように誤認された。それはバブルの最中にムーディーズ社やスタンダード＆プアーズ社のような格付け業者が、地上げに狂奔する日本の都市銀行に高い格付けを与えていたことからもわかります。

　この日本がアジア経済の開発モデルとなったため、この経済体質が極東全域に広がり、建設技術の欠陥も増幅された形で受け継がれます。韓国のサンプン（三豊）ショッピング・センターの崩落やソンス（聖水）大橋の橋桁落下、クアラルンプール近郊でのビル倒壊、さらに九九年九月末の台湾地震におけるビル倒壊などコンクリート構造物の欠陥はアジア全域にみられます（八月末のトルコ地震における建造物崩壊は論外とします）。アジア金融危機の導火線となったP・クルーグマンの論文もこのような実態的な分析を全く欠いており、アジア経済の「非効率性」を旧ソ連ブロックの経済になぞらえて説いただけで、実態に踏み込んだ分析ではなかった。(8) これでは投機筋への情報提供にはなっても、どこを是正すべきかの指針にはなりません。

## 結論

都市工業文明の物的基盤であるコンクリートが資源枯渇と工法不備のため劣化しつつあります。このことは金融財政危機をいっそう進化させる要因になるとともに、経済学が素材・物量を排除してもっぱら価値・価格タームを扱ってきたことに深刻な反省を迫っています。実物の資産・施設の不良化が建設債務の不良化をもたらすので、相関を扱うモデルを作成しました。コンクリートの堆積量と不良化率の実証的評価も今後考えていきたいと思います。

## 文献・注

(1) もちろん経済学も「環境経済学」や「技術進歩による生産関数のシフト」などにおいてそのような要因を取り込もうとしてきた。しかし、そのような要因を「外生的」なものとして扱い、経済活動に本来的な自律性を想定するという経済学の立脚点そのものに問題があるのです。
(2) 森嶋通夫『無資源国の経済学』岩波全書、一九八四年。
(3) 環境庁編『環境白書』平成十一年版、大蔵省印刷局。
(4) 小林一輔『コンクリートが危ない』岩波新書、一九九九年。
(5) 植木慎二『コンクリート神話の崩壊』第三書館、一九九五年。
(6) J・A・シュンペーター『経済発展の理論』塩野谷祐一・中山伊知郎・東畑精一訳、岩波文庫、一九七七年、七六頁。彼は「物理的収穫逓減」を古典経済学の残滓と考えていたが、投資収益の逓減は全く別のものでこれは正しいと考えていた。

（7） J・S・ミル『経済学原理（1）』末永茂喜訳、岩波文庫、一九七六年、三四六頁。

（8） P. Krugman "The Myth of Asia's Miracle", *Foreign Affairs*, 73-6 (1994) pp. 62-78.

# 10 地域通貨——環境調和型経済を構築するために

丸山真人（経済学）

## はじめに

今日はわたしの専門であります地域通貨についてお話ししようと思います。なぜ地域通貨を論ずるのか、今、地域通貨はどういう形で世界に広がっているのかをこの中でご紹介しようと思います。

最近は、地域振興券が使われるようになって、日本銀行券や補助貨幣以外にも、地域レベルで流通する貨幣があってもいいのではないか、という問題に関心が集まるようになりました。この点で興味深いのは、私たちの先祖が使っていた藩札です。もともと江戸時代には金銀銅の正貨のほかに各地で藩札が発行されており、地域通貨として藩内を流通しておりました。ただし、幕末の藩札は非常に評判が悪くて、大体インフレを起こし貨幣価値がなくなってしまっておしまいというひどいものでした。その印象が強烈だったものですから、藩札を専門に研究している経済学者はほとんどいません。

しかし、藩札の歴史をちょっと振り返ってみると、地域によっては上手に藩札を運用していた事例に出会うことができます。たとえば岡山藩では、十七世紀の後半から藩札の発行をおこなっていました。試行錯誤の末、過剰発行された藩札を回収することによって通貨価値を維持するシステムを確立し、十九世紀半ばの開国による混乱に至るまでのあいだ、比較的安定した藩札の管理運営を行なうことができました。

藩札の起源については、通説では一六六一年に福井藩の発行したものが最初であるとされており、また、異説では一六三〇年に福山藩の発行したものが最初であるとされておりますが、いずれにせよ、一七〇七年に吉宗によって藩札使用停止令が発令されるまでは、藩札の発行は幕府によって黙認されておりました。当時の幕府にとっては、貨幣材料としての金銀銅を独占することが一番大事なことでしたので、地方の藩が自分の領内で無価値に等しい紙っぺらを貨幣として使用することは大目に見られていたのです。ちなみに、藩札使用停止令が発令される頃までに藩札を発行していた藩の数は、五〇を超えております。また、この停止令は一七三〇年に解除され、その後は、幕府による再三の停止令発令にもかかわらず、藩札発行藩の数が増え続けて、幕末には二〇〇余りの藩がそれぞれ独自の藩札を発行していました。

藩札は、主として外様大名の領地で使用されました。譜代大名領や親藩領においては、幕府からの金銀銅の供給が比較的十分にありましたが、外様領では、それが後回しにされることが多く、恒常的に通貨不足に陥っておりました。藩札発行は、そうした地域の通貨需要にたいする答えでもあったのです。私たちの先祖がローカル・マネーを使っていたということは、歴史的な遺産としてこれから見直されていくのではないかという予感が致します。前置きはこれくらいにして、本題に入ります。

## 1　商品集中社会における根源的独占の問題

### 根源的独占とシャドウ・ワーク*

まず最初に、私たちが日ごろ接している市場経済がどういう特徴を持っているのかということを確認しておきたいと思います。皆さん、イヴァン・イリイチ**が十数年前に日本にやってきて、その当時マスコミにも非常に大きく取り上げられたのを覚えていらっしゃるでしょうか。

流行に敏感なジャーナリズムでは、イリイチはもう古いと思われているようですが、イリイチは非常に重要な指摘をしているのです。その一つが根源的独占という概念です。ラディカル・モノポリー（radical monopoly）＊＊＊と言います。これは何かといいますと、機械的生産様式を通して、一定規格の工業製品やサービスを人々に強制的に消費させる状態のことです。イリイチはよく車社会の例を用いて説明します。「自動車を人々に使わせるために、これまで人々が歩いていた道路を車専用に舗装する。東側と西側を道路によって分断する。人が通れないような道路を車のために作って、車を強制的に使わせる」ということをイメージしてもらえると分かると思います。

それから、こんな例もあります。「喉が渇いたら水を飲む。井戸の水を汲んで飲めばいいじゃないかと思うでしょうけれど、環境汚染によって井戸や水道の水がだんだん飲めなくなってしまった。そこで喉が渇いたらコーラを飲むしかない」という状態です。喉が乾いたら自動販売機に並んでいるコーラしか選択の余地がないような場合、根源的独占の力が働いていると言えます。また、私たちの生活が画一化されるということもラディカル・モノポリーの特徴でしょう。

---

＊**シャドウ・ワーク**（shadow work）　商品を消費するために必要とされる無償労働。商品を生産するために必要な賃労働の対概念としてイヴァン・イリイチが命名した。典型は家事労働だが、イリイチによれば通勤や買い物、義務教育などもシャドウ・ワークに含まれる。シャドウ・ワークの領域は商品経済の浸透とともに広がっていくが、階級対立、性差別、途上国問題など様々な社会的摩擦の中で、シャドウ・ワークは弱い立場にある者に押し付けられる傾向がある。

＊＊**イヴァン・イリイチ**（Ivan Illich　一九二六－）　ウィーン出身。歴史学者。ニューヨークのプエルトリコ系居住区の助任司祭、プエルトリコ・カトリック大学副学長などを経て、メキシコのクエルナバカに国際文化資料センター（CIDOC）を開設。学校、交通、医療制度の批判的考察や（『脱学校の社会』『コンヴィヴィアリティのための道具』）、ジェンダー、言語、書物の歴史的分析を通して（『シャドウ・ワーク』『ジェンダー』）、産業社会の暴力的本質をラディカルに描き出し、平和な生活世界を志向する市民運動に大きな影響を与えた。

＊＊＊**ラディカル・モノポリー**（radical monopoly）　生活の基本的欲求を満たそうとする人間の行為が、産業社会に固有の仕方で制限されること。また、その状態。根源的独占。たとえば、ある区間の道路が自動車専用になり他に迂回路がなければ、その区間は自動車以外では移動できなくなる。このような場合、移動に関してラディカル・モノポリーが成立することになる。イヴァン・イリイチが『コンヴィヴィアリティのための道具』で提示した概念。

ラディカル・モノポリーの結果どういうことが起こるかといいますと、だんだん非市場領域においてわれわれ人間がそれまで行ってきた活動が狭められていきます。そしてそこで行われていた人間の活動が商品化され、市場経済に組み込まれることになります。商品がたくさん出回って豊かになっていいじゃないかという見方もありますが、現実には、道を歩いていると、それがいい運動になって健康が保たれていたのが、車に乗ることで段々歩かなくなる。そこで運動不足になってストレスがたまってくる。そうなるとアスレチック・センターに行ってお金を払ってフィットネスをやることで、体のバランスを維持しなければならなくなる、ということになっているわけです。

もともと歩くというのはただで、自覚さえあれば歩けるわけですけれど、ラディカル・モノポリーの結果、ただで歩ける可能性が失われて、お金を払わないと健康が保てないような状況に追い込まれる、ということになるのです。

もうひとつ、ラディカル・モノポリーに関連する概念としてシャドウ・ワークがあります。これは商品としてのモノを消費しようとするときに、付随的に人間が行わなければならない行為、ただ働きの行為のことです。今の家事労働のほとんどは商品を消費するための準備活動ととらえる事ができます。商品が増えれば増えるほどそれに伴ってシャドウ・ワークも増えます。本来、消費者というのは私たちのたくさんある性質のうちの一側面にすぎないのですけれど、商品が集中する商品社会では私たちの中の消費者としての側面だけが肥大化されているということを、ラディカル・モノポリーとシャドウ・ワークという二つの概念は捉えていると思います。

## 欲求充足の選択

ここで、経済学が欲望、欲求というものをどのように捉えてきたかをちょっと振り返ってみます。その前に人間の欲望には二種類あることに注意しましょう。その二種類のうち経済学は一つしか注目してこなかったと思われるからです。その二つの欲望とは何かといいますと、一つは行為(doing)や存在(being)に関わる生命欲(とここではしておきます)と、所有(having)に関わる所有欲です。実は、所有というのは本来、生命欲を満たすための手段としてモノを所有するということにほかなりません。したがって根源的欲求は所有欲ではなく生命欲でなければならないはずです。

しかし現代社会ではそれが逆転しておりまして、所有欲のほうが支配的になっていて、所有欲を満たすために人間は自分の生命力を労働というかたちにして商品化し、売るという行為をするようになってしまいました。経済学はこの所有欲を分析対象に据えてきたわけです。

そこで生命欲と所有欲の違いをもう少し述べてみますと、生命欲というのは生活そのものを自立させ、自立＝自存に向かわせるという方向性を持っております。生きる欲求というのは、その人間が何を理想とするのかによって多様であり、またその中に複合的な部分があって、全体としてそれは総合的であろうとします。

それに対して所有欲というのは商品をより多く所有するという欲求ですから、当然の事ながら経済成長に結びついていきます。またその動機は市場経済的となります。経済学においては所有欲を欲望の中心において人間の欲望には限りがないということで経済成長を正当化してきているわけですけれど、そのような考えにこだわっていますと、いつまでも経済成長が続かない限り社会を維持するという可能性は満たされないことになってしまいます。

ここでもし生命欲を頂点においてみますと、むしろ人間は総合的に判断する能力を高める、そしてその一手段として商品を利用するということがはっきりしてきますので、商品への依存度を相対的に低下させたとしても人間の生命欲を高めるという可能性が出てくることになります。ここで、欲求充足の選択基準を所有欲から生命欲の方向に転換するということによって、必要でないものは作らなくてよいという生活スタイルが決まってきますと、環境問題を解決する上で一つ展望が開けるのではないかと思います。

それではどうすれば生命欲を第一義とするような方向に人間の経済を導くことができるのでしょうか。わたしは、地域経済の足腰をしっかり鍛えていくことがその可能性を開く条件であろうと考えているのですが、そのためには地域経済はどのようにすれば活性化するのかということを明らかにしなくてはなりません。わたしは地域通貨という切り口から考えていますが、その他にも福祉、リサイクルなどさまざまな切り口があります。要はこのさまざまな切り口から入ってきた人とどのようにつながっていくかという問題なのです。

## 2　地域交換・交易システム

### LETSとは何か

LETS*は、地域交換・交易システム（Local Exchange Trading System）の略語ですが、オーストラリアなどでは、地域雇用・交易システム（Local Employment and Trading System）などと言い換えをしています。グリーンダラー（Green Dollar）という地域通貨を用いる点で共通性があります（グリーンダラーも地域によってさまざまな呼ばれ方をしています）。一九八三年カナダの西海岸にあるバンクーバー島のコモックス地方で行われるようになったのが始まりです。

LETSとは何かといいますと、あらかじめ会員登録をしたメンバーの間で、グリーンダラーと引替に財やサービスを交換し合う仕組みです。LETSの事務局はメンバーの口座を管理していて、メンバー間の取引の記録をもとに、口座の付け替えを行っています。銀行の当座預金と少し似ていますが、銀行と違うのは原則として現金を入れる必要がないということです。厳密に言うと、事務局の維持費などのために現金を入れなくてはならないのですが、取引を始めるに当たっては勘定ゼロから始めることができます。そして、取引のたびに各メンバーのグリーンダラー勘定が増減することになります。

LETS事務局は、財やサービスの需要と供給のリストを作り、定期的にニューズレターを発行してメンバーに配布しています。LETSの需給リストの供給側には、「自分の畑でとれた無農薬野菜を分けます」とか「高齢者の介護をします」、「ベビーシッターをします」というように、「わたしはどういうサービスができます」とか「何々を提供します」という宣伝がたくさん並んでいます。全くのインフォーマルなものから歯の治療のように専門サービスに至るまで、さまざまな内容のものが含まれています。需要側にも同じようなリストがあります。「屋根の修繕を頼む」とか、「家の掃除をしてほしい」など、家に関するサービスの需要や、「針治療を求む」「中古のピアノがほしい」「語学のレッスンを受けたい」など、メンバーのニーズは多様です。

ＬＥＴＳのメンバーは、ニューズレターをとおして、誰がどんな事を求めていて誰が何を提供するのかが分かるんですね。そしてそれを見たメンバーの間で取引が行われるわけです。たとえば、Ａさんの「セーターを編みます」という宣伝を見たＢさんがそのセーターを買うとしましょう。セーター一着三〇グリーンダラーとしますと、Ｂさんはセーターと引替に三〇グリーンダラーをＡさんに支払います。そしてそのグリーンダラーはＡさんのグリーンダラー口座に振り込まれます。この場合、支払うといっても、地域によって、実際に小切手のようなグリーンダラー券を使うこともあれば、電話連絡によって直接ＬＥＴＳ事務局に取引の記録を報告することで済ますこともあります。また、ＩＣカードを使っているところもあるようです。

ところで、地域通貨の単位ですが、カナダでは一般的にグリーンダラーが使われていて、一グリーンダラー＝一カナダドルとされています。アメリカにもＬＥＴＳに似たタイプの地域通貨があるのですが、有名なのはタイムダラー(Time Dollar) **ですね。これは一時間の労働時間＝一タイムダラーというものです。イギリスでも時間貨幣が主流です。通貨の呼び方もローカル色豊かで、オックスフォード市では、スポークという単位名が使われています。「グリーンポンド」としなかったのは「地域通貨は貨幣ではない。地元の人達が使う交換手段であって市場経済で使えるポンドとは違う」ということを強調するためだ、と言われています。

***LETS**（Local Exchange Trading System）　特定の地域またはコミュニティに属する人々のあいだで、その地域またはコミュニティの内部でのみ通用する通貨（グリーンダラー）を用いて、財やサービスを交換するＮＧＯ。地域交換・交易システム。地域経済の活性化が主なねらい。一九八三年にマイケル・リントン氏がカナダのヴァンクーヴァー島で実験を行なったのが始まりで、一九九〇年代にはイギリスを中心に世界各地に広がる。グリーンダラーは現金と併用可能だが現金との引き換えはできない。また、利子もつかない。

****タイムダラー**（Time Dollar）　低所得者層のコミュニティや過疎地域において、労働能力を開発したり相互扶助を活性化する手段として用いられる地域通貨およびそのシステム。従来、地域ボランティアとして行なわれてきた活動を、労働時間に従って評価し、双方向的に授受可能にしようとしている。一九八六年にエドガー・カーン氏がワシントンＤＣなどで立ち上げ、全米各地に広がる。日本では一九九五年、愛媛県関前村に初めて導入された。

## ＬＥＴＳの具体例

私は、昨年（一九九八年）の春から夏にかけてイギリスにおりましたものですから、そこで少しイギリスのＬＥＴＳについて具体的なことを調べて参りました。イギリスでは、全体で四〇〇を越えて五〇〇近くのＬＥＴＳが存在しています。私が滞在していたのは、オックスフォードですが、オックスフォード州には中心にオックスフォード市があって、それを取り囲む形で小さな街とか、田舎が連なっているんですね。そのオックスフォード州の全体でＬＥＴＳは今八つあります。そして、この八つの内一つはオックスフォード市のＬＥＴＳ、それから七つは田舎のＬＥＴＳです。都市部のＬＥＴＳはだいたい数百人規模、五〇〇人くらい登録者がいます。それに対して、田舎の方は大小さまざまですが、だいたい数十人、二十〜三十人の小さなところもあります。

オックスフォードで確認して実際担当者に話を聞いたんですが、ここの州政府がかなりＬＥＴＳに関心を持っていて、日本の自治体の地域振興課にあたるような部署の中にＬＥＴＳ専従のスタッフがおりまして、この人は郊外のＬＥＴＳの立ち上げにずいぶんかかわっております。LETSを立ち上げるときは、だいたい自治体の何らかのイベントや勉強会でその地域の人々にＬＥＴＳの話をするんですけれども、始めは、懐疑的な反応が返ってくるのだそうです。ＬＥＴＳなんかなくったって、今まで相互扶助で何とかやってきている。子供の世話にしたって、介護にしたって、わざわざ地域貨幣を使わなくたってできる、と言うんですね。それに対して、この専従の方は、それはよく分かる、けれどもとにかく今まで通りのことをやればいいだけだから、とにかくやってみませんか、と言って慣れさせる、理屈よりもまず使ってみようということでまず始めるそうなんです。そうすると、意外と抵抗なく地域の人に受け入れられる。それから今までなかったような需要を発見することもできる、と言います。また、問題が起こったら必ずこの専従の人が飛んでいって相談に乗るし、そういう責任体制をしっかり作ったおかげで、今も地域の中でコミュニケーションの手段として役立っているということです。

## ＬＥＴＳの起源とその後の展開

ところで、ＬＥＴＳのアイデアのもとになったモデルは何かというと、これはおそらく、もっと前までさかのぼれるかも知れませんけれども、ＬＥＴＳをやっている人たちの話を聞きますと、十九世紀のロバート・オーウェン＊の労働貨幣にたどり着きます。労働紙幣というのは、労働者が生産物の生産に使用した時間を具体的に示したものであり、一時間労働、三時間労働と言ったように、労働時間を直接価値基準にします。労働者は自分が作った生産物をそのまま労働交換所に持ち込み、それと引替に労働紙幣を受け取ります。そして今度は、彼らがその労働紙幣を持って交換所で欲しいものを買うことになります。労働紙幣は、こうして労働交換所における交換手段になるわけです。

労働交換所の実験は一八三二年にロンドンで始まり、三年間続きました。その後実験は中止されましたが、その原因は、価値評価のシステムが必ずしも効率的でなかったこと、商人の介入によって労働者以外の取引に流用してしまったことで、システムが成り立たなくなってしまったためです。その後、第一次世界大戦や第二次世界大戦のような戦時下において、あるいは両大戦間期のように統制経済が優勢な状況の下で、いろいろな地域通貨や特殊通貨が出現しました。ただし、それらは散発的な現象で、組織化されずに次々と消えていったわけです。

それではＬＥＴＳがどのようにして始まったのかということについてお話しようと思います。先ほどもお話ししましたように、最初のＬＥＴＳは一九八三年にカナダで始められまして、マンチェスター出身のマイケル・リントンという人の発案によります。リントンさんは経営コンサルタントを本職としていますが、一方では太極拳など東洋的なものに関心を持っていました。今は、バンクーバー島のコ

**＊ロバート・オーウェン**（Robert Owen　一七七一－一八五八）　ウェールズ出身の社会運動家、協同組合運動の指導者。スコットランドのニューラナーク紡績工場で実践した改革に基づいて、労働者の共産主義的な組織化を図り、一八二〇年代後半にはアメリカに渡ってニューハーモニー平等村の実験を行なった。それが失敗した後はイギリスに戻り、一八三二年に全国衡平労働交換所を設立し、労働時間に基づいて生産物を交換する実験を行なった。この実験も失敗に終わったが、その際に用いられた労働紙幣は、今日、地域通貨の原型として再評価されてきている。

モックス峡谷地方で仕事をしています。

リントンさんがLETSを始めた八三年頃というのは、不況がかなり深刻で、失業率が二〇%を越すような状況でした。こうした中、地域の人々にLETSの話を持ちかけたところ、参加者が急速に増えて、五五〇人、多いときで六〇〇人近くになったということです。景気がいいときには減るんですけれども、景気が悪くなるとまた増えてくるということで、だいたい五〇〇人前後でこのコモックス地域のLETSは運営されております。ちなみに私は、LETSのメンバーとか参加者という言い方をしていますが、リントンさんはそれでは共同組織の成員という閉鎖的なイメージが強く出すぎるので、一般的に利用者（ユーザー）という呼び方をした方がいいと言っています。たしかに、それもわかるのですが、ここでは便宜的にメンバーあるいは参加者としておきます。

さて、リントンさんは、地元のLETSを運営するかたわら、カナダ全国各地に出かけまして、LETSの効用を説いて回りました。そして八〇年代の半ばにはカナダの国営放送CBCの番組で取り上げられたりもしました。また、彼は自分の出身地マンチェスターや、ロンドンを始めとして、イングランドやスコットランドにもLETSのプロモーションに出かけております。リントンさんのアイディアは、オーストラリアやニュージーランドでも早くから注目されて、それぞれ、八四年、八五年にLETSが立ち上がっています。一方アメリカでは、ほぼ同じ頃、リントンさんとは独立に、エドガー・カーン氏がタイムダラーを始めています。

一九九〇年代になりますと、フランスやドイツ、そしてその他のヨーロッパ諸国にも広がりをみせ、最近では、アジアやラテンアメリカにも広がってきているようです。たとえば、一昨年、タイでLETSの実験を始めるという企画があり、そのための補助金を日本の基金に申請する話があって、私はその推薦人になりました。また、メキシコでもNGOグループが実験をおこなっています。

日本はどうなのかというと、去年あたりからLETSに関する関心が高まってきて、『地域開発』という雑誌が昨年十二月に地域通貨特集を組み、私も寄稿しました。それに先立つ一九九一年、日本でも生活クラブ生協神奈川が、L

ＥＴＳの実験に取り組んだことがあります（室田・多辺田・槌田編『循環の経済学』学陽書房、一九九五年、第5章参照）。四ヶ月ほどの短い期間でしたが、集団購入の当番の仕事や、送り迎えなどを地域通貨を使って行いました。ただ、メンバーが専業主婦に偏っていたこと、そして、需要・供給リストのメニューが限られていたことから、本格的な展開にまで至ることなく実験は終了しました。この実験をとおして明らかになってきたのは、参加者から、これは福祉サービスに使えるという意見がわりあい多く出されたということです。これはおそらく、これからＬＥＴＳがどういう方面で日本で受け入れられていくのかを考える目安になると思われます。

### ＬＥＴＳと市場経済

次に、ＬＥＴＳと市場経済とはどういう関係にあるのかについて考えてみましょう。まず、地域通貨と現金の併用についてですが、取引される財とかサービスには、地域で自給自足できないものが多く含まれています。外国とか他の地域から運んできた商品、あるいは製品、それから歯医者さんにしても、歯の治療に必要な機材とか電気なんかもローカルな地域では調達できませんから、現金が必要となります。したがって治療費の一部をＬＥＴＳの通貨で受け取るけれども、現金を合わせて受け取る。そのかわり、現金だったら治療費五、〇〇〇円のところを、現金三、〇〇〇円＋地域通貨一、八〇〇グリーン円とか、反対に、一、二〇〇グリーン円にするとか、そういう融通が利く。一物多価の世界ですね。

一物一価というのが経済学には法則としてあるわけですが、ＬＥＴＳはむしろ一物に価格がたくさんつく、一つに決まらないというのが特色です。さきほど、最初にニューズレターの話をしましたが、財やサービスを提供する人のリストと、それからそれを求める人のリストには、あらかじめ価格がついていたり、ついていなくて、取引に応じますというようなことが書いてあったりするわけです。

実際に、交渉する人たちの間では、これは三十ドルなんだけれども、ちょっとまけてくれないか、私は負債がたまりすぎてしまって、なかなか返せないでいるので、少しまけてくれないかとか、そんな交渉をすることができます。

逆に、現金じゃないんだからちょっと高めにあげましょうとか、五ドルのところを七ドルにするなど、お互いに相手の勘定を見ながら、あなたのところには勘定がいっぱいたまっているから、もっとたくさん使わなくてはだめだと言って、ちょっと高めにかけるとか、いずれにしてもお互いみんなＬＥＴＳに加わっている人同士ですから、その辺は信頼関係があって、一回一回の取引で、価格が高めについたり低めについたりしても、また継続して取引をしていって、そして勘定をだいたい厳密にゼロに戻す必要はないんですけれども、あまり負債がたまりすぎないようにしていく。あるいは、逆にポイントがたまりすぎて使い道がなくなってしまうということがないように、みんなで何とか助けてあげる、というようなところで価格づけにいろいろな要素が絡んでくるということですね。

それからＬＥＴＳに参加している人の日常生活において、貨幣経済に依存している部分とＬＥＴＳとの比率はどれくらいになっているかを見てみますと、目安としてはＬＥＴＳをわりあいよく使っている人、週に一回とか月に一回とか、実際に使っている人の間で、平均的な取引額というのが、カナダの場合は月だいたい一〇〇グリーンダラーということが分かっています。熱心な人でだいたい五〇〇グリーンダラーくらいです。今、カナダドルは一ドル八十円から九十円ぐらいだと思いますが、それで換算しますと、ＬＥＴＳでの取引はだいたい一万円前後、多い人で四万円程度ということになると思います。ＬＥＴＳは貨幣経済を全く廃止してすべての生活を地域通貨に置き換えるというのではなくて、むしろ一万円とか二万円とか、その程度の取引をすることによって、現金取引を補っていくところに特徴があるわけですね。

最後にＬＥＴＳの地域通貨のユニークな点としては、金融商品にならないということです。確かにＬＥＴＳの口座は増えたり減ったりしますが、利子が付きませんので、あなたはこんなにお金を借りているので利子を付けて返さなくてはだめです、ということにはなりません。ＬＥＴＳの事務局は、あなたが取引をして、積極的にサービスを提供してクレジットを増やして下さい、というような指導をするだけで、お金を取ったり貸し付けたりして解決することはしないのです。また、いくらクレジットを貯めていっても、それで資本財をなすことは絶対ありえないわけですから、この地域通貨というのは、このメンバーの中での取引にしか使えない、何万ドル貯まったから、それで一つ企業を興してやろうということはありえない。ただそうは言いましても企業活動と全く関係がないかというとそうではありません。それは次の問題ですね。

ＬＥＴＳと市場経済は、今申しましたように、ＬＥＴＳそのものがビジネスのための資金を作り出すことではないんですけれども、それにもかかわらず、新しい地域市場を形成する可能性があります。地域における市場というのは、必ず他の地域市場なり、世界市場につながっているわけですね。そうしますと、現金貨幣というものは商品や財・サービスの流れとは逆方向に流れていきますから、外からいろんなサービス・商品が入ってきますと、貨幣は当然外に出ていってしまう。それから、地域の中で稼いだお金は銀行に預金しておきますと、お金は地域の中に入ってきた以上に出ていってしまうという特色を持っています。そこで、過疎地域で何かビジネスを起こそうとしましても、資金不足に陥って、企業を興すチャンスに恵まれないということになるんです。

しかし、ＬＥＴＳがあるとどうなるかと言うと、たとえば、ＬＥＴＳに参加しているＡさんが公務員、Ｃさんが学校の先生としますと、ＡさんとＣさんの間での現金取引というのは、ほとんど考えることができません。Ｃさんは学校で給料をもらって、消費生活をしている。Ａさんも役所で働いて給料をもらっている。ところが、この二人がＬＥＴＳを通して取引するとどうなるか。たとえば、Ａさんが特技を生かして壺を作ったとします。それをＬＥＴＳの供給リストに載せて「私はこんな良い花瓶を作ったので、誰か買ってくれませんか」と言ったら、Ｃさんがそれを見て、なかなか良いなと思って買うことができる。同じように、ＬＥＴＳに参加している人たちが、自分の職業とは別に、それぞれの特技を生かして生産者として貢献をすることができる。それを繰り返しているうちに市場経済だけでは見られなかったような生産者のネットワークができてくる。

その結果として、地場産業が起こってくることもありうるでしょう。今までは消費者同士という形でしかかかわることがなかった地域住民の中に、新しいビジネスを起こそうというような機運が生まれてくるかも知れません。ＬＥＴＳをバネにして、ビジネスを起こそうという人たちがでてくると、地域の中で事業を興す企業も現れてくるのではないでしょうか。今だいたい過疎の地域では、役場の人たちが地域振興公社などをとおして地域住民に働きかけているわけですけれども、もし、ＬＥＴＳのようなものが地域の中にありますと、起業もやりやすくなるでしょう。

## ＬＥＴＳと公共サービス・環境対策

次に、ＬＥＴＳと公共サービスというものを考えてみましょう。外国の地方自治体の中には、福祉事業を地域通貨を使ってやろうとしているところもあります。どういうことかというと、自治体が行う福祉サービスに対して、これを受け取る住民にキャッシュが十分ない場合、地域通貨で支払をする。そうすると、自治体のＬＥＴＳ口座のクレジットがどんどん貯まる。そうすると、自治体は福祉を提供するのに必要な人材や地域の資源をその地域通貨を使って調達する。労働に対して地域通貨でそれを支払うというのは、今の行政システムの中では非常に難しいことですけれども、一定の限定を設けて、地域の中での労働に対して報酬を地域貨幣で支払うというような可能性は理論的には考えられるわけですね。そんな形で自治体が具体的な福祉サービスの領域でＬＥＴＳを利用することが考えられています。イギリスやオーストラリアの自治体がそういう可能性を探っていて、私はまだその現場を見ていませんけれども、少なくとも、自治体がかなり関心を持って模索している段階であることは確かです。

それから、ＬＥＴＳを利用した環境対策について、これはリントンさんから直接聞いたので、実際にまだこういうことが現実に行われているかどうかは分からないんですけれども、地主とか企業をＬＥＴＳに参加させることによって、地域の中で操業する工場や産業に環境を汚させないような規制ができるんじゃないかと言うんです。どういうからくりかと言いますと、まずＬＥＴＳをやっている地域で土地を借りて操業する企業が、その地代を地主に対して地域貨幣で払う、このように自治体が制度を作るとします。そうすると、地主は現金で地代を得ることができないので、結局たくさん地代として集まってくる地域貨幣を消化するために地域の財やサービスをより多く利用しなければならないように追い込まれていきます。それから企業の方は地代を地域通貨で払うので、企業のLETS勘定のマイナスがどんどん増えていきます。この穴埋めをするためには、企業が地域の中でプラスになるようなサービスを提供しなくてはなりません。

また、現に地域の中で環境を汚染している企業に対して、自治体が地域貨幣で環境税を集めるならば、企業のLETS勘定はさらにマイナスが増え、それを減らすために汚染を除去する具体的処置を積極的に講じようということになるでしょう。実際にLETSがこのような環境対策のために利用できるようになるかどうかは、今後時間をかけて実験を積み重ねていく以外に何とも言えませんが、理論的にはその可能性があるわけです。

## LETSと地域経済の活性化

ここで、LETSを行うことの意味をもういっぺん考えてみますと、LETSに参加している人たちが消費者としての立場を越えて、生産者としてその地域に貢献する、そして地域の人が生産者同士として向かい合うことで、今までは所有欲を満たすために消費者として行動していたのが、むしろ生産者として地域に貢献するようになる。これがポイントになると思います。そのプロセスに注目すると、消費を豊かにするためにより多くのものを所有しようという欲望から、地域の住民として存在し、地域のために貢献できるようなサービスを提供したり財を作ったりしようという行動を重視する生命欲へと、欲望の重心が移行していることがわかります。

したがって、LETSによる地域経済の活性化といっても、既存の市場経済に乗っかって、その枠を大きくしようというのではなく、欲望の質の変化を伴った活性化になるのです。また、すでに話しましたように、LETSは市場経済を否定するのではありませんから、市場の存在を前提にしています。ただ、LETSがあることによって、市場の形が変化することになるといえるでしょう。すなわち、世界市場にストレートにつながった市場ではなく、地域に根ざした地域市場の活性化や強化にLETSは貢献することになるのです。

## 3 LETSをめぐる論争

### 市場志向vsコミュニティ志向

最後になりますけれども、イギリスとカナダのLETSを比較してみて気がついたことは、それぞれの国情の違いもあると思いますけれども、LETSにもさまざまなタイプがあることです。まず、LETSをできるだけ市場経済に近いような形でイメージする、そして現金と地域貨幣を組み合わせて、そしてできるだけ多くの地域と市場経済をつなげて考える、という方向性が一つあります。これを仮に市場志向と名付けてみます。もう一つは、地域通貨とはキャッシュではない、市場経済とは違うんだ、むしろ地域貨幣を使ってLETSをやることによって、その地域のまとまりを高めていこうという、共同体意識の強い、コミュニティ志向があります。

これはそれぞれのLETSのグループの中でもそうですし、LETS同士の間でもあるんですけれども、かなりホットな論争が続いております。どちらもそれぞれ自分の方がいいんだと主張し合っているものですから、感情的な対立もあります。また、マイケル・リントンさんは非常に個性的な人間でありますから、やはり、リントンさんを支持する人々と、リントンさんなんて見たくもないという人に分かれています。今は、もうそんな大人げない事を言っている段階は通り越したと思いますが、この論争の中ではっきり見えているのは、都市部においては比較的市場志向が強く、何とかしてLETSの取引範囲を大きくしていって、商品経済をうまく使いながら地域市場を作り、ビジネスチャンスを増やし、地域の中で取引が活発に行われるように地場産業のネットワークを作る、その起爆剤としてLETSを使ってみたいという考え方が優勢です。

リントンさん自身は市場志向で、LETSの普及をはかっています。ただ、おもしろいことに、リントンさんは、自分が管理しているコモックス地域のLETSを拡大するつもりはないと言っています。大きいLETSは、むしろメタLETSというか、自分のところのコモックスLETSではなくて、バンクーバー市とか、そういう都市に拠点を置いて一万人程度の大規模なＬＥＴＳを別に立ち上げたい、そういうふうに考えているようです。したがって、ＬＥＴＳといってもコミュニティ志向のＬＥＴＳとマーケット志向のＬＥＴＳを、何層にも分けて目的に応じて複数つくり、自分は一つのＬＥＴＳだけに所属するのではなく、目的が三つあれば三つのＬＥＴＳに所属することができるんだし、それを排除する理由はないということですね。リントンさんは、いろいろなＬＥＴＳをどんどん作って、みんなでたくさん参加してみましょう、と提言しています。

それに対して、たとえばオックスフォード州のＬＥＴＳを取り上げてみると、都市部の大きいＬＥＴＳがひとつあるのに対して、小さなＬＥＴＳが七つあるのですが、おそらくイギリスにある五〇〇近いＬＥＴＳのうちの多くは、この田舎型のＬＥＴＳでありまして、これはコミュニティ志向が非常に強いんですね。市場経済の波の中にこれ以上自分たちを巻き込まないで欲しいという期待を込めて、市場経済から相対的に自立しようと考えているグループもあるようです。現実には現金と地域通貨を組み合わせて取り引きするわけですが、理念として、市場経済からなるべく遠ざかろうという方向性を持ったコミュニティ志向型のＬＥＴＳというのがイギリスでは多いようです。

## 対立を超えて

このようなことを通して考えられることは、ＬＥＴＳは市場志向、コミュニティ志向のどちらにも適応可能である、ということです。どちらの方向に行ったとしても、どっちかに統合されるというのではなくて、二つの方向性を持った形で、さまざまなＬＥＴＳがたくさんできてくる、おそらくそんな方向で今後のＬＥＴＳは展開して行くんじゃないかと思います。最終的には、コミュニティ志向型のＬＥＴＳというのが一番下の方にあって、高齢者の方も参加できるような形のＬＥＴＳとして定着し、それよりもう少し広い領域に市場志向型のＬＥＴＳができて、それが地域における地場産業を興していったり、地域における市場のネットワークを広げる起爆剤になっていく可能性があります。そんなふうにして、地域経済はＬＥＴＳによって足腰が鍛えられて、そして世界経済がいかに変動していっても、地域は生き残るんだという形で自信がついてくるんじゃないかと思います。

　特に、イギリスは、世界資本主義の覇権国であったと同時に、社会的にはロバート・オーウェンの時代からコミュニティ志向の伝統がありますので、ＬＥＴＳのアイデアというのは机上の空論ではなくて、自分たちの生活の中で受け入れられてきたんではないかと思われます。想像をたくましくすれば、イギリス人の深層心理の中に、コミュニティ志向というのがあるのではないかと思います。

　おそらく日本においても、潜在能力としてＬＥＴＳを受け入れる環境が整いつつあると思います。今はごく少数の人にしか知られていませんが、先程述べたように、雑誌『地域開発』で地域通貨の特集が組まれるという現象にもみられるように、これからだんだんとＬＥＴＳがあちこちで紹介されるようになるでしょう。じっさい、先週あたりの『朝日新聞』の夕刊（一九九九年二月三日）に、北海道大学の西部忠さんがＬＥＴＳの話を書いていましたし、その他のマスコミも最近注目しはじめています。

　それから、この『地域開発』という雑誌では、通産省サービス産業課の加藤敏春さんが、ＬＥＴＳをエコマネー＊として応用できるのではないかと言っています。加藤さんは去年あたりからエコマネー論というのをあちこちで説いていらっしゃいます（『エコマネー』日本経済評論社、一九九八年）。エコマネーは、ＬＥＴＳをモデルとしつつ、非市場経済における互酬的な取引を媒介する手段としての性格の強い特殊目的貨幣です。そういうものを加藤さんは普及させようと考えているようです。こうした流れにも見られるように、いまや地域通貨の普及は政府をも巻き込んだ運動として発展する可能性が出てきたと言ってよいでしょう。

〔付記〕　本稿の作成にあたり、環境セミナーの講演のテープ起こしをして下さった慶應義塾大学の伊勢和子さん、北川浩司君、角田真美さん、森禎行君には大変お世話になりました。ここに感謝の意を表します。

＊**エコマネー**（Eco-money）　市町村レベルのコミュニティにおいて相互扶助的なサービスのやり取りするための媒介手段およびそのシステム。非市場的な領域に使用が限定され、現金とは引き換えることができない。一九九八年に加藤敏春氏が提唱し、一九九九年から北海道栗山町などで実験が始まっている。地方自治体の積極的な関与と、期間を限定した実験の積み重ねが特徴。

# Ⅳ　社会と環境

# 11　循環と多様から関係へ——女と男の火遊び

中村尚司

## はじめに

今回申し上げたいことは、火の扱い方が私たちの社会のあり方、私たちの生き方に大きな影響を及ぼしたということです。その重要性が、近代になぜ消されてしまったのか、二十一世紀以降、なぜ再び重要な意味を持たざるを得ないのかについて申し上げたいと思います。

主として「循環と多様から関係へ」というテーマを中心に話したいと思います。特に、二つの現代的課題に合せて論じたいと思います。一つは核兵器の体系が、アメリカに支配されている状態から抜け出す道はないのだろうかという話題です。

日本国における最高の国権機関である国会とか、あるいは法律の体系や条約群には、我われが「アメリカの核の傘*」に守られていると、どこにも記されていない。日米安保条約や日米行政協定やそれに伴う交換公文等、今回の周辺事態に関する法律などを、いくら丁寧にお読みになっても、

＊**核の傘**　冷戦構造の中で、日本が社会主義圏に対する「防波堤」となるために、アメリカによって用意された核武装の保護網。核の傘によって、日本は軍事費を節約して高度経済成長を遂げることが可能となった反面、「非核三原則」は名ばかりのものとなった。

何も記されていません。アメリカの核の傘とは何ものなのか、どういう時にこの核の傘が有効性を発揮するのか、知っている人は誰もいない。核の傘については、村山総理大臣のとき、一九九五年十一月に防衛計画大綱を閣議決定しています。日本としては核軍縮に全力をあげましょう。しかし、その努力を一生懸命に重ねながら、アメリカの核抑止力に依存しましょうと決定しました。

村山首相だけでなく、ムルロワ環礁の核実験反対に出かけた武村さんも、署名しています。しかし、議会では一度も議論しない。村山さんや武村さんが、核の傘を知って署名したかというと、事務次官会議で原案ができた通りです。事務次官会議といっても各省庁の事務次官が知っていたわけではありません。一握りの防衛庁の役人たちが作った案が、そのまま閣議決定されました。日本国民の知らないことが、私たちの社会のあり方を決めています。まことに奇妙な話です。

しかし、日本がアメリカの核の傘に守られている事実は、海外ではよく知られています。インドの核実験に日本政府が抗議すると、インド政府はアメリカの核の下にいる日本がなぜ抗議をするのか、インドが国土を守るために核実験をするのと、日本がアメリカの核に頼っているのと同じではないか、というわけです。日本は答えようがなくて、唯一の被爆国とか、非核三原則とかを持ち出して核兵器を開発する国には経済協力しませんと言います。これをアメリカに言ってくれればよいと思いますけどね。核実験後にインドのグジャラート州で水害が起った時、日本政府は核実験には反対だが人道的立場から、援助をしたいと申し出ました。インド政府は、これを拒絶いたしました。自ら核の傘のもとに居ながら、なぜ水害の被害者だけに人道的援助をするのか、というわけです。援助を断られて初めて、自分達が二枚舌であると感じた外交官もいるようですが、ほとんどの日本国民は気づいてないでしょう。

毎年のように国連通常総会においてＡＳＥＡＮ諸国などが核兵器の全面禁止の提案をいたします。ＡＳＥＡＮ諸国は非核兵器政策（nuclear free policy）を採用して、加盟国はすべて核兵器をいっさい持ち込まない、使わない、核の傘の下にも入らない、と宣言しています。しかし、日本政府代表は賛成しません。しかし、日本の新聞、ラジオ、テレビなどマスコミはこの重要なASEANの非核化提案に同意しない日本の政策について論じません。一九九八年十二月にモンゴルの非核宣言が国連で承認されました。隣国に核兵器の脅威をもつモンゴルでさえ非核宣言したのに、なぜ日本は調印しないのかと質問されても、日本はモンゴルのような小国ではないなどと答えていることを日本の有権者は知りません。国会では誰も議論しないというのが実状です。

一方、テポドンだとか、北朝鮮の工作船が来ただとかいう事になると、皆声高にこれでもかこれでもかと報道する。このギャップはとても大きいですね。全世界で軍縮が進んでいる中で、進んでいないのは日本を含む東アジアです。もし日本とASEANが手を結んで、インドとパキスタンに働きかければ事態は改善されるでしょう。さらに中国への働きかけも現実的になろうかと思います。日本では情報も何もなく、議論さえされてないことが問題です。

もうひとつも、それに関連したことです。アメリカは世界の警察官としての役割を十二分に、時には過剰に果たそうとしております。私が話しているこの一瞬にも、アメリカの兵器産業は、新兵器の活用の場を見つけなければなりません。そのために各種の局地戦争を試みるが、アメリカ人兵士の被害は極力少なくしたいと、数多くの軍事作戦が展開されています。アメリカの独り勝ちというのは、単に軍事的な独り勝ちにとどまらず、経済的な独り勝ちのシステムを作り上げました。

『マネー敗戦』という文藝春秋から刊行された本を読むと、現代アメリカとの経済的な戦いにおいて、大東亜共栄圏を創ろうとして敗れたときの日本の資産全体に対する損害よりも遥かに大きな損害を受けたことが解ります。日本円で計算してではなく、当時の資産総額に対する戦争による被害額と、一九九八年における日本国の資産総額に対する被害額等を比較して、同じくらい大きな比率の被害を私たちは受けました。

だから、二度もアメリカに負けたという象徴的な『マネー敗戦』という題の本です。世界の金融システムをアメリカに都合の良い形で作り上げて、最初はタイのバーツですが、引き続いて東南アジア諸国の通貨群、そしてロシアとか、ブラジルだとか、いろんなところに金融危機が波及しています。日本の金融機関も、困難な事態を引き起こしました。私と同年輩の人たちが企業の幹部にはたくさんいらっしゃるが、時には首をつったり、時には毒をあおったり、という悲惨な末路を遂げた方も少なくありません。このことはエントロピー論とあまり関係のないかのように、お受け取りになるかもしれません。しかし、その基礎は、奇妙な私たちの社会関係のあり方と不可分に結びついています。なぜ、こういうことになっているのか、そこから抜け出す道はあるのか、皆さんと議論できればと願っています。

第二に、科学技術の犯罪性について申し上げたい。エントロピー学会員は、優れた知見に基づいて正しい日本社会のあり方、正しいリサイクルのあり方など、さまざまな正しい道を説くべきでしょうか。言い換えますと、近代の科学技術の奇妙なあり方を、私たちも共有すべきでしょうか。エントロピー学会といえども、学校教育でよい成績をとった人たちが組織する主流の学会から比べれば、けち臭い学会であるとはいえ、ある種の並外れた知的能力を持っていると誤解される人たちによって組織されています。再検討が必要でしょう。

日本の場合、科学と技術の間に線が引けません。科学技術庁なんていう訳の分からない団体もございます。科学というのは、ギリシアの昔にかえれば、解らないことが解ればそれでよいのです。科学なんてのは、ろくでなしのぐずぐずした社会の邪魔者みたいな人の営みであって、世の中に役に立つことなんかありません。人様に役に立とうというのは、科学の本来の役割ではなくて、科学は、自分の中で納得したならば、それでおしまいなのです。ああ、解った。ああ、うれしい。これで科学はおしまいですから、害をなさないわけです。しかし、近代の科学技術は、大きな害をなす世界です。人様をどうかしてやりたいというのが、私たちの科学技術の特徴であります。地震予知も、地質学の人やそれぞれの分野の方が、日本の地質構造について調べて解りたいという気持ちを持つのは当然でしょう。しかし、地震予知を実現して、皆さんが地震の被害を受けないようにしてあげたいというよこしまな気持ちを持ち、多額の税金を浪費すると困ります。別に地震予知学者だけがそういうことを行なってきたのではなく、他の分野でもそうです。何兆円規模の巨大な科学技術と呼ばれる核融合にしても、宇宙開発にしても、ヒトゲノム解明にしても、どこまでが科学なのか、どこまでが技術なのか、わからなくなっています。ともかく、税金をたくさん使いたい、使うことによって人様よりもものが解っているぞと言いたいのでしょう。なぜ、そのような性格を我々の近代の科学技術が持つようになったか、核の傘の下に安住していることや、アメリカが世界経済システムで独り勝ちする事態と無関係でないように思われます。

## 1　循環性の永続

環境セミナーですから、環境とは何かをはっきりさせなくてはなりません。環境というのも、非常に解りにくいですよね。ここでは、環境というものについてどれくらいの範囲で考えておくべきか申し上げます。生命を含む系を全体として活動する主体と捉えますと、それとその活動の対象となる自然との双方が環境です。もちろん活動主体も自然物です。しかし、あえて分けて言うとすれば、非有機的自然ということになります。その両方を含んだものを環境だと定義しておきます。そうしますと、環境セミナーは何についても話してよいことになり、何もかもが環境問題になるという、大変都合のよい定義ができるわけでありまして、ひとまず、そういうふうに押さえておきます。

そして、活動の中身に入っていきたいわけです。活動の中身のうち、循環性の永続は、きわめて重要です。これは、エントロピー学会に参加する人達が、繰り返し言い続けてきたことでもあります。人間の体の血液もリンパ液も、あるいは、地球上のさまざまな物質も循環の中で活動の可能な条件を作っているわけです。まずもって、循環の永続性が不可欠です。それは、耳にたこができるほど聞いていらっしゃるはずなので、これ以上強調することをやめます。

## 2　多様性の展開

循環というのは、永久運動のようなものではなくて、無限に可能な訳ではなく、どこかに滞りが発生します。その循環の滞りをいかに乗り越えるかという課題が、必ず起こってきます。循環は大切だよ、循環の継続が必要だよと言う傍ら、同時に、循環はそんなにはうまくいかないよ、さまざまな障害にぶつかるよ、と言うべきでしょう。その乗り越え方として、多様なものを創っていく多様性の展開があります。個体の生命活動というのは、循環システムが止まってしまったら、そこに滞りが起きたら、老化現象であるとか、病気であるとか、死であるとか、個体として活動する困難に直面するわけです。個体の活動停止を乗り越えるために、世代交代の仕組みを作ってゆきます。世代交代が、ただ単に前世代の複製だけにとどまらず、新しい違った活動のあり方を生み出します。そのことによって多様性が生み出されます。この多様性というのは、循環性を基礎に築かれなければならないので、循環と別個に考えておくわけにはまいりません。

たとえば、日本は水産技術において優れているので、エビの養殖であれ、サケの人工孵化であれ、全世界に広く普及しなければならないと、水産技術者が出かけて行きます。しかし、そのことによって、循環性や多様性との結合が壊れます。私たちの食べるサケの多くは、ラテンアメリカ諸国から輸入されております。ブラジルやアルゼンチンの河川に日本の技術者が、何度もサケの孵化した稚魚を放流して、元の生まれ故郷の川に戻ってくるように努力していますす。しかし、まだただの一匹もブラジルの川には戻ってきた試しがないのです。大西洋に出てしまったらそれっきり、チリから太平洋に出てしまったらそれっきりなのです。

だから、余儀なくサケの養殖を大規模に行って、輸入して食っているわけです。それは、ラテンアメリカ諸地域の環境にとって大きな負担になっています。エビやバナナの例と、ちっとも違いはないのです。個々の養殖技術や増殖技術が開発される一方、サケが生まれ故郷の川に上れなくなっている事態は、世界的な規模で進行しているわけです。

生物の多様性を救うために、各地に水族館を作ったり、いろんな形で動物園も植物園も整備し、それから、遺伝資源の保存施設も各地に作ります。農水省だけでなく、他の行政機関や学術団体もそれを支えてきました。循環の問題と結びつかない多様性は、困ったことです。たとえば、サケの循環は他の動植物の活動に分かちがたく結びついています。川のサケがキツネやクマの餌になったり、その死骸が鳥や陸上植物の栄養源になったり、といったことは水族館や動物園では実現できません。循環性の大切さと多様性の大切さは別個のことではなく、循環の基礎の上に多様性があると考えるべきでしょう。ともかく、多様性が生物の営みにとって重要であることに、どなたも異論はないと思います。

## 3 関係性の創出

「関係性の創出」と近い議論に、清水博という方の『生命を捉えなおす』という中公新書の増補版があります。この本では、もっぱら関係史という新しい概念を導入して、生物の問題を考える上で「関係」の大切さを議論しています。もともと清水さんは、シュレジンガーの生命論を延長した議論を展開したいとお書きになりました。しかしそれでは不十分なので、増補版を出して関係性を中心とするエントロピー論で構成しています。

槌田エントロピー論は、比喩のエントロピー論を拒絶するという基本方針を持っています。情報のエントロピーなどと混同しては困ると、エントロピー学会では非常に強調してきたわけです。しかし、この清水さんのエントロピー論は、ごく常識的な秩序というものが、エントロピー論によって説明可能だという形で議論されています。

読んでみてやや「違うな」と思ったのは、槌田さんも清水さんも共通していますが、研究主体である科学者と研究対象であるさまざまな生命観や環境の諸問題というのは、それぞれ独立している。したがって客観的に扱うことが可能だということを前提にされている点です。しかし、私の考える環境とは、活動する主体と対象的自然の両方を含みます。この問題を論じている科学者は環境の一部でありますから、「私」と「対象」との関係は決して客観的に扱えません。エントロピー論というのは、基本的に当事者性の科学でなければならないはずです。一人称や二人称で語らざるを得ないのです。これが特権的な科学技術者の出現を抑制する鍵であると思っています。

「私」や「あなた」の世界で説明できる環境問題こそが、従来の客観的な三人称による科学では明らかにできなかった世界を切り開きます。この部分が、複雑系の議論では重視されています。清水さんの議論もそこへの手がかりをいろいろな角度から提供しています。しかし、根本的に違うなと思ったことがあります。私はそのことを説明する根拠として、火の使用の積極的な意味を取り入れたいと考えます。これまでエントロピー論を展開してきた科学者は、火の問題をどういうわけか棚の上に置いて忘れていらっしゃる。

核兵器の体系というのは、強力な火力によって全人類を五十回でも六十回でも殺戮し尽くすだけの破壊力を持ったわけです。これ以上さらに増産して五〇〇回殺した方がいいという議論は成り立ちません。私たちが手に入れた破壊力は、もうこれ以上大きくしようがない限界まで来ています。なぜこのような破壊力をもつに至ったのかというのは、火を使いはじめたことと無関係ではありません。

火の問題をなぜ見失ったかというと、近代科学の出発点が客観的であろうとしたからです。よくデカルトやニュートンが引き合いにだされます。研究主体と対象との関係というように分けてみると、観測対象に対して観測主体は何一つ影響を及ぼさないということを前提に、古典力学はでき上がっています。近代の技術が目指したのも、身体活動の外部にいろんなものを展開していく方向です。たとえば、私は手術によって声帯をなくしましたので、声帯の代わりにマイクロホンを使っていますが、この機具は声帯の延長です。眼鏡は視力を回復するための、目の延長ですね。近代の生み出したものは、身体が持っていた固有の器官を身体外に延長することです。

手で殴ってけんかするのがごく当たり前の争いだとしますと、石ころを投げた方がもっと相手に大きな打撃を与えられます。石ころを投げるよりは、鉄砲を撃った方が、さらに大砲、弾道ミサイルに核弾頭を搭載する方がよいでしょう。言い換えますと、湾岸戦争で使われたトマホークは、石ころを拾って投げる代わりに核弾頭をミサイルにつけるという形で、手を延長した破壊力です。

コロンブスが新大陸を発見したといって、先住民の暮らしを破壊できたのは、手の延長としての破壊力が格段に優れていたからです。その軍事的な支配力を持って植民地体制を築いたわけです。したがって、近代の科学や技術の特徴というのは、身体組織の外的な延長です。

## 4　特殊な日本の土木

日本の場合は少し特別です。帝国大学の工科大学が設置された時、いろんな工学分野の専門家をドイツやフランス・アメリカなどに派遣します。したがって日本の工学の編成を見てみますと、機械工学、金属工学、電気工学などすべてヨーロッパやアメリカのエンジニアリングの直訳です。しかし、土木工学だけは、欧米のどこへ行っても、「我が国の土木の方が優れている」と優越感を持ちます。土木だけは土と木の工学です。宇井純さんのように誇り高い土木技術者は、土と木で組み合わせる体系の優位性を大変強く信じておられるわけです。

これは日本の技術の特徴であり、江戸期に非常に高度に発達しました。そして明治期に内務省土木部では、オランダの技術者を雇いますけれども、日本の土木技師との論争の結果、オランダの技術者たちは敗北して帰国してしまいます。日本的土木の大天才は、豊臣秀吉です。土木で戦争した人です。もちろん豊臣秀吉よりもさらに前に、武田信玄や上杉謙信は釜無川や頸城平野の水をコントロールし、土木技術をもって軍事力を強化しました。日本社会の土木体質は、田中角栄さんや竹下登さんに始まるのではなく、はるか戦国期から支配的な文化となったわけです。

江戸期は、商業を非常に低く見ました。堺や坂本（滋賀県）の商人は、十六世紀にアジア各地に広範な活動を展開しました。西洋の海軍力に負け鎖国した後は、土木の内需拡大に向かいました。その結果として、近代の土木事業は軍事力や政治力と結びつき、工学部卒業生の中では土木工学、農学部では農業土木を専攻した人だけが、五年も経てば政治家のような顔つきになります。日本土木学会では、何度も名前を変えましょう、土と木ではなんともみっともない、ヨーロッパ風の名前にしようという試みがありました。しかし、日本的土木技術の優位性の前に、それは拒絶される運命にありました。

科学技術といっても、私たちは欧米と異なる経験を持っております。通常の「手の延長」を中心とした欧米近代の技術に対して、日本の場合は「大地の延長」としての性質が付け加わります。土と木というのは、人間の身体の延長ではありません。大地は森や林を育むので、あたかも自然そのものが豊かになったかのように見せる技術、これが土木技術の基本的な特徴です。たとえば田んぼから石や木の根っこを取り除くと、一枚の田んぼから取れる米の量が増えていきます。しかし、それはあたかも土地が豊かになったかのように映ります。いかに人間の努力が傾けられたかは忘れられ、自然そのものが豊かになったかのように見えるという結果になってしまっています。日本の科学技術は、そういった特徴を持っています。

しかし、両方とも火の問題をどこかへおいてしまっています。火の問題は非常に重要で、誰もが意識しているにもかかわらず、系統的に技術の体系の中で説明しようとしません。主たる技術論の特徴は、労働手段の体系です。労働手段をいかに体系的に組織するかというのが技術の課題だとします。これは文字通り「手の延長」です。マルクスも『資本論』にわざわざ英語で、tool making animal と道具を作るのが人間の本質であると紹介しています。これは十九世紀の技術の立場を非常に明瞭に表した言い方です。「手の延長」そのもので、私たちはこのような形で世界を支配できると考えるわけです。

しかし、五〇〇〇万年の長い人類史を振り返ってみると、これはほんのつかの間の現象です。石器時代に生きていた人が、私は石器時代人だと名乗ったことは一度もありません。十九世紀の科学技術の立場から、歴史を総括したにすぎません。「人間の歴史を道具で解釈し直す」、これが近代の科学技術の特徴です。人類の長い歴史は、そういう見方を受け入れてきたわけではありません。

二十世紀になりますと、そういう人類を何十回も殺戮し尽くすような技術の体系が軍事技術として表れます。日本の土木も、基本的に軍事技術でした。西欧近代に軍事技術から分離して civil engineering が生まれたとき、「軍事ではない」技術の使い方が主要な形態となりました。もし明治期に欧米から帰った技術者が、帝国大学の工科大学に新しい学科を作ろうとするのであれば、民事工学科を作るべきだったのです。しかし、土木工学になってしまったわけです。日本では近代の技術もまた、基本的には軍事技術ですから、帝国陸軍の作戦は泰緬鉄道の失敗が教えるように、土木にこだわり続けてきました。

## 5　火を使う人

人類史の五〇〇万年のうち、火を使うようになってから一体どれだけ経つかという問いには多くの論議があって、確定しません。また、悲しいことに考古学的な資料についても、火を使って何をしたかを判定するのは、易しいことではありません。おそらく、火を使うようになったのは、きわめて古い。たとえば、北京原人は火を使ったと推測されています。が、その証拠は日本軍の侵略によってほぼ抹消されてしまったので、今では確認する方法がないと言われています。火の使用には、五十万年や百万年の歴史が間違いなくあるでしょう。

火を使うことがどうしてそんなに特別かといいますと、生物界の一員である人間の身体にとって、非常になじみにくいからです。大気圏の常温・常圧のもとで燃焼するものは、生物活動をする人類にとって、大変な危険物です。人類にとってだけではありません。ありとあらゆる動植物・微生物にとっても危険ですから、山火事があれば、落雷があれば、逃げ惑うよりほかなかったわけです。

それほど生物体にとって異物であるところの火が、人間にだけ親和力を持ちます。水と比較しますと、大いに違っています。水は、あらゆる生物活動にとって、大変親和力のある存在です。水の循環は、どの生物にとっても不可欠です。だけど、人間だけが、もぐさを背中に乗っけて燃やすと病気が治ると信じている。火を人体に直接付けることが、生命活動を活発にするという信念をもつ動物です。お灸をすえる生物が、人間以外に発見されたら、学術上の大きな事件になります。

人類が火を扱う場合も、他の生物と同じで、直接体と接触することはできないわけです。火というのは、必ず、死んだものを媒介として扱わなくちゃならないんですね。枯れ草だとか、枯れ木だとか、一度死んでしまった動植物の死骸は、火と親和力を持ちます。

## 6　女と男の火遊び

しかし、人間は生きていますから、自分が寝ている間に火が燃え広がったら大やけどをします。あるいは自分が寝ている間に、貴重な火種が消えてしまっては、元も子もなくなります。私が寝ている間に安心して火の番をしてくれる人が必要です。自分だけでは不安なので、他の誰かが必要です。その誰かが、男にとっては女であり、女にとっては男である、とかつて三河の合宿シンポで申し上げました。生物学の柴谷篤弘さんから「中村さん、なぜ親子ではいけないのか、なぜ兄弟ではいけないのか、あなたは女と男の火遊びなどというつまらない議論をしているから、いつまで経っても学会でちゃんとした評価を受けないんだよ」とお説教をしていただきました。学会で評価を受けないことこそ私の勲章だ、科学技術の特権的な立場に立たないということが、本当の民衆の暮らし、民衆の中での学問を生かしていく大切な道なので、女と男の火遊びで大いに結構です。

なぜ女と男なのかについては、その場では即答できませんでした。その後、若干の思慮を巡らしまして、ちゃんと答えられるようになっています。

親子とか、兄弟というのは、人間として自分でパートナーを組むことにした相手じゃないんですね。嫌いな親から家出する人もいます。いやな子供を勘当する親もいます。しかし、どんなに家出しようが勘当しようが、自分の身体組織の特徴は、親のＤＮＡの構造を、父親から半分、母親から半分受け取っています。この事実まで消すことはできないわけです。すなわち、生物的なつながりによって、子供である私は存在しているわけです。それから、兄弟姉妹もどんなに口もききたくない兄や姉がいようと、どんなに大ゲンカしても、身体的な特徴のかなりの部分は、兄や姉と共有しています。それも、私が選んだからではなくて、私が必要としたからではなくて、生物学的に条件付けられています。

それに対して、火の使用は生物学的に全く条件付けられていません。生物にとって大変な危険物である火を扱う方法は、自ら選ばないといけません。女が男を選ぶ場合は、男が女を選ぶ場合も、生物学的に条件づけられた相手とは違います。

このことは大型哺乳動物のオスとメスの関係についても、共通に言えます。しかし、人間だけが自分の選んだパートナーと、何とかして永続的に関係を充実させようと、無理な努力を重ねます。無理を承知で努力するわけです。イヌやサルであれば、父親と娘の間に子供ができ、母親と息子の間にも子供ができます。日常的に行われていることですから、人間の目からみると親子関係なのか配偶者関係なのか、非常にわかりにくい状態です。

しかし、人間は火をめぐって、自分の信頼できる相手を自分で選びます。どんな事があっても、自分たちが火を使っている間は、安心して信頼して任せることのできる相手でなければいけない。だからこそ、他の女には目もくれず、他の男には目もくれずというむなしいまでの努力を重ねます。もちろん、この裏側には、たえず不安が付きまとうわけです。火を扱うようになってから、人間は活動領域を拡大しますが、同時に不安の虜になってしまいます。人為的に選んだ男や女というのは、決して、安定した関係ではありません。親子は安定した血縁的な関係です。兄弟も安定した関係です。自分たちが選んだり、変更したりできる血縁ではないわけです。

## 7　皮膚で囲われた人体の不完全性

火を扱うようになって、人類は大変おかしな事を行ないます。人類の祖先が、アフリカの一角で生誕したと、いろんな研究から明らかになってきております。それが熱帯の平原からどんどん、北極や南極に近い所まで移住してゆきます。繰り返す氷河期にもめげず寒い地域へ移動します。しかも、たいていの大型哺乳動物の場合、厚い毛皮や脂肪層で囲まれて、冬眠もできれば、繁殖期も確定しています。ところが、人間だけが別です。ここにいらっしゃる皆さんは、まんべんなく一月から十二月までに、誕生日を持ってらっしゃる。暑さ寒さにかかわらず、繁殖します。アラスカのような寒い地域にいっても、人間は毛皮を失ない裸になります。しかも、いつでも妊娠し、出産できるようになってゆきます。なぜ、こんな途方もないことが可能になったか。それは、火の制御をおいて他に根拠がないわけですね。

日本神話では、イザナギノミコトとイザナミノミコトが、なりあまったところとなり足らないところを合わせて赤ちゃんを作る努力をします。できてみると、火の赤ちゃんでした。生れるときお母さんは大やけどをして、亡くなります。それで、お父さんは、息子を斬り殺して黄泉の世界まで追いかけてゆきます。それでも、お母さんを蘇らせることはできません。お母さんは、お父さんに恨みつらみをいっぱい言います。言い換えると、私どもは、親殺しと子殺しの子孫でもあります。そんな風に、火について、神話をお調べになりますと、いたるところに、どこの神話でも、女と男の関係が基軸です。プロメテウスという男がアテネの女から火を盗むとか、オーストラリアのアボリジニは、女が火をコントロールするという神話をたくさん持っております。

そういう風に、火を中心に世界が形成され、社会関係が生まれるのは、近代に至るまではごく当然のことがらでした。しかし、近代の出発点に戦争技術が優位力を持つようになってから、時代は変わります。火を使うことの特徴は、私にないものがあなたにある、あなたにあるものが私にない、たぶん、男と女の関係はそういうものでしょう。そういう形で、お互いに人間として信頼し助け合うということが必要になります。それまでのセックスからジェンダーが生れる、その出発点は火の制御にある、と私は考えます。

## 8 交換、互恵、再分配

私にない物があなたにあるという相互性は、交換とか商業の基礎になります。オスローのバイキング博物館に行き感心したことですが、バイキングの人たちは、タラの魚群を追いかけて、最初はアイスランドに根拠地を持ちます。それからグリーンランドに行って、さらにニューファンドランドから、今のカナダやアメリカの東海岸に到着して、そこに入植地を作ります。コロンブスよりもさらに五〇〇年くらい古い話です。

東海岸の先住民の人たちに、「私たちはタラの群れを追いかけてここまで来ました。タラがたくさんありますから、皆さんにタラをさしあげましょう」と言います。先住民の人たちは、「いや、ニューファンドランドあたりは、タラがたくさん取れるところだから間に合っています」と答えます。しょうがないからバイキングの人たちは、「じゃあ、北ヨーロッパまで帰って、スカンジナビアの毛皮をお届けしましょう」と、再びやってきます。

そしたら、アメリカの先住民の人たちは「毛皮も私たちには間に合っています」と答えます。「私たちにあるものはあなたにもある、あなたにないものは私にもない」という返事です。バイキングの人たちは、すごすご根拠地を引き払って、またスカンジナビアに戻ってしまうわけです。

この話の肝心なところは、商業と言うものが成り立つためには、「私にないものがあなたにある、あなたにないものが私にある」ということですから、そういう意味で、人類が人類として社会関係を広げていく根拠には、交換が必要です。商業はもっと重視されなくてはいけないわけです。

## 9　軽視される商業

日本近代は、何しろ土木の時代でしたから、帝国大学で勉強するほどの人たちは商業と無縁でした。五十町歩以上の地主のせがれが、第一高等学校とか第二高等学校だとか、そういうナンバースクールに行きまして、帝国大学に進みます。私が東畑精一さんに、日本の経済学がどのようにして成立したのかと尋ねたことがあります。「三重県の地主のせがれとして東京へ来ていたから、実家からお米を送ってもらい、家事は国許からばあやが来てやっていた。丸善からずいぶん本を買ったけれども、本代なんておれ払ったことがない。全部、盆と暮れにおやじが清算してくれていた。経済学を勉強していたのに、アメリカに留学するまで、物に値段があることは知らなかった」という話でした。

そのころ、日本の帝国大学には経済学が導入されましたが、経済学の教授たちは大変困ります。地主のせがれたちですから、物に値段があるというのがわからない。ヨーロッパではすでに新古典派の経済学が、マーシャルによって完成されていました。マーシャル経済学*を導入しようとすると、どうしても分からなかったのは、第五章の価格理論

***マーシャル経済学**（Marshallian Economics）　古典派経済学の問題意識を継承発展させつつ、総合的な経済学体系をめざした新古典派経済学の礎の一つ。生産要素としての組織に注目し、生態学的視点から、企業をライフサイクルを伴った運動体として捉える。また、企業組織の技術的発展が直接その生産費低下をもたらす場合を内部経済、企業を取り巻く環境の進化が企業の生産費低下をもたらす場合を外部経済として、両者を区別した。

だったそうです。それこそ、マーシャルにとって、決定的に重要な理論なんですが、価格がどうして決まるかなんて事は、およそ地主のせがれの想像力を越えていました。

ところが、マーシャルよりも古いマルクス経済学が入ってくると、帝国大学で勉強している人たちはパッと飛びつきました。世界の経済学者の中で、マルクスほど商業をばかにした人はいないでしょう。商業という経済活動は、物を右から左へ動かすだけで利潤をとっている。とんでもない連中である商人資本を、いかに撲滅するかが社会の進歩だと、マルクスは説くわけです。だから、帝国大学の人たちは、分かり良いわけです。なぜ日本のような資本主義国で、マルクス・エンゲルス全集が広く翻訳され読まれているかということの理由は、日本社会の商業蔑視の風潮抜きには理解できません。

私の以前の勤め先の所長が小倉武一といって、農水省事務次官をした役人でした。後に日本銀行政策委員に異動するときに、「中村君、ちょっと困っているんだよね、次くる所長が、商業学校出の人で、所長の給料はいくらだとか、海外出張に行く時に航空券はファーストクラスを使えるのか使えないのか、そういうことばっかり聞いてくるんだよ」といいます。一橋大学の教授が、退官してアジア経済研究所の所長に、後任として来ることになったからです。東京帝国大学法学部出身者が、長く日本社会を支配してきたわけですが、こういう人たちから見ると、「商業学校出の人は、金目のことについてうるさくてしょうがない、おれたちは、いくら給料もらうなんてことは気にしないで、こういう仕事は引き受けてきた」と自慢します。

私は、しがない京都のビロード商のせがれですから、商人というのがどんなに苦労しているか、身をもって体験しました。地主の文化に対する異常な反感を持っているので、今日はちょっと割引にして聞いていただく必要もあります。ともかく、商業というのは非常に貴重な営みだけど、同時に大変不安な経済活動です。

## 10 再び関係性の創出について

いつ倒産するかわからない、そういう不安を抱えて、商業を担っている人は生きていくわけです。女と男の関係に固有の不安というのは、商業の不安とそっくり重なっている。交換を通して自分にないものを相手に認めるということは、人の大切な営みが身体の外へ出て行くことでもあります。それを逆に見れば、人間の本質は身体の外にあるとも言えます。人と人との間です。人間という字は、人の間と書きますけれど、実は人間が人間らしくなるというのは、肉体を持った人間がしだいに意味を失い、自分以外の人との間にどのような関係を築いていくか、これが人間らしさの本質を作ってゆくことになります。だから、哲学用語風に言うならば、私たちは存在に関係が先立つような世界を作っているわけです。人間的な世界というものの特徴はそういうものでしょう。

したがって、私が今個体としてここにいるかいないかというのは、それほど重要でなくなってくる。私は商業カーストの生まれのマハトマ・ガンディに大きな影響を受けています。しかし、私が物心ついたときには、ガンディはすでに死んでこの世にはいません。私の父親は、比較的長生きしましたが、何度もけんかをしたものです。今振り返ってみますと、生身の付き合いをした父親から学んだものと、会ったこともない見たこともないガンディから学んだものと、どちらが多いか分からないくらいです。

ということは、人間の大切な部分というのは、肉体を持った存在ではないところにあるのかもしれません。東京帝国大学に新人会ができるころには、もはやマルクスその人は、この世の中にいないわけです。しかし、死んだマルクスが生きた地主のせがれたちを右往左往させ、共産党を作ったり、三・一五事件を起こしたり、ということになっていくわけです。人間という存在は、関係性が優越するとともに、個体の意味を少しずつ失う特徴があるのではないでしょうか。そう考えますと、商業や交換や女と男の関係によって、私たちは、人と人との社会関係のあり方をより新しく作り出してゆきます。

しかし、それと同時に、その反対側にいろんな困難も作り出します。よく槌田敦さんが、エントロピーは汚染を図る指標だとか、低エントロピー資源というのはぞうきんだ、とおっしゃる。そんなもんじゃないですよと、私が反論する例を上げましょう。田の中にある泥は米が育つ大切な資源だけれど、同じ田の泥をバケツに持ってきて、会場の皆さんの衣服にぶちまけたら、大変汚れます。田の中にある泥もバケツに持ってきた泥も、エントロピー論的に見ると物理学的な性質、化学的な構造や、生物学的な特徴については変わりません。

田んぼで野良仕事をしている人は、泥が衣服につかなければ、汚い奴だといわれます。ところが、花嫁衣裳に泥がついたら、結婚式そのものが壊れるかもしれない。泥は時には資源、時には汚染となります。

十九世紀まで、石油は人類が忌み嫌ったもので、石油があるところは汚染源だから人は住めない、と避けてきました。内燃機関が発明されて、二十世紀に入りますと、石油の一滴というのは血液に匹敵するほど貴重だから、石油資源を求めて大日本帝国陸軍は、数百万の兵士をアジア各地に派遣して、多くの人を殺戮してきたわけであります。二十世紀も押しつまってきて、京都でＣＯＰ３＊の国際会議が開かれると、石油こそ炭酸ガス等を排出し、人類の生活を困難に陥れる最大の汚染源だと宣言されます。そうしますと十九世紀は汚染源、二十世紀は貴重な資源、二十一世紀には地球温暖化の最大の汚染源になります。泥や石油は、やるせない気持ちになるわけです。

だから比喩のエントロピーはもうやめにしようじゃありませんか。もっと大切なのは、人と人との社会関係、石油をめぐる、泥をめぐる、人間と人間との社会的な関係です。それが時には泥を資源にし、時には泥を汚染にする、時には石油を資源にし、時には石油を汚染にするのであって、けっして、エントロピーという物理量で計算できるものではありません。

それはさておきまして、社会関係を火によって作り出すことができた結果として、火は人間らしい暮らしを生み出します。これまで食べられなかったものが、食物になります。あごの筋肉も構造も変わってきます。声帯も発達します。音節化した音をきちんと発音できるようになります。したがって、言語が生まれます。意識が生まれます。そういう風にして、人の活動は従来とは比較にならないほど拡がっていくわけです。そのために多くの社会組織・協同組織が生まれ、信頼感が生まれていきます。

もう一方で、破壊的な力を拡大していくことにもなります。それが先程言いました暴力で、人間だけが相手を破壊し尽くす暴力を行使する動物になりました。だから、火というものは、一方では社会関係を創設する貴重な源泉でありますが、同時に社会関係を破壊する非常に強い力をもつことになります。

## 11　関係性の破壊する暴力と差別

社会関係を破壊するのが直接的な暴力だとしますと、社会関係を拒絶するのが差別です。私たちの世界で差別が起こるのは、対等な社会関係をもちたくないと相互の関係を拒絶してゆくところにあります。どんな差別をお考えになってもいい、障害者差別・女性差別・部落差別・民族差別、なんでもそうです。差別が対等な社会関係を拒絶し、暴力が社会関係を直接的に破壊するとすると、火というものは本来人類にとってそういうものだったのです。近付いたら大火傷をするからなるべく付き合いたくない、関係をもちたくない、避けたい。それから逆手にとって、上手に使えば火力として相手を破壊できるという性格をもちます。

十九世紀にスターリング・ポンドが最も信用のある通貨として国際商取引の決済に使われた根拠には、イギリス海軍がもっている強い破壊力がある。二十世紀になって米ドルがこれほどの支配力をもつのは、アメリカの核兵器の体系が他の核兵器保有国よりも格段に強力だからです。十九世紀のパックス・ブリタニカ**に対して二十世紀のパックス・アメリカーナがあるように、二十一世紀はパックス・ジャポニカとして日本円が全世界を支配するのだと夢見た人も中曽根康弘だけでなくバブルの頃にはたくさんいました。しかし、そのためには日本の軍事力が全世界、アメリカを圧倒するような力をもたなければだめです。

---

***COP3**（Third Conference of Parties　第三回気候変動枠組条約締約国会議）　一九九七年十二月に京都で開かれた国際会議。先進国における温室効果ガスの排出量を、二〇一〇年前後までに一九九〇年比で平均五・二％削減するという合意がなされた。

****パックス・ブリタニカ**（Pax Britanica）　十九世紀のイギリスを中心とした世界秩序。国際的には、金本位制にもとづいた自由貿易と列強諸国の間の勢力均衡、そして国内的には自己調節的市場システムと自由主義が柱となる。アメリカやドイツなどの後発資本主義が、政府の保護のもとで急速な資本蓄積を進めるにつれて、世界市場は行き詰まり、やがて植民地獲得競争と金融資本による市場独占傾向が深まって、第一次世界大戦後には、イギリス中心の世界秩序の再建はもはや不可能となった。

これは到底実現不可能なことですから、私たちは違う方法を追及しましょう。全人類を殺戮し尽くすような軍事力を築き上げるのではなく、むしろ日本人が営々と働いて溜めたお金がアメリカのドルを強くし、アメリカの株式の評価を高くし、アメリカだけが儲かるという仕組みを克服しましょう。これは、私たちが核の傘の下から出ていけるかという課題と深く結び付いているのであります。

## 12 信用から信頼へ

信用を拡大すれば人と人との社会関係が希薄になります。利子率でもって評価されるよりほかない信用を、もう一度人間と人間の具体的な信頼関係に引き戻しましょう。すなわち女と男が恐れおののきながら、不安に満ち満ちながら、しかしなお大切にしようと思ってきた信頼関係に戻るしかない。そのためには商業が大切です。これには幾つかの原則があって、「商品化の三大原則」（①働けば再生産できるか、②売るために生産したか、③人命に危険はないか）にまとめています。

血液は働いても作れないのに世界の血液市場の三割が日本に輸出されています。その逆に、米は働けばいくらでも作れるのに、一粒の米も輸入しないと共産党から自民党まで国会で決議しています。結果として、フィリピンとタイの花嫁だけで一〇万人を越える人が、過疎地にやって来て米作りに励んでいます。熱帯性の植物を熱帯から来た女性が一生懸命作って、なぜ「日本米」と言えるのでしょうか。アイヌの人たちは北海道でたったの一粒の米も作らなかったのに、今や北海道は米のプランテーションになってしまっています。こんな無茶なことをする暇があったら、一滴の血液も輸入しないという決議をすべきだろうし、それを掲げて闘う政党があってもいいわけです。

肝心な所は、信用を信頼関係に戻すことです。もともと信用というのは働いて作れるものではないから、利子で売買しちゃいけないんです。本を借りたから返すときに利子つけて返すなんていう人はだれもいない。信頼しているから本を借りて、返すだけのことです。ところが私たちは信用というと、利子がないとだめだと思います。昨年の夏、ニューヨークのボランティア団体の方にアジアの経済危機について話す機会があって、くどくどと信用というものがいかに人を駄目にしたかを申し上げました。それに比べてイスラム銀行は信用を信頼に置き換えようと努力しています。イスラム銀行では、お金を預かったら大事な財産をお預かりしているのだからと、保管料をとります。

お金を積んでおけば自然に増えてくるなんてことはどんなエントロピー論者でも想像もつかない。キリスト教も利子を取ることを禁止していました。十七、十八世紀にキリスト教会で大論争が起こります。ユダヤ人たちに任せておいたら世界の金融資本は全部ユダヤ人に押さえられるから、なんとか負けないように金貸し業に手を出そうと、利子を認めるようにしました。その結果、今日のアメリカの独り勝ちになった、という話をしていたら、「私たちはほとんど全員ユダヤ教徒です。そのユダヤ教徒が悪の元凶のように言われてはいたたまれない思いがする」と言われました。「ユダヤ教徒が金貸し業以外で生きていけなかったのは、ヨーロッパ社会がいかに差別に満ちた社会であったか、いかに関係を拒絶する社会であったか、歴史を溯って申し上げるべきでした」と言って謝りました。いろんな反論がありうると思います。時間が経ちましたので、この辺で終えたいと思います。

## 質疑応答

――質問ではないのですが、商品化の三大原則についてより詳しいご説明お願いいします。

**中村**　はじめに「働けば再生産できるか」ということです。まず土地は働いて作れるものではないので、売買を少なくしましょう。バブルの時代の教訓からこれはよく分かると思います。先ほど言いました信用もそうです。労働力も値段を付けないことが望ましいものです。就職難のこの時代にとお叱りを受けるかも知れませんが、こんな時代だからこそ絶好の機会です。働くことは第一に自分やその周りの人のため、第二に不特定多数の人のため、第三に雇われて働くという三種類に分けられます。自分や家族のためにだけ作るパンはいいものはできない。パン屋の親父が不特定多数のために作るパンが一番うまいでしょう。パン屋の親父が、山崎パン工場に雇われて働くことには無理があると思います。ピアニストにも同じことが言えると思います。恋人のためにしか弾かないピアニストには、限界があるでしょう。ホテルやバーで雇われて決められた曲を決められた時間に弾くピアニストの腕は落ちるでしょう。大学教授も年次休暇がなかったり、失業保険がなかったりと、自営業に近い状況ですが、もっと自立すべきでしょう。このようにして考えると、二十一世紀はまさに自営業の共同ネットワークの時代だと言えます。

次に、「売るために生産したか」ということについて。母親が遠足に行く子供に弁当を作ってあげたとき、子供が五百円玉をくれてもうれしくないわけです。同じ人が弁当屋でパートとして働き、同じ弁当を作って、ひたすらありがとうと感謝されるだけでは全然うれしくないわけです。不特定多数の人に売るということが大切なのです。われわれは扱う商品というものをはっきりさせる必要があります。

最後に、「人命に危険はないか」について。いろんな例を考えられますが、何といっても兵器の売買が最悪の商品です。古代ローマと古代中国においては、シルクロードを通じてさまざまな商品と文化が交流し、それらは正倉院にも眠っています。そこには支配、被支配の関係などなかったし、人命に関わるようなものも運ばれず、三原則を満たしていました。

――信用とは何でしょうか。

**中村**　信用が人の暮らしをしんどくさせています。日本などはまだいいのですがタイやインドネシアなどは大変です。日本国の経済援助というのはただものを与えるのではその国のためにならないから、金を与えて自立させ利子を払ってもらおうというやり方です。ＯＤＡの宣伝文も、人に物を贈与するより貸すのが有意義だと書かれています。しかし、援助先の国々が返せないと、しぶしぶ債務救済という形で借金を帳消しにするということもしています。金融で何が一番無理かといいますと、信用創造です。信用のないところにぽっと信用が生まれるという手品みたいなものです。銀行が借りた金に利子を払うためには、それ以上の利子で人に貸さなくてはなりません。これが信用創造です。その金を返すためには、それ以上の収益性のある事業を成功させなければなりません。こうやって信用はどんどん肥大します。これが経済学の重要な理論であって、これにもとづいて金融システムは運営されています。たとえば、日本では土木に価値を置いていたから、土地を担保に金を貸しまくっていました。そしてバブルがはじけたら、銀行は不良債権を回収できなくなりました。農協も同様です。農協は農民から金を集めて農民以外の住専などに貸していたのですが、住専が倒産すると、自民党の農林族の人が動いて農協に五兆円与えることになった。でも農協にしてみれば、農民にどの程度返還したらよいかわからずに苦しんでいるという状態です。だから、信用が信用を肥大化させるという仕組み自体に無理があるわけです。この仕組みを止めない限り、どっかで必ず瓦解すると思います。この不安の源泉というのは、私の考えでは、女と男の火遊びから生まれたのではないかと思います。本来の信頼関係としても大変不安に満ちたものですから、何らかの形で安定させようと担保を考えたりとか、いろいろ工夫します。そのようなことがいつのまにかこんな信用を生むようになったのです。

　しかしですね、信用が社会的に効力を発するのは、人類の歴史の中でほんの一瞬にすぎません。日本銀行券が出るのは明治の初期です。イングランド銀行が発券銀行としての地位を獲得したのもたかだか十八世紀です。それまでの信用は、ささやかなものです。もちろん、江戸では金が使われ、大阪では銀が使われていました。京都に銭座村という被差別部落があります。ここで寛永通宝を作っていました。かつては、藩で藩札を作ったり、お寺でもお金を造っていました。私はこの銭座村にもう一度お金を作ってはどうかと提案しています。日本円の代わりにここでは仁という単位のお金を作って、地域外ともそれぞれの交換レートを設けて交換する。そのようなかたちで信用を信頼に取り戻すという仕組みを作ろうというものです。

**藤田祐幸**　利子についてよく分からなかったのですが、経済成長率と利子との平衡で成り立つ従来の経済学が破綻したと解釈すればよいのでしょうか。

**中村**　経済学が破綻しても一部の経済学者が飯を食えなくなるだけですが、重要なことは中央銀行を作って独占的に通貨を支配して、偽札を作ったら逮捕してしまうような近代国家のやり方です。近代国家の特質はいろいろありますす。常備軍を持つとか、官僚体制とか、税金を取るための人民とか、領土としての土地管理とか、中央銀行を作り単一通貨を支配するということです。ですから、アイヌの人たちは近代国家を目指さないので、けっして中央銀行など作ろうとしませんでした。

京都では、大学生協でプリペイドカードを発行しています。生協食堂で料理を提供するために、必要な原材料費のために銀行からお金を借りるのではなく、組合員の皆さんが先に払ったお金で調達する。そうすると、お金は生協内で循環します。利子はつきません。これが地域通貨の基本です。これからの地域通貨の問題は、信用の代わりに信頼に基く経済システムを作れるかにかかっています。

このかたちで近代国家を掘り崩していこうということなのです。国家権力と戦うのに革命集団の武装力は不必要です。それは暴力を阻止するために、暴力を用いることにほかなりません。国家権力を内側から崩すために、地域通貨をどんどん造りましょう。私たちに大帝国はもう結構です。小さなおしゃべりをする世界で生きていきましょう。学者も書くことをやめて、おしゃべりする世界へ戻ったらどうなのでしょうか。そのためには書くことについて、その権力性を自覚することが大切です。

――在日の人達の識字運動というのはまた少し違っていて、権力に流されないようにするために、闘えるようにするというものではないんですか？

**中村**　その通りです。しかし、それをやればやるほど在日の人の母語が失われていくのです。一所懸命に日本語をマスターして操れるように、日本の権力と闘えるようになると、自分たちのお母さんの声帯から響いてきた言葉を失います。

**藤田**　中村さんの意見は、ずっと一貫して規模の問題、サイズの問題を論じていますが、火というものはもともと良きものだったんですか悪しきものだったんですか？

**中村**　人の関係を広げていく積極的な側面と、人を不安にする、暴力に導く消極的な側面の両方がある、と思います。

**藤田**　それはサイズがどこかで規模を超えると恐怖の対象になるということですね。その恐怖による世界支配をやめようということです。でも、どのくらいが適正規模かという問題があります。

**中村**　その範囲は割合明瞭です。二十六歳でスリランカに行っていろんな村を訪ねましたが、村の境界がはっきりしません。どうして決めるのか、という質問をすると、「田んぼでうぉーっと叫んで、声の届く範囲が村です」という返事でした。声の大きさで村の大きさも変わります。ずいぶんいい加減な村なので地図を書くのに苦労しました。でも、声が届き、人間の助け合いができる範囲が村です。人の鼓膜にひびく範囲こそ人々の心が安らぐところであって、心は決して心臓の中にはなく、ちょっと外側にあります。心は人と人の間にあって、人と人の間を充実させることこそ人の営みです。たとえばノーベル賞をもらった文学がいかに優れていても、文学は人の声が届く範囲で語られるのがいいのです。つまり一言で言うと、話し手の声帯から聴き手の鼓膜までのサイズです。

# 12 コモンズ論——沖縄で玉野井芳郎が見たもの

多辺田政弘（環境経済学）

## 1 玉野井の思索の軌跡——沖縄まで

### 二つの社会体制論を超えて

エントロピー学会の発起人代表であった故・玉野井芳郎先生（以下「先生」略）は、一九一八年山口県柳井市に生まれ、東北大の宇野弘蔵門下でマルクス経済学を学び、六十歳で定年を迎えるまで東大で教壇に立ち、停年後の七年間を沖縄に移り沖縄国際大学で最後の研究生活を送りました。玉野井は、経済学説史家として、晩年の注目すべきほぼ十年間を除いて、「書斎の人」でした。

マルクス経済学者とりわけ宇野経済学派の研究学徒として出発した玉野井は、東欧やソ連の社会主義体制の崩壊を目撃することなく、一九八五年に、この世を去っています。玉野井が生きていれば経済学者としてこの事態をどう見たかは非常に興味深い問いです。玉野井はすでに社会主義への幻想も資本主義への幻想も一九七〇年代に払拭していましたし、その先を見ようとしていたからです。

『マルクス経済学と近代経済学』（一九六〇年）の比較研究のストックを経て、展開された「比較経済体制論」（一九七五年）に、その後の玉野井の独自な理論の問題意識が成長し始めています。まず資本主義体制に対して、農業の特殊性と工業の違いを注意深く検討し、「農業の資本主義化」という命題の成立困難性を指摘している点です。つまり、玉野井は、資本主義の形成過程を国内の農業問題の切り捨て（農業の縮小）によって工業を拡大していく過程として捉え、「農業の資本主義化」という発展段階論への重大な理論的反省を迫っているのです。この視点は自由貿易論への批判的理論へと展開する可能性を孕《はら》んでいました。

一方、社会主義体制に対して玉野井はどのような理解を示したのでしょうか。一九七〇年前後の玉野井は、計画経済の方法論から分権化へと関心の力点を移していきます。社会主義国といっても国によって違うので体制比較に着目していきます。重化学工業化を最優先にし農業や農村をその後方支援部隊としたソ連モデルに対し、中国の「集中計画・分権管理」の社会システムに注目したのは、当時の中国が農漁業を土台とする内発型方式をとろうとしていると捉えたからです。

しかし、ここから玉野井の理論的飛翔が始まるのです。玉野井が夢を託そうとした中国社会主義は、「土法技術」や「地方分権」の発展という理念とは逆に、一九七〇年代前半には、「資本主義のもとで育成された現代の巨大技術が続々と中国に上位の国家レベルから導入され始めた」からです。しかも、現代の巨大技術には「産業公害ないし汚染という問題が、まだ技術的に解決されていない」うえに「現代の巨大技術とともに、巨大な公害も輸入されることになる」と玉野井は危機的に捉えたのでした。こうして、資本主義と社会主義との共通項となった巨大技術と公害の問題への思索を媒介として、玉野井は、経済体制がどのように共同体（そしてそれを支える農林漁業）と分権の問題を扱うのかという問題視角を導き出したのです。なぜなら社会主義も資本主義もこの問題を扱うことに失敗し続けてきたからです。それが、玉野井の脱市場化、脱商品化への道の模索の始まりでもあるのです。そして、それはカール・ポランニーとの出会い、触発を通しての自己変革でもあったのです。すなわち、物質的豊富さという近代化へ向っての進歩史観という単線的物差しであらゆる地域の経済段階を分析しようとする「狭義の経済学」の呪縛からの自己解放です。それは、近代市場社会が、世界に広く現存する非市場社会を根底から覆い尽くすことはありえないのではないか、という問題提起でもあります。共同体を基礎とする農村が都市によって覆い尽くされることはありえないし、農村の解体は社会の崩壊を意味する。また個人（主体）のみに解消されない地域分権の基礎単位として、顔の見える等身大の生活世界としての共同体がある。そこに共同体の独自性と存在意義を玉野井は見い出そうとしていたのです。

## 地域主義のフィールドへ

この巨大技術と公害問題への考察を起点とするポランニー経由の共同体論は、ヨーロッパの歴史学の動きを吸収しながら、玉野井の地域主義を形成していきます。一九七〇年代に出現したヨーロッパの歴史学界の地域史研究の新しい動きは、群小地域社会の個性を析出しようという試みでありました。ちょうどその頃、玉野井自ら欧米を歩いており、EC統合と地域主義の再生というヨーロッパの大きな潮流を目の当りにしました。「ヨーロッパにおける統合化の道は、各国がその主権を国の外にはずしていくという方向ではなく、それぞれの国の異質な伝統と文化構築物を担うregion（地域）を基底に、そこから再構築されていくヨーロッパという方向をたどっているのである」とその流れを玉野井は捉えています。そして、「地域主義」と「地域分権」というテーマを次のように提示しています。「いきなり中央へつながる効率本位の従来の市場経済ではない、地域の住民の自発性と実行力によって、地方の個性を生かしきる産業と文化を内発的につくりあげ、下から上への方向を打ち出していく」ことだと。

玉野井は、一九七六年に増田四郎、古島敏雄、河野健二らの参加をえて「地域主義研究集談会」を立ち上げていきます。研究集談会は、書斎派玉野井をフィールド・ワークへと向わせるようになります。集談会は七六年の東京を皮切りに、京都、九七年の熊本、青森・むつ小川原へと地域の問題の現場を研究会場にしていくという形で進められます。そして、七八年に玉野井が沖縄に移ると沖縄地域主義集談会を立ち上げています。玉野井は地域に踏み出すことによって「いったい貧しさとは何だろうか」「本当に東北は貧しいのだろうか」「東北の人たちは、冬をいかに過ごしてきたのだろうか。明治以降の近代化の過程で、また戦後の民主化の過程で、いつも西欧がモデルとされながら、私たちはこうした冬の役割をほとんど見落してきたのではないだろうか」といったコモンズ論につながる問題意識を育んでいます。

## エントロピー論との出会い――天道研究会

玉野井の地域主義を、低エントロピー維持装置としての「生命系の世界」のなかにしっかりと位置づけることを可能にしたのがエントロピー論との出会いであります。すなわち、当時、エントロピー論を、開放定常系という地球と地域の生命系維持装置の視点から明解に提示した槌田敦との出会いです。その出会いを用意したのが槌田、室田武、中村尚司らの「天道研究会」です。エントロピー論との出会いなしには、玉野井のコモンズ論は理論的に充分に豊かなものとはなりえたかは疑問です。玉野井のコモンズ論が、単なる共同体論や地域主義から飛躍するために「天道研究会」は決定的に重要な役割を果たしたと私は思っています。この「天道研究会」が一九八三年のエントロピー学会設立の母体となっていることも重要であります。この研究会は、玉野井が沖縄へ移る直前の一九七七年（「地域主義研究集談会」を立ち上げた翌年）ごろからエントロピー学会創設の一九八三年まで続いたようです。玉野井と槌田敦との対談「エントロピーと開放定常系――広義の経済学・物理学の構築に向けて」が一九七七年十一月号の『現代の眼』という雑誌に掲載されていますから、槌田との交流は、玉野井が沖縄へ移る前年あたりからと考えられます。この対談の少し前に玉野井は『思想』（一九七七年七月号）の「社会科学における生命の世界――非生命系から生命系へ」という論文のなかで、自然科学（渡辺格と槌田敦）からの問いかけを受ける形で「地球上の生物の生活に妥当する空間は、朝、東から太陽が昇って夕に西に没する天道の世界なのである」という重要な認識を示しています。玉野井は次のように述べています。「これまでの科学は、自然科学であれ、社会科学であれ、人間社会からも地球からも離れて、どこか遠いところから『客観的に』眺めるという研究態度をとってきました。しかし、それは正しい研究態度ではないと思うのです。われわれは生き物なのですから、もっと主体的に、自分自身の問題として、自分自身という内側から見る世界で

ありたいとおもうのです。いわば『天道の世界』です」（玉野井、一九九〇、著作集②）

この「天道の世界」の認識方法を、玉野井は地域主義の思索のなかから発酵させてきたと思われます。この玉野井「天動説」に物理学者槌田が次のように応えています。

「私（槌田）は、自分は天動説の物理学者である、と断って、天動説と地動説は単に座標軸のとり方の違いであり、両者は一対一に対応するから、天動説を否定すると地動説も否定しなければならなくなる。したがって、『天動説はまちがいである』というのはまちがいである。天体の運動を扱うのなら地動説がよいが、地上現象を地動説で扱うと、とても説明できるものではない。気象学、生態学、社会学、経済学など地上現象を扱う諸科学はすべて天動説を主張すべきである。と補足し、玉野井先生に賛成した」（玉野井、一九九〇、著作集②、二九四―二九五頁）

こうして、生命系の主体性、自主性という主題をもった「天道研究会」が始まり、玉野井が沖縄に移ってからも、玉野井の上京のたびに研究会を開き理論を深めていったのです。

玉野井のなかで、エントロピー論と出会った天動説的共同体論は、次のような認識を生み出していきます。

「ゲゼルシャフト（近代的市場社会）化からはみだしている非市場経済の領域内に、実は低エントロピーの〈生命系〉または〈生命維持系〉をコアとする開放定常系が位置している、という事実認識である」（玉野井、一九九〇、著作集④、一六三頁）

つまり、非市場経済の領域（自然環境・農林漁業を包み込む共同体）は同時に低エントロピー維持装置を内在化させているという発見である。このエントロピー論と共同体論の結合こそが、新らたな「コモンズ論」の出発点でもあったと私は考えています。とすると、晩年の沖縄の思索で輝きを放った玉野井のコモンズ論は、沖縄に移って急にアイディアとして浮んだものではなく、これまで概観してきた玉野井の長い思索の過程を経て、とりわけ、地域主義とエントロピー論との出会いを通して発酵してきたと言えるでしょう。沖縄に向った玉野井の中で、すでにコモンズ論の骨格が出来上がっていたと言ってよいと思われます。

## 2 沖縄で玉野井が見たもの（一九七八〜一九八五年）

### 琉球エンポリウム仮説

玉野井が沖縄に移って四年後の一九八二年三月に沖縄国際大学の南東文化研究所で行った講義『アジアを見る眼』には「琉球エンポリウム＊仮説」という興味深い副題がついています（玉野井、一九九〇、著作集③）。

ここでの議論の基礎となっているのは、経済人類学者K・ポランニーの二つの市場（マーケット）の発生と機能の違いです。ポランニーは大著『人間の経済』（Polanyi, 1977）のなかで、「交易・貨幣および市場の出現」について考察していますが、そこで、地域の生活の一部となっている地域市場と、対外交易を通して物流を行なう対外市場とが、発生も機能も全く別のものであることに注目しています。ポランニーは、この二つのカテゴリーの違う市場が地域に対してどのように機能したのかを、古代ギリシャの都市国家アテネの経済分析のなかで次のように考察しています。

アテネにはアゴラ＊＊という市民向けの対内市場があって、そこで市民の日常生活に必要な食糧・生鮮食品が売買されていました。一方、アテネの市域から離れた港（外港）としてピレウス港があり、外国人や居留外人がいて、そこで対外市場＝エンポリウムが開かれていたというのです。そして、外国から入ってくる輸入品（食糧品など）はまず、このピレウス外港に積みおろされ、保管され、エンポリウム（国際市場）価格がつきました。当然、このエンポリウム価格は海外の影響を受けて変動します。その変動の不安定性をそのまま市民生活が受けないように都市国家は「公正

＊**エンポリウム**（emporium）　遠隔地交易を中継する外部市場。古代アテネの交易港ピレウスの市場が典型。外国人商人あるいは遠隔地交易従事者によって持ち込まれる穀物の一定量をアテネに荷揚げし、残りを第三国へ輸出。荷揚げされた穀物はアテネ市当局が管理し、アゴラに供給。エンポリウムでの穀物価格が騰貴する場合は、当局は価格補償をしてアゴラの穀物価格を一定範囲に保った。

＊＊**アゴラ**（Agora）　古代アテネの地域市場。市民生活に必要な食料（その多くは調理済み食品）やその他の必需品を供給。都市近郊の農民が生産物を持ち込むほか、穀物など自給不可能な食料は輸入品に依存。ただし、外部の市場とは制度的に分離しており、外国人商人や遠隔地交易に従事する者はアゴラでの取引が禁じられた。共同体における再分配機能を補う役割を果たした。

価格」（アゴラ価格という対内市場価格）を設定し、対内市場への入荷量を調節する。つまり、市民の日常生活が直接的に対外市場の変動に曝されないようにエンポリウムをおいて貿易管理をしたというのです（Polanyi, 1977）。

この対内市場と対外市場の分離（国内の地域市場の保護）は実は交易（貿易）に対する人類の永い歴史の知恵であって、リカード以降の自由貿易論という、海外市場支配優位国の利害を反映した消費者主権主義に較べれば、きわめて普遍性を持った貿易のあり方なのです。今日の経済のグローバル化を目論むＷＴＯ＊が破壊しようとしている関税や非関税障壁による貿易管理は、日常生活の安定性を願う地域や住民の側から見れば、日常生活が世界経済の変動に直接巻き込まれないための不可欠な安全装置だということなのです。

玉野井は、このポランニーの知見である「内的市場」と「外的市場」の二つの空間の違いを念頭に置いて、琉球王朝の大交易時代を考えてみると、琉球にもエンポリウム仮説が適用できるのではないか、と論を進めようとしたのです。すなわち、十五世紀に作られた首里市中（十七世紀半ばで人口三万人近く）とその外港としての那覇港（同一万三千人）の関係は、アゴラに対するピレウスの関係と同じような役割関係を持っていたのではないかと類推したのです。この類推には若干の問題点はあるのですが、それに立ち入る余裕がないので、ここでは、玉野井が、この「琉球エンポリウム仮説」で示そうとしたことは何だったのかということを考えてみましょう。

私自身、玉野井の後に六年間沖縄に住んだ経験からよくわかるのですが、玉野井の沖縄在住当時もそして現在も、「琉球の大交易時代をもう一度」という主張が、沖縄エコノミストや文化人によって繰り返し繰り返し熱っぽく語られているという背景を頭に入れて、玉野井の発言を理解していただきたいのです。内発的発展に失敗する度に、大交易時代の再現を夢見る沖縄エコノミストたちは、沖縄が東シナ海や日本海、太平洋という海洋を股にかけた中継貿易の一大拠点となることに希望を託してきたのです。「自由貿易特別地区」というフリーゾーン構想が幾度となく語られて、実現しては失敗してきたのです。この中継貿易拠点への絶えざる幻想に対して、玉野井は地域主義の立場と天動説の視座から、外部経済依存ではなく、まず地域の日常生活を安定させるための「内的市場」の再生に目を向けよ、と呼びかけたのです。

### 「米軍占領下の沖縄ルネッサンス」再考

その玉野井の視点が理解できれば、玉野井が次のように戦後の沖縄の経済的自立化モデルを「米軍占領下」の沖縄に再発見したことも理解できるはずです。玉野井は、米軍占領下の沖縄の悲惨さを充分に理解した上で、それでもなお、それは単なる悲惨だけではなかったはずだ、その時空間は、沖縄の未来の可能性を垣間見ることができる「実験的」時空間だったのではないかと、誤解を恐れずに次のよう問いかけています。その洞察力は沖縄への深い理解と地域主義の視点なしにはとうてい生じえないと私には思われます。

「戦前は沖縄固有の文化の基礎となった習慣・習俗・民俗の大部分は本土の側からは遅れたものとして軽視され、差別され、明治集権体制以降の画一的な統治政策のもとにひたすら埋没し消失する運命をたどった。それがこの歴史的時期にふたたび噴出の機会に遭遇したとでも解すべきだろうか。人々は三味線をとりだして琉歌を歌い、古来の踊りを復活させた。泡盛、陶器、漆器、琉球絣と紅型の工芸織物、まことに尚真治世下の『黄金時代』を想起させるに足りるようなこの沖縄の常民的文化の勃興がなければ、今日『沖縄学』と呼ばれる誇り高い問題意識も、あるいは育たなかったかもしれないのである」（玉野井、一九九〇、著作集③、一〇五頁）

米軍の占領政策は、日本本土へのそれと違って、基地確保とその治安維持、そしてそのための限定的な自治の許容にあって、沖縄の経済復興にはほとんど関心も力も注がれなかったのです。したがって、沖縄の住民は、ゼロからの出発に当って、米軍配給の外部経済だけを当てにすることなく、自力で地域経済の復興を図らなければならなかったのです。玉野井は、この時期（とりわけ一九五〇～五六年）を

＊**WTO**（World Trade Organization）　世界貿易機関。GATT（関税および貿易に関する一般協定）を強化して、世界経済の自由化を一層推進するために、一九九五年に設立された。GATTでは、協議の対象が物品の貿易に限られていたのに対し、WTOでは、サービス貿易や知的所有権の貿易が新たに加えられた。

次のように注目しています。

「経済学的観点から見て興味深い事実は、一九五〇－五六年のこの沖縄にローカルな諸産業が勃興していることである。味噌・醤油をはじめ食品関係を中心に、地元の加工産業が盛んになっている事実は見逃せない。これら事業の設立数がこの時期にきわめていちじるしいのが注目される」（玉野井、一九九〇、著作集③、一〇五－一〇六頁）

事実、この時期、食料、衣料からあらゆる日常生活に必要なモノとサービスの島内自給率が最も豊かに高まった時期でもあるのです。モノが地域で閉じていた分だけ再使用し、さらにリサイクルし、再生ガラスによる琉球ガラス工芸を生み出したり、缶詰の缶さえ「カンカラ三線《さんしん》」に生まれ変わったのです。

この時期の地域経済への玉野井の注目は、私にとってもきわめて興味深いものがあります。玉野井の後任として沖縄国際大学へ赴任する直前の私は、三年間、前の職場の国民生活センターの調査研究部で「地域自給」をテーマに、調査チームの仲間と日本の農山漁村をフィールドワークして歩き回っていたからです。そして、そのときの問題意識は、まさに、戦後十～十五年の農山漁村の自給体系の再発見にあったのです。そして、そこで見たものは、戦後が単なる悲惨な戦後ではなく「もう一つの戦後」があったということなのです。それは、ある種の開放感をともなう自力更正への地域の力であり、相互扶助という社会関係を生かした自給技術と非商品化部分を豊かに含んだ地域経済の循環システムだったのです（多辺田ほか、一九八六）。玉野井の視点とわれわれの視点は基本的に重なり交わっていたことに改めて驚きを禁じえません。

### 地域通貨「Ｂ円」――玉野井の洞察

玉野井は、前述のように「一九五〇－五六年のこの沖縄にローカルな諸産業が勃興していること」に注目しているのですが、その文脈で次のような重要な指摘をしています。

「それと同時に、この時期における一種の管理通貨制下の経済活動を媒介するものとして、一九四八年から流通したいわゆるＢ円＊（軍票の一種類）というローカル・カレンシーの存在とその役割も、新たな注目に値するように思われる。これは、ドル表示の軍票のように直接に米国予算につながっているものではなく、むしろ性格としては一種の独立国の通貨、つまり独立法貨としての意義をもっていたようにもみえるのである」(玉野井、一九九〇、著作集③、一六頁)。

すなわち、アメリカ統治下の沖縄で流通した「B円」は、ローカル・マネー(地域通貨)として沖縄だけを環流し、域内のあらゆる地場産業の勃興を助け、地場生産・地場流通・地場消費の潤滑油として、ローカル・カレンシー(地域の通貨の流れ)を作り出す作用を果したと考えるべきではないだろうか、というきわめて重要な問題提起なのです。

ここで、戦後の沖縄の通貨制度について若干の解説をしておく必要があろうかと思われます。戦後沖縄の通貨制度は、本土復帰(一九七二年)までの二十七年間に細かくは七回も変更しているのですが、大きく分けると三つの時期に分けることができます(**表1**を参照して下さい)。一つは、米軍が上陸して軍制を布いた一九四五年四月から約一年間の〈無通貨時期〉(一九四五年四月〜一九四六年四月)です。二つ目は玉野井の注目した〈B円時期〉(一九四六年四月〜一九五八年九月)、そして三つ目は〈米ドル時期〉(一九五八年九月〜一九七二年五月)です。

ここで注目する「B円」と呼ばれた地域通貨についても若干の説明が必要でしょう。「B円」とは、米軍が発行した地域通貨で、沖縄域内でしか通用しない「円表示B型軍票」(Type “B” Military Yen)という法定貨幣のことです。この「B円」導入の米軍の政策目的を牧野浩隆(元・琉球銀行調査部)は、「米国統治のもとに日本から分離した独立的経済圏をつくること、日本との闇貿易を遮断してインフレを抑制することなどが目的である」(『沖縄大百科事典』)と述べています。このB円の信用を安定させるために、米軍はB円の通貨量(発行高)を商業ドル資金保有高(一種の外貨準備高)に応じ増減させ、ドル保有高以下に管理することにより貨幣価値の下落(インフレ)を防いだのです。

さて、玉野井の問題提起は、一九五〇年代前半の製造業を中心とする「地場産業」の復興の重要な要因が、このB円というローカル・マネーが地域内で環流し、地域経済の

**＊B円**　第二次世界大戦後の沖縄で占領軍が発行した軍票の一つ。一九四八年から五八年にかけて、沖縄唯一の法貨として沖縄地域内部で流通した。形式は軍票であるが、実際は「琉球商業ドル資金勘定」の米ドルを準備金とする兌換紙幣であった。なお、米軍基地内部で使用された本来の軍票はAドルと呼ばれている。

循環をつくり出したことにあるというものでした。ここでは詳細な分析を十分展開はできませんが、反論として、一九五〇年六月に勃発した朝鮮戦争以降の基地建設ブームによる基地経済(外部経済)の拡大が五〇年代前半の沖縄地域経済を拡大した最大の原因であるという分析を提示することもできるかも知れません。確かにこの間、商業ドル保有高が増加し、それにともなってB円の発行高も増加しています。しかし、そのことによって、B円が地域経済循環を育てたことを否定することはできません。むしろ、流通量の増大した通貨がどのように流れたかが大切なのです。B円は、ローカル・マネーとして地域内を環流し、地域内の投資・生産・流通・消費の流れをつくり出したのでありまして、安易に安い輸入品を買い込み、ボーダーレスな消費主義へと走ることを防ぐ装置として働いたのです。

加えて、玉野井の注目したB円時代に起ったことは、B円という地域通貨を回していくローカル・カレンシーとしての地域金融機関が、群島ごとに出現してきたということです。一九四九年から五〇年にかけて、地域の互助的金融組織である模合(モアイ、いわゆる無尽講、頼母子講に似た民間互助組織)を母体として、沖縄のおもな島々に「無尽」という組織が出現し、五三年には「相互銀行」へと名称を変更していきます。この地域銀行は、B円を地域ごとに循環させていくポンプの機能を果したといえるのではないかと思われます。

玉野井の注目した「B円が果した地域経済への積極的役割」は、何よりもその後のB円の廃止と米ドルへの通貨統合が沖縄経済にもたらした変化を見ることによって、検証することができます。そのことを次に見ていくことにしましょう。

「B円」から「米ドル通貨制」へ移行したのは一九五八年九月のことでした。この移行は、貿易、為替および資本取引(外資導入)の大幅自由化を通貨面から支えるためでした。これは、B円という地域通貨の枠組をはずし、世界基軸通貨の米ドルとの通貨統合によって、沖縄経済を直接アメリカおよび日本経済に組み込むことを意味しました。

この通貨統合をめぐって沖縄の立場は二つありました。一つは自由貿易論の立場から、米ドルへの移行は為替管理を必要としなくなるから安価な外国商品や外国資本が流入

## 表１　戦後沖縄の通貨制度の変遷

| 通貨政策（制度） | 年月日 | 法定通貨 | 流通通貨 | 交換高 | 法令・政策 | 備　考 |
|---|---|---|---|---|---|---|
| 戦時中 | | 旧日本円<br>台湾銀行券<br>朝鮮銀行券 | 同左 | | | 日本経済の一環 |
| 占領軍の当初計画 | 1945.3.1 | 上記<br>＋<br>円表示Ｂ型補助軍票 | | | 『占領地域における軍政に対する政治・経済・金融財政に関する指令』（米国太平洋艦隊及び太平洋地域司令長官） | ただし、日本政府（軍）の発行した軍票の流通を禁ずる。<br>占領軍は上陸する際にＢ型軍票を持ち込んだ。 |
| 無通貨時代 | 1945.4.1<br>〜<br>1946.4.14 | 旧日本円<br>台湾銀行券<br>朝鮮銀行券<br>Ｂ型軍票 | なし | | 米国海軍軍政府布告第４号「紙幣両替、外国為替及び金銭取引」<br>同布告第５号「金融機関の閉鎖及び支払停止令」 | いっさいの金銭取引が禁止され、住民は、米軍の配給物資に依存した収容所生活をおくった。 |
| 第１次通貨交換（通貨経済の復活） | 1946.4.15 | ①Ｂ型軍票<br>②新日本円<br>③５円以上の証紙貼付旧日本円<br>④５円未満の旧日本円および同硬貨 | Ｂ型軍票 | 1億 7348 万 5569 Ｂ円<br>現金交付<br>1億 3056 万 533 Ｂ円<br>封鎖預金<br>4292 万 5036 Ｂ円 | 米国軍政府特別布告第７号「紙幣両替、外国貿易および金銭取引」 | ①〜④を法定通貨に指定したが、実際にはＢ円のみを交付。<br>1946.1.15「沖縄における通貨経済実施計画」。<br>1946.4.24「沖縄群島に関する軍政府の経済政策」 |
| 第２次通貨交換 | 1946.8.5 | 新日本円 | 新日本円 | 7594 万 5082 円 | 米国軍政府特別布告第11号「紙幣・両替・外国貿易及び金銭取引」（1946.9.1 施行） | ただし、沖縄本島のみ実施。軍政府指令（内容は不明）に基づき実施され、後日布告11号が公布されたとみられる。 |
| 第２次通貨交換の修正 | 1947.8.1 | 新日本円<br>Ｂ型軍票 | 新日本円<br>Ｂ型軍票 | | 米国軍政府特別布告第21号「特別布告第 11 号の修正法定通貨に関する件」 | 沖縄本島においてＢ円を再び法定通貨に指定した。これにより二本建通貨制となった。 |
| 第３次通貨交換 | 1948.7.16<br>1948.7.21 | Ｂ型軍票 | Ｂ型軍票 | ６億 6742 万 Ｂ円 | 米国軍政本部特別布告第 29 号「通貨の交換と新通貨発行」<br>米国軍政府特別布告第 30 号「標準通貨の確立」 | 新通貨と交換すると称して、Ｂ円及び旧日本円を回収した。沖縄・宮古・八重山・奄美の全琉の通貨をＢ円に統一。<br>1949.4.1　商業ドル資金勘定。<br>1950.4.12　1ドル＝120 Ｂ円の為替レート決定<br>1951.4.1　見返資金勘定 |
| 第４次通貨交換 | 1958.9.16 | 米国ドル | 米国ドル | 3596 万 7402.11 ドル（＝43 億 1610 万 7000.75 Ｂ円） | 高等弁務官布令第 14 号「通貨」 | ドル通貨制の確立<br>1957.7.1「外国為替清算勘定」の設定により、Ｂ円発行高はドル保有高と完全に一致する発行制度が確立された。ドル通貨制の確立と同時に、下記２布令により、貿易為替および資本取引が大幅に自由化された。<br>1958.9.12　高等弁務官布令第 11 号「琉球列島における外国人の投資」、同 12 号「琉球列島における外国貿易」 |
| 第５次通貨交換 | 1972.5.15 | 日本円 | 日本円 | 315 億 5800 万円（＝１億 347 万ドル） | | 沖縄の施政権返還 |

（出典『沖縄大百科事典』沖縄タイムス社、1983 年）

し沖縄経済は発展するというものでした。今のビッグバンやグローバル・スタンダードやボーダーレスを良しとする主流派エコノミストの発想と同じです。もう一つは、保護貿易論の立場からで、外国商品および外国資本のボーダレスな流入は、国際競争力の弱い地元産品ならびに零細な地元資本を圧迫し駆逐するからデメリットの方が大きいという主張でした。

ここでわかるように、政策選択の時点での二つの対立する政策論の主張は、どちらが正しいかは立証できない予言に過ぎなかったのです。ウェーバー（Max Weber）が「社会政策の客観性」で述べたように、政策という未来への提示は、すぐれて価値の選択の問題であり、「神々の闘争」であるということです（Weber, 1904）。過去の知見から「客観的に」未来の政策が引き出されるわけでは決してないのです。ボーダーレス経済の政策志向は、多国籍的企業活動の価値選択であり、地域自立の政策志向はボーダーレス化によって生活と環境を破壊される側の価値選択であるわけです。そこに、価値選択の重要性やその具体化としての政治過程の重要性があるということも大切なように思われます。

さて、この論争の当否は、その後の過程で事実（結果）として明らかであります。世界基軸通貨のドルと直接つながることによって、アメリカだけでなく日本の経済ともボーダレスに接続することになった結果、安価な輸入商品が大量に流入し、「B円時代」に育った地場産業と地域市場の多くが競争に敗退していくという事態に陥ったのです。そして、それに替わってアメリカだけでなく日本からの輸入品流通を扱う輸入販売店が増加していったのです。地域通貨であるB円によって守られた沖縄の地場産業の衰退は、沖縄の自給力低下を招き、さらに輸入依存を高める悪循環に陥ったのです。米ドル時代の後期にあたる一九六〇年代後半には、輸入総額に占める日本本土からの輸入額は七割を超え、県民支出に占める日本からの輸入総額の割合は五割に達し、日本経済の中に包摂されていったのです。また、B円時代に群島ごとの地域通貨循環（ローカル・カレンシー）を担った「無尽・相互銀行」は、この米ドル時代に那覇中心の大手銀行に吸収合併され、諸島地域における地域経済循環の潤滑油とポンプ役を失っていくことになります。ドル通貨への統合による対外市場との直結は、玉野井のいう

「琉球エンポリウム」機能と対内市場の喪失をもたらしたことになります。

一九七二年五月の日本への沖縄の復帰は、経済的に見ると、日本円への通貨統合であり、それは米ドル圏への通貨統合よりはるかに深く沖縄地域の経済のみならず環境と文化を破壊していったのです。この本土からの一方的物流という購買力を支えたのは何だったのでしょうか。それは「基地抜き復帰」という沖縄県民の願いを裏切った「基地付き返還」によって残存することになった基地経済と、それを上回る日本政府からの基地存続の代償（見返り）としての「復帰特別措置法による高率補助金」付きの公共事業で流入する税金でありました。県の経済計画は、地域内自給力の向上など眼中になく、外部経済頼みの本土向け特産品探しで、失敗の連続でした。その失敗のツケは、ふたたび失業対策としての国からの高率補助の公共事業へと収斂されてしまうのです。つまり、政治が常に経済の失敗の帳尻をそこで合わせてきたのです。これは、何も沖縄に限ったことではありません。地方では、どこでも、ボーダーレスな経済に巻き込まれれば巻き込まれるほど、多くの地域産業が自立しえなくなります。その代償（失業対策）として、公共投資を国に要求してきました。そして失業対策としての公共投資は「景気対策」の名を借りて、国と自治体に巨額の財政赤字を生み出し続けているのです。

ボーダレスな経済の流れにただ流されるだけで、自立した「地域」のイメージはおろか、「豊かさ」とは何かさえ見失っているのが日本の現状なのです。問題は、「不況＝通貨の流量の不足」にあるのではなく、「循環＝カレンシー（流れ方）」にあるのだと、玉野井の「B円」再発見はわれわれに示しているのです。この玉野井の「B円通貨論」は、その後、エントロピー学会の中で、中村尚司、丸山真人、室田武らによって「コモンズの通貨」「地域通貨論」として展開されているのはご存知のとおりです。この点については、最後にもう一度、コモンズとの関連で述べたいと思います。

## 「コモンズとしての海」

玉野井の七年間の沖縄での仕事のなかで、私が最も注目したのは「コモンズとしての海」という遺稿（沖縄国際大学『南東文化研究所所報』第二十七号、一九八五年十二月、所収）です（玉野井、一九九〇、著作集③）。この小論で述べられている沖縄の漁場制度の歴史と事実・資料は上田不二夫氏の研究に負うところが大きいのですが、それを「コモンズの海」として積極的に未来に向けて捉え返したところは、玉野井のオリジナリティであります。その捉え方は、玉野井のそれまで試行錯誤を重ねてきた学問の最後の到達点のエキス（珠玉の一滴）ともいうべきものであると私は確信しています。そして、玉野井が生きていれば、その先にどんな世界を展開されたのだろうか、と今でも、私は玉野井のまなざしの先が気になっています。そして、その気懸りが私を少しでも前に進ませようとしているように思えるのです。

沖縄の地先の海（「イノー」と呼ばれるリーフ内のサンゴ礁湖）は、「コモンズ」として利用され、地先住民にとって無償で利用できる開かれた生活空間であります。その空間との共存がくらしを支えてきたことに玉野井の「コモンズとしての海」は注目しています。地域資源を永続的に生かし生かされるシステムは、永続的にそれを利用する地域住民が積み上げ守ってきた入会慣行（共同利用関係）にあり、それがコモンズだというのです。それを、単なる発展段階論的な発想で、歴史の遺制として捉えるのではなく、また産業としての専業漁業を暗黙の前提とする近代「漁業法」の枠のなかで捉えるのでもなく、そこに住む人々が、いかに永続的に豊かに海を活かしながら海と共存していけるのか、と捉え返したのです。その視点は、単なる地域主義ではなく、まさに玉野井の「天動説」の視座そのものではないでしょうか。玉野井「コモンズ論」は玉野井「天動説」の生み出した成果なのだと今になって気付くのです。

玉野井の「コモンズ」の捉え方の独自性と積極的意味は、最近にわかに環境経済論の分野でよく引き合いに出されるアメリカの生物学者ガレット・ハーディンの『コモンズの悲劇』（Hardin, 1968）での「コモンズ」の捉え方と比較すれば明らかです。

ハーディンは、「コモンズ」を「共有地＝無所有地」と法的所有関係で捉え、地域資源をコモンズのもとに置くと、その利用者や住民が勝手にタダで資源を利用するから、過剰利用となり資源枯渇を招き、コモンズ成員全員の悲劇をもたらす、と考えたのです。そして、その悲劇を避けるためには、所有権あるいは法的にそれに類似の権利（利用制限）を設ければ、資源を節度なく消尽してしまうことはないと考えたのです。

つまり、ハーディンは、所有権の設定されていない「コモンズ」を無秩序と捉え、資源枯渇と環境破壊をもたらす対象空間と考えたのです。一方、玉野井は「コモンズ」の実態に立ち入って見ることによって、それが決して無秩序ではなく、生活空間として資源を共同利用しながら枯渇を防ぐための共同体（村）ごとの「内法」（ないほう＝コモンズのルール）を持っていることに注目したのです。この内法（慣習法）は日本本土の入会権《いりあいけん》と同じように共同体としての地域資源の永続的利用を保証している、と積極的に未来に向けてその可能性を見い出そうとしたのです。

この二つの「コモンズ」の違いは、単に対象（陸と海）の違いによるのではありません。アメリカ先住民のコモンズの破壊のうえに、土地所有関係を成立させた「近代」国家アメリカと、村落共同体の長い歴史のなかで入会権・水利権・漁業権といった共同体「総有」による資源利用関係を成熟させてきた日本や沖縄の歴史的蓄積の違いが背景にあるからです。そして、世界を見渡せば、欧米流の「近代化」が、所有権という「グローバル・スタンダード」を地域に持ち込みコモンズを破壊し、地域資源を収奪しない限り、コモンズは環境と共生しながらきわめて広範囲に、むしろ普遍的に存在し成立してきたのです。コモンズによる地域資源や環境の保全・管理は、地域の成熟度、文化の成熟度の表れでこそあれ、決して「地域の後進性」といった近代化論や発展段階論の視点で切り捨てることのできないものなのです。ハーディンの「コモンズの悲劇」とは、実は「コモンズの欠如の悲劇」とでも言うべきものだったのです。コモンズを一度破壊してしまえば、その機能代替として「近代法」が必要となってしまうのです。しかし、その機能代替がうまくいっていないところに今日の問題があるわけです。

## 3　コモンズ論のゆくえ

玉野井が沖縄で見た「イノー」と呼ばれる地先のサンゴ礁湖（リーフ）のコモンズ的利用、そして、それを「コモンズ」という視点で捉え直したことは、前述したように玉野井の学問が辿り着いた最高峰の一つ（最後の最高峰）だと私は思います。そして、よく考えてみますと、その最高峰は、ひとり玉野井だけでなく、地域の環境問題に取り組み、あるいは地域の社会関係の崩壊を考えてきた人たちの辿り着く峰でもあったのだと、私は思い至るのです。

たとえば、海を誰が守るのかということを議論した『海の「守り人」論』というおもしろい本がありますが、そのなかで、ケビン・ショートと浜本幸生が次のような話（要約）をしています（浜本、一九九六）。

海洋資源の利用を市場原理（企業活動）に任せているアメリカでは、海の利用者は税を払い、海の保全は税金で賄う。海の保全のためには沿岸管理法により財政を投入し、環境保全専門官やレンジャーを雇う。海は地先住民のコモンズではなく、資源の利用者と保全者は別々である。一方、日本は、漁村（漁協）の住民（漁民）が、漁業権というコモンズの権利を行使すると同時に、地先の海を守り育てる義務を負っている。それゆえ、漁民はたえず海に目を配るだけでなく川にも山にも目を配る。漁民が山に木を植えることさえする。その費用は基本的に自前である。もし、日本に地域ごとの総有としての漁業権（コモンズの権利と義務）がなく、「アメリカに相当するような海の管理組織を作ろうとすれば莫大な予算と時間が必要だ」（ケビン・ショート）ということになる。……

ところで、最近、環境問題を既存の経済学の枠組の中で無理に整理しようとという傾向が見られます。たとえば「コモンズ」を「社会的共通資本」という概念の枠の中で捉えようとする考え方もあります。自然環境は個々人の所有にまかせるより社会全体（国や自治体）の共有財産として、社会的な管理下に置くのがよい、という考えです。しかし、先にあげたように、海洋資源を社会的共通資本と捉えたとしても、アメリカ型の膨大な財政（税金）を投入する管理の方法が帰結されてしまうかも知れません。その管理方法は地域特性に見合った適正なものではなく全国画一マニュアル方式かも知れません。しかも、そこでは、その地域のことを最もよく知っている地先住民は埒外になるかも知れません。

なぜ、こんな議論になってしまうのでしょうか。それは、経済学の経済主体の枠組が、抽象化された「個人」によって構成される「市場」と「政府」しか持っていないからではないでしょうか。そこでは、「コモンズ」という実体を持った「地域」(共的関係)が見失われているからだと思うのです。いや、見失ったのではなく、経済学は、当初から「コモンズの解体」を前提としていたのです。しかし、コモンズ(共的世界)を個人(私)と国・地方政府(公)のなかに分解して整理してしまおうという近代化論のもくろみは、結局、成功してはいないのです。人びとは、「私」と「公」に収まりきれない地域等身大の「共」的世界を常に求め、必要とするからです。

この「共」的世界への着目は、振り返ってみれば、民俗学者宮本常一の名著『忘れられた日本人』の垣間見た世界でもあります。しかし、それを理論的に明確に捉えたのは、一九七九年の室田武の名著『エネルギーとエントロピーの経済学』だろうと思っています。室田は、明治という時代を、「共」の世界を「私」と「公」に引き裂き圧殺したという側面から捉えています。室田の「共」的世界は、後に玉野井が「コモンズ」と言い替えた世界に他なりません。また、大崎正治の『鎖国の経済学』や、より開かれた形での中村尚司の『地域自立の経済学』もコモンズと重なる視座であると私は捉えています。

私は、後にエントロピー学会を生み出す力となっていったこれらの研究者の先駆的仕事に刺激を受けながら、一九七〇年代半ばからの有機農業運動の調査、一九八〇年代前半に取り組んだ「地域自給」の調査というフィールド・ワークを通して、「コモンズ」の世界に近づいたのです。そして、一九八五年に玉野井と入れ替わる形で沖縄国際大学に赴任しました。そこで、玉野井の「コモンズとしての海」にある石垣島・白保に導かれるようにして、沖縄の海のもつ両義性(イノーと呼ばれるサンゴの海は住民にとって「海の畑」なのです)と多義性を学んだのです。

そして、私は「コモンズ」という言葉を、室田の「共」的世界と玉野井の「コモンズ」理解の延長線上で、次のように広い意味で使っています。

「商品化という形で私的所有や私的管理に分割されず、同時に国や県といった広域行政の公的管理にも包摂されない領域である。逆に積極的に言えば、地域住民の共的管理(自治)による地域空間と社会関係を含む地域資源の利用関係である。地域内の水（河川、湖沼、湧水）や森林原野、海浜を含む土地空間、そして相互扶助としての労働力とサービス、信用などを含む『共同の力』がコモンズに含まれる」（多辺田、一九九〇）

ところで、前述した『コモンズの悲劇』でハーディンは、廃棄物問題という新たに登場した問題に関して、コモンズ（共有地）は、処理コスト極小化の原理から廃棄物の捨て場になるという新たな「コモンズの悲劇」をもたらしてしまうと言っています。したがって、土地のコモンズ的利用を規制し、政府が排出者の法的規制と税制を工夫すべきだと述べています。一見もっともそうですが、これも前述した「社会的共通資本論」と同じで、私には、このコモンズ理解も納得しがたいのです。なぜなら「コモンズ」を継続させる「共同の力」が生きていればコモンズはゴミ捨て場にはならないのです。コモンズの成員がそれを許さないからです。最近、全国各地で頻発している産業廃棄物処理の問題は、ほとんどが自治体によって認可された業者によって私的所有地内で起っているのです。しかも、それに立ち向かっているのは政府ではなく、まずその地域の環境を共有する住民たちの「共同の力」なのです。逆に、コモンズを成立させる自治と共同の力を喪失することは、すなわち地域環境の管理能力を喪失することであり、地球環境問題はその集合結果なのです。

つまり、コモンズの自治能力を失って、すべて行政まかせになってしまえば、いくら「環境は社会的共通資本だ」と学問的に捉えても、何の意味もないのです。田中正造の言った通り「国民監視セザレバ治者盗ヲ為ス」からです。コモンズは、単なる社会的共通資本ではなく、地域自治という具体的な社会関係のなかで日々生かされていく空間なのです。ハーディンは「コモンズ」を語りながら「コモンズ」を具体的に見ることはできなかったのです。

エントロピー論の視点から見ると、コモンズは、まさに地域の低エントロピー維持装置の担い手そのものなのだと捉え直すことができるのです。「天道研究会」がなぜ「エントロピー学会」の母体であったのか、その秘密が解るような気がします。

そして、最後に、なぜ「エントロピー学会」が「地域通貨」（玉野井―中村尚司―丸山真人―室田武）に注目するのかも、多少ご理解いただけたかと思います。地域通貨の今日については、すでに丸山真人さんから報告がありましたので、そちらはお任せすることにいたしますが、私なりの「コモンズ論」の視点から若干、意見を述べさせていただいて終りにさせて頂きます。

玉野井の地域主義の問題意識は、彼の晩年に近い十年余の研究生活において重要な共同研究者であった中村尚司によってきわめて豊かに展開されています。その成果の一つが『地域自立の経済学』(中村、一九九三)です。玉野井の地域通貨論の問題意識を、中村は「信用の地域化」という概念で見事に展開しています。中村は、「広義の信用」を次の三つの側面(あるいは部門)から析出しています。

(1) 非市場(ないし非貨幣)部門での信用の地域化
(2) 域内通貨(地域通貨《ローカル・マネー》)の創出
(3) 地内循環(通貨の地域内環流)システムの創出

この三側面は、前述の玉野井のB円通貨論の延長線上にあると同時に、その後に続く「地域通貨」「エコバンク」「環境通貨」論等々を深く広くリードしているという意味で秀逸です。この三側面のうち、(2)と(3)は「地域通貨論」としてすでに中村、丸山、室田の各氏によって展開されているのでここでは省かせて頂いて、いわば「コモンズの信用」である(1)について述べておきたいと思います。

たとえば、農作業における「手間替え」(沖縄では「ユイマール」という)は、田植や農作業を時間単位あるいは労働日数単位で交換し、その年のうちに、あるいは年を越す場合もあるが、労働のなかで精算する「サービスの地域内相互交換システム」であります。家を建てたり、造改築する場合も、地域内グループ(組)のなかで各戸から労働力を出し合って作業し、その労働は次の自分の家の造改築の番が来たときに返してもらうのです。世界中の多くの伝統的な社会で、労働力の商品化を抑えているのが、この「信用」を基礎とした労働の互換(互酬)システムという非市場部門なのです。また生産物の地域内交換、お裾分けとお返しという形の贈与の交換やバーター(物々交換)は、日常茶飯事の社会関係を豊かにする非市場部門なのです。これらの非市場経済は「コモンズの経済」(多辺田、一九九〇)と呼ぶことができます。それは、地域内の相方向的な関係を豊かにすると同時に地域自給(地域の非市場経済と物質の循環)を豊かにします。

　ところで、ここが重要なポイントなのですが、丸山真人さんの報告にもあったように、たとえばＬＥＴＳが成立するところは、カナダのバンクーバー島の移民労働者のコミュニティであったり、イギリスのオックスフォード市、ロンドン、グラスゴーなどの都市部またはその近郊都市などであって、伝統的コモンズではないのです。都市部や比較的新しいコミュニティなのです。このことは当然なのです。コモンズの中にはコモンズを作らなくてもよいけれど、コモンズをほとんど壊してしまったところや未成熟な新居住地帯では、新しいコモンズがやはり必要になるからです。人間はやはりコモンズを求めるのです。地域社会は人間にとって不可欠な安定装置なのです。コモンズは過去や農山村に限られた話ではなく、他のものでは代替できないものなのです。商品化され、非人格化されたサービスでは結局は代替されない。行政のコストの効率化や広域化では安定装置はますます壊れていく。ちょうど自然を人工物で代替できないのと同じなのです。その意味で、環境の危機を含めて現代の危機は、コモンズの喪失の結果であり、その回復は不可欠なのです。広義の地域通貨論の可能性は、単なる地域経済論や物質循環論からだけでなく、何より人間の約束の地であるそれぞれのコモンズの地域等身大の自治の回復を促すという視点から検討すべきではないかと私は思います。

## 質疑応答

――「コモンズ」の起源はイリイチでしょうか。

**丸山真人**　コモンズという言葉が突如として出てきたのはイヴァン・イリイチとの出会いが大きくて、それまでは「入会《いりあい》」とか「共有地」という言葉で押さえていたのをなんとか、いい表現はないかなと言っていたんですね。イリイチが八〇年頃に東京にやってきて、最初のうち、どう訳そうかと思っていました。それが結局「コモンズ」になったのだと思います。

――ハーディンのコモンズというのはそのあとからきたのではないか。

**丸山**　ハーディンと玉野井先生の接点は全くないと思います。玉野井先生としては共同で地域の人が管理している空間としてのコモンズを取り入れたのではないかと思います。イリイチは沖縄を訪問していますし、七九年か八〇年頃に出会って、意気投合したのではないでしょうか。『シャドウ・ワーク』か『ジェンダー』だと思うのですが、「サブシステンスに仕掛けられた戦争」という箇所があって、そこでもコモンズということを書いていますから。さらにイリイチが『シャドウ・ワーク』や『ジェンダー』について書き始めたのが七〇年代末で、出版が八〇年ごろです。「脱学校の経済学」とか「脱市場経済」をめざそうとした人でしたが、そのころ玉野井先生はイリイチには地域主義の視点がないんじゃないかと言っていたのですが、そのあとは言わなくなりました。ということはイリイチも実はコモンズに共同体的意味合いを込めていたのだということだと思うのです。イリイチのオリジナルというよりはイリイチがハーディンに対してそんなコモンズの使い方はおかしいんじゃないかと思っていたのではないかと思います。コモンズという言葉も英語系では元からあったはずで、もともとの意味をイリイチが強調して使ったのではないでしょうか。ジェンダーもフェミニズムの中で言われて不満でイリイチが書いたものですが、玉野井先生にとってはイリイチのジェンダーが最初だったのです。

――先生のおっしゃる地域通貨というのが、本当に今困っている地域に適応できるのでしょうか。

**多辺田**　いいポイントですね。中村尚司さんのいう信用というのは信頼関係とか人間関係を媒介とします。それが必要条件で、信頼のないところで信用の商品化が起こるのです。既に述べましたように、信用というのは三つあって、一つは非貨幣の信用。労働貨幣とかね。この間沖縄にいったらユイマールを未だに組んでいる。ここでは貨幣っていうのは実際には動かないんです。労働時間のような形で交換し合いますから。これはＬＥＴＳとかドイツの交換リングとかのうまくいっている部分だとおもいます。もう一つはＢ円やスリランカの村の中で流通するようなローカル・マネーです。域内の貨幣や職場のプライベートカード。僕の見たヤップでの石貨は動かさない。ものの購入そのものよりは儀礼的なものとしてのサービスの交換。こうすれば少なくともお金をその地域の中でとどめて循環させるようになるのです。そういうのは実際に起こしうる。もう一つは、汎用通貨の円だったら円でもいいけれど、使うときや預けるときにどこに使われるか分からないのではなくて、その地域の中でお金を回していくというドイツのエコバンクのような「通貨の流れをつくるポンプ」をつくること。フライブルグならばフライブルグの中だけという利用の仕方（投融資）をエコバンクはしていますが、そのような地域循環の工夫をしたらいいのではないでしょうか。利子率が低くても、地域内の事業に当てていくというそういうカレンシーを市民が考える。別にローカル・マネーではなくても有機農業の提携運動における「農業基金」のようにしてもいいと思います。お金に困ったときに助け合えるように。農家のお子さんが上の学校に行きたいんだが、というとき、それを消費者のグループの基金で融資するという、それも一種のローカル・カレンシーです。沖縄には、公民館単位の集落が出資し経営する住民自治的な「共同売店」があります。これも一つのローカル・カレンシーをつくり出した例でしょう。解決するものが何かによって方法を選び、あるいは工夫して創り出せばいいと思います。

――過疎地はその地域だけでは完結しないということが問題なんです。田舎って、他のところからお金を持ってこなくては解決しないんです。そこが問題なんです。

**藤田祐幸**　過疎地のイメージによってずいぶん違うと思うのですが、僕が原発でお付き合いをしている地域は過疎地ですが、みんなそこを愛していて、みんななんとなく姻戚関係が複合していて、野菜がとれたっちゃー、貝が採れたっちゃーとみんなに配っています。雑貨店が一件だけあって。お金がなくても豊かな地域というのはあるのです。なのに、ここは貧しいからといって資本を持ってくる大資本家がいるんです。過疎地の一般化はできないと思うんですが。

**丸山**　ＬＥＴＳの親戚でタイムダラーというのが日本でも始まっています。松山にタイムダラー・ネットワーク・ジャパンというのができて、瀬戸内海の小さな島に導入したんです。関前村という本当に過疎で六十五歳以上が四十一％というところですが、本来的に豊かだが、高齢化して、若い人が出てしまって、お互いに協同しようとしても、信条としてはあるんだけど繋がっていないというような所です。そこがＬＥＴＳがあることによって繋がっている、求心力が生れるというようなところがあるんです。ＬＥＴＳを入れないとだめなようなところがあって、そういうところにＬＥＴＳが注目されていると言えます。実際はお金がなくたって暮らせるといっても、貨幣経済なしにだめなところをどうやって足腰を強くしたらいいのかという問題で、答えは簡単に出ないが、今までは外部から起爆剤を入れてやるという状況なのを、今日は内部に起爆剤が作れるのではないかというお話でした。内部にカレンシーが廻るということが、地域を発展させていくというきっかけになるのではないかというお話であったと思います。今はまだ体系化されたモデルになっていないものですから、もやもやしていますが、その辺を含めて内発的発展とはどういうものなのかということを考えていかないといけないと思います。

## 文献

室田武『エネルギーとエントロピーの経済学』東洋経済新報社、一九七九年。

室田武・多辺田政弘・槌田敦編『循環の経済学』学陽書房、一九九五年。

中村尚司『地域自立の経済学』日本評論社、一九九三年。

Polanyi, K., The Livelihood of Man, Academic Press (1977)　玉野井芳郎ほか訳『人間の経済Ⅰ、Ⅱ』岩波書店、一九八〇年。

多辺田政弘『コモンズの経済学』学陽書房、一九九〇年。

多辺田政弘・藤森昭・桝潟俊子・久保田裕子『地域自給と農の論理』(国民生活センター編) 学陽書房、一九八六年。

玉野井芳郎『玉野井芳郎著作集①、②、③、④』学陽書房、一九九〇年。

浜本幸生監修・著『海の「守り人」論』まな出版企画、一九九六年。

Weber, M., (1904)　祇園寺信彦ほか訳『社会科学の方法』講談社、一九九四年。

## ま　行



## や　行



## ら　行



## わ　行

## な　行



## は　行

## た 行

## さ　行

# 索　引

（* 付きの数字は注の記述のある頁）

河宮信郎（かわみや・のぶろう） 1939 年東京生。東京大学工学部冶金学科卒。名古屋大学を経て、現在中京大学経済学部教授。環境経済学。土建国家批判なども。著書に『必然の選択——地球環境と工業社会』（海鳴社、1995）他。

丸山真人（まるやま・まこと） 1954 年三重県生。東京大学経済学部卒。明治学院大学国際学部助教授を経て、現在東京大学大学院総合文化研究科教授。経済学。地域経済自立の条件に関心。著書に『自由な社会の条件』（共著、新世社、1996 年）他。

中村尚司（なかむら・ひさし） 1938 年京都市生。京都大学文学部卒。現在龍谷大学経済学部教授。経済学（地域経済論・民際学）。著書に『豊かなアジア、貧しい日本』（学陽書房、1989 年）『コモンズの海』（共著、学陽書房、1995 年）他。

多辺田政弘（たべた・まさひろ） 1946 年茨城県生。東京大学教育学部卒。国民生活センター、沖縄国際大学を経て、現在専修大学経済学部教授。環境経済学（物資循環論）。著書に『コモンズの経済学』（学陽書房、1990 年）『循環の経済学』（共著、学陽書房、1995 年）他。

# 著者紹介

（掲載は執筆順）

**柴谷篤弘**（しばたに・あつひろ） 1920年大阪府生。京都大学理学部動物学科卒。京都精華大学学長を経て、現在フリー・サイエンティスト。生物学。著書に『生物学の革命』（みすず書房、1960年）『反科学論』（同、1973年）『われらが内なる隠蔽』（径書房、1997年）『比較サベツ論』（明石書房、1998年）『構造主義生物学』（東京大学出版会、1999年）他。

**室田　武**（むろた・たけし） 1943年群馬県生。京都大学理学部物理学科卒。イリノイ大学、國學院大学、一橋大学、ヨーク大学を経て、現在同志社大学経済学部教授。経済学。グローバル、ローカル両面でのリンの循環などに関心。著書に『エネルギーとエントロピーの経済学』（東洋経済新報社、1979年）『電力自由化の経済学』（宝島社、1993）他。

**勝木　渥**（かつき・あつし） 1930年岡山市生。名古屋大学理学部物理学科卒。信州大学理学部教授、高千穂商科大学商学部教授を経て、現在フリー・サイエンティスト。物性物理学・物理学史・物理教育・理論環境学。著書に『環境の基礎理論』（海鳴社、1999年）『量子力学の曙光の中で』（星林社、1991年）『物理が好きになる本』（共立出版、1982年）他。

**白鳥紀一**（しらとり・きいち） 1936年千葉県生。東京大学理学部物理学科卒。九州大学理学部教授を経て、現在フリーランス。固体物理学（特に磁性）。著書に『環境理解のための熱物理学』（中山正敏との共著、朝倉書店、1995年）他。

**井野博満**（いの・ひろみつ） 1938年東京生。東京大学工学部応用物理学科卒。大阪大学、東京大学を経て、現在法政大学工学部教授、立正大学経済学部客員教授。金属材料学。ミクロの金属物性から材料の環境負荷までの研究を行う。著書に『現代技術と労働の思想』（共著、有斐閣、1990年）『材料科学概論』（共著、朝倉書店、2000年）他。

**藤田祐幸**（ふじた・ゆうこう） 1942年千葉県生。東京都立大学理学部物理学科卒。現在慶應義塾大学助教授。磁性体論。反核・反原発運動にも関わる。著書に『エントロピー』（現代書館、1985年）『ポストチェルノブイリを生きるために』（御茶の水書房、1987年）『脱原発のエネルギー計画』（高文研、1996年）他多数。エントロピー学会では事務局を務める。

**松崎早苗**（まつざき・さなえ） 1941年静岡県生。静岡大学文理学部卒。物質工学工業技術研究所研究員。化学。共著書に『環境ホルモンとは何かⅠ・Ⅱ』（藤原書店、1998年）、訳書にロングレン『化学物質管理の国際的取り組み』（STEP、1996年）、スタイングラーバー『がんと環境』（藤原書店、2000年）他。

**関根友彦**（せきね・ともひこ） 1933年東京生。一橋大学社会学部卒。ヨーク大学教授を経て、現在愛知学院大学商学部教授。経済学。エントロピーと物質循環を踏まえた広義の経済学を目指す。著書に『経済学の方向転換』（東信堂、1995年）“An Outline of the Dialectic of Capital”（Macmillian Press, 1997）他。

# エントロピー学会

1983 年発足。環境問題に関心のある物理学・経済学・哲学などの自然・人文・社会科学の研究者たちが市民とともに作った学会である。設立趣意書には、「この学会における自由な議論を通じて、力学的または機械論的思考にかたよりがちな既成の学問に対し、生命系を重視する熱学的思考の新風を吹き込むことに貢献できれば幸いである」とその目的を謳っている。以来 10 有余年、それなりの成果をあげてきたが、まだまだ力不足である。この目的は 21 世紀の学問にこそふさわしいものであり、新進の研究者・市民の参加を強く望んでいる。

37 名の発起人で発足した学会は、現在会員数約 800 名。大学の理系・文系の研究者のほか、自治体職員や企業のエンジニア、学生、環境を守る市民運動に関わる者など多彩な顔ぶれである。学会運営は、立候補した世話人による「世話人会」で話し合われる。

中心的活動は、年 1 回開かれる全国シンポジウムであり、会内外から毎回 150 ～ 200 名の参加者がある。シンポジウムは、会員による一般講演・自主企画・実行委員会企画で構成され、沖縄から北海道まで各地に場を移して地域に根ざした多彩なテーマで開かれている。2001 年秋には、東大駒場で“「循環」型社会を問う”と題してシンポジウムを開く。

隔月で情報交換のためのニュース「えす」を発行するとともに、年 3 回程度、会員の論文（覚え書き）とエッセイなど（談話室）を中心として会誌「えんとろぴい」を刊行している。ほかに英文論文誌（不定期）を発行している。地方セミナーとして、東京セミナー、横浜セミナー、名古屋懇談会、関西セミナーが活動している。

学会事務局は下記のとおり。学会への入会資格は特になく、会費は本人の自由意志で決めて払うことになっている。学会経費を頭割りした 5,000 円程度を社会人には払ってもらうことを事務局は期待している。学生は半額程度。

〈連絡先〉
〒 223-8521 横浜市港北区日吉 4-1-1 慶応大学物理教室
　藤田祐幸 気付　エントロピー学会事務局
TEL/FAX　045-562-2279
E-mail　fujit@hc. cc. keio. ac. jp
Website　http：//entropy. ac/

**「循環型社会」を問う**　生命・技術・経済

2001年4月30日　初版第1刷発行©
2003年4月30日　初版第3刷発行

編　者　エントロピー学会
発行者　藤原良雄
発行所　株式会社 藤原書店

〒162-0041　東京都新宿区早稲田鶴巻町523
電　話　03（5272）0301
FAX　03（5272）0450
振　替　00160-4-17013

印刷・製本　美研プリンティング



Printed in Japan
ISBN4-89434-229-4

**社会再編を構想**

# 循環型社会を創る

**（技術・経済・政策の展望）**

**エントロピー学会編**

**責任編集＝白鳥紀一・丸山真人**

〝エントロピー〟と〝物質循環〟を基軸に社会再編を構想する！　法律、技術の現状を踏まえた、真の循環型社会論。〔付〕循環型社会を実現するための二〇の視点

菊変型並製　二八八頁　**二四〇〇円**
（二〇〇三年二月刊）
◇4-89434-324-X

---

**有明海問題の真相**

# よみがえれ！〝宝の海〟有明海

**（問題の解決策の核心と提言）**

**広松伝**

瀕死の状態にあった水郷・柳川の水をよみがえらせ（映画『柳川堀割物語』）、四十年以上有明海と生活を共にしてきた広松伝が、「いま瀕死の状態にある有明海再生のために本当に必要なことは何か」について緊急提言。

A5並製　一六〇頁　**一五〇〇円**
（二〇〇一年七月刊）
◇4-89434-245-6

---

**「水の循環」で世界が変わる**

# 水の循環

**（地球・都市・生命《いのち》をつなぐ〝くらし革命〟）**

**山田國廣編**

**本間都・加藤英一・鷲尾圭司**

漁業、下水道、ダム建設、地方財政など水循環破壊の現場にたって活動してきた四人の筆者が、二〇〇三年〝世界水フォーラム〟に向けて新しい〝水ヴィジョン〟を提言。

A5並製　二五六頁　**二二〇〇円**
（二〇〇二年六月刊）
◇4-89434-290-1

---

**ゴルフ場問題は日本社会の縮図**

# ゴルフ場廃残記

**松井覺進**

バブル崩壊後倒産が続発、不良債権と環境破壊の温床と化したゴルフ場問題の深部に迫り、環境破壊だけでなく人間破壊をもたらしている今日の異常な状況を暴く渾身のドキュメント！

（口絵四頁）

四六並製　二九六頁　**二四〇〇円**
（二〇〇三年三月刊）
◇4-89434-326-6